高等职业教育计算机类专业系列教材

C语言程序设计与实训

主　编　周　屹　郁　哲　任相花
副主编　郁康博　高巍巍　王　丁
参　编　运海红　常　胜　周思含
　　　　赵海童

机械工业出版社

本书主要内容包括C语言概述、基本数据类型、运算符与表达式、顺序结构、分支结构、循环结构、数组、函数、编译预处理、指针、结构和其他类型、文件、案例基础算法与综合案例设计等内容。本书层次清晰、体系合理、内容全面、例题丰富、面向应用、实用性强，强调培养读者的程序设计综合能力。每单元都配有本单元小结和习题与实训部分，便于成果导向学习和实践操作。

本书配有视频微课，深入浅出地讲解了知识点和实训案例，不仅有利于教师组织教学，也方便读者自学C语言程序设计案例。

本书可作为高等职业院校程序设计基础课程的教材，也可供从事相关技术开发的工程技术人员参考。

图书在版编目（CIP）数据

C语言程序设计与实训／周屹，郁哲，任相花主编. —北京：机械工业出版社，2023.6

高等职业教育计算机类专业系列教材

ISBN 978-7-111-73479-6

Ⅰ.①C⋯　Ⅱ.①周⋯　②郁⋯　③任⋯　Ⅲ.①C语言-程序设计-高等职业教育-教材　Ⅳ.①TP312.8

中国国家版本馆CIP数据核字（2023）第124692号

机械工业出版社（北京市百万庄大街22号　邮政编码100037）
策划编辑：赵志鹏　　　　　　　　　　　责任编辑：赵志鹏　徐梦然
责任校对：梁　园　刘雅娜　陈立辉　　　封面设计：马精明
责任印制：单爱军
北京虎彩文化传播有限公司印刷
2023年8月第1版第1次印刷
184mm×260mm · 19.25印张 · 464千字
标准书号：ISBN 978-7-111-73479-6
定价：59.80元

电话服务　　　　　　　　　　　　　　网络服务
客服电话：010-88361066　　　　　　　机　工　官　网：www.cmpbook.com
　　　　　010-88379833　　　　　　　机　工　官　博：weibo.com/cmp1952
　　　　　010-68326294　　　　　　　金　书　网：www.golden-book.com
封底无防伪标均为盗版　　　　　　　　机工教育服务网：www.cmpedu.com

前　言

在众多的程序设计语言中，C语言以其灵活性和实用性受到了广大计算机编程人员的喜爱，成为许多计算机专业人员和程序爱好者学习程序设计的入门首选语言。C语言也是目前最流行的程序设计语言之一。

为了适应计算机程序设计语言的迭代更新及应用发展，本书结合编者多年的教学实践以及广大读者和师生的实际需求，采用案例成果为导向的讲解思路，各单元例题资源丰富，特别增加了微课视频讲解知识点和案例实训。这些不仅有利于学生更好地理解和掌握程序设计语言，也有利于教师安排理论和实验的教学。本书注重全面培养学生的程序设计思维和能力。

在内容安排上，本书也考虑了与普通教材的兼容性，并在实用性方面做了强化。本书由长期承担程序设计基础课程教学、具有丰富编程经验的一线教师编写。根据编者多年从事程序设计课程教学活动以及程序设计软件开发的经验，针对多数读者的认知规律，本书在详细阐述C语言基础知识的基础上，着重讨论了程序设计的基本原理、概念和方法，穿插演示性案例于理论讲解之中，使枯燥的理论变得更易于理解和接受。此外，每个单元安排了实训内容，目的是提高学生综合利用所学知识解决实际问题的能力。为了方便自学和开展教学，本书配有微课视频、习题答案、电子教案、PPT等辅助教学资料。

本书由周屹、郁哲、任相花任主编，秦小林教授任主审，郁康博、高巍巍、王丁任副主编，参与编写的还有运海红、常胜、周思含和赵海童。其中单元1、4、6、7由周屹编写，单元10、13由郁哲编写，单元2、8、11由任相花编写，单元3、5、9由郁康博、高巍巍、王丁编写，单元12由运海红、常胜、周思含、赵海童编写。程序代码由周思含、郁康博进行调试。全书由周屹统稿。

本书在编写过程中得到了各方面专家的大力支持和帮助，在此对所有人的工作与支持表示衷心的感谢。由于编者水平有限，书中难免存在不足之处，敬请广大读者批评指正。编者E-mail：398418681@qq.com。

编　者

二维码索引

序号	名称	图形	页码	序号	名称	图形	页码
1	C语言历史及特点		001	9	算术运算符和算术表达式		037
2	结构化程序设计及算法		003	10	赋值运算符和赋值表达式		040
3	简单C语言程序介绍		009	11	关系运算符和逻辑运算符		041
4	数据类型简介		020	12	条件运算符和条件表达式		046
5	常量		022	13	其他运算符		047
6	变量		025	14	C语句概述		052
7	数据类型转换		031	15	格式输出函数1		056
8	运算符和表达式概述		036	16	格式输出函数2		056

(续)

序号	名称	图形	页码	序号	名称	图形	页码
17	格式输入函数		062	25	循环结构嵌套		093
18	字符输入/输出函数		065	26	转向语句		097
19	顺序结构程序设计一般方法		066	27	循环结构应用举例		100
20	if 语句		073	28	一维数组		115
21	switch 语句		079	29	二维数组		121
22	while 循环		087	30	函数的定义		142
23	do-while 循环		089	31	函数的参数和返回值		144
24	for 循环		090				

V

目 录

前言
二维码索引

单元 1　C 语言概述

1.1　C 语言历史及其特点 / 001
　1.1.1　C 语言历史 / 001
　1.1.2　C 语言特点 / 002
1.2　结构化程序设计及算法 / 003
　1.2.1　结构化程序设计 / 003
　1.2.2　算法 / 006
1.3　简单 C 语言程序介绍 / 009
　1.3.1　C 语言结构特点 / 011
　1.3.2　C 语言程序书写格式 / 011
1.4　C 语言程序开发过程 / 012
　1.4.1　源程序翻译 / 012
　1.4.2　链接目标程序 / 013
1.5　C 语言编程环境简介 / 014
　1.5.1　MS–DOS 编程环境 / 015
　1.5.2　Windows 编程环境 / 016
　1.5.3　UNIX 编程环境 / 017
本单元小结 / 018
习题与实训 / 018

单元 2　基本数据类型

2.1　数据类型简介 / 020
　2.1.1　数据类型分类 / 020
　2.1.2　标识符 / 021
2.2　常量 / 022
　2.2.1　数值常量 / 022
　2.2.2　字符常量 / 023
　2.2.3　符号常量 / 025
2.3　变量 / 025
　2.3.1　整型变量 / 026
　2.3.2　实型变量 / 028
　2.3.3　字符变量 / 029
　2.3.4　变量赋初值 / 031
2.4　数据类型转换 / 031
本单元小结 / 033
习题与实训 / 034

单元 3　运算符与表达式

3.1　运算符和表达式概述 / 036
3.2　算术运算符和算术表达式 / 037
3.3　赋值运算符和赋值表达式 / 040
3.4　关系运算符和逻辑运算符 / 041
3.5　位运算符 / 044
3.6　条件运算符和条件表达式 / 046
3.7　其他运算符 / 047
3.8　运算顺序 / 048
本单元小结 / 049
习题与实训 / 049

单元 4　顺序结构

4.1　C 语句概述 / 052
4.2　数据的输入输出 / 055
　4.2.1　格式输出函数 printf( ) / 056
　4.2.2　格式输入函数 scanf( ) / 062
　4.2.3　字符输入 / 输出函数 / 065
4.3　顺序结构程序设计一般方法 / 066
本单元小结 / 070
习题与实训 / 070

单元 5　分支结构

5.1　if 语句 / 073
　5.1.1　if 语句格式 / 073
　5.1.2　if 语句的嵌套 / 077
5.2　switch 语句 / 079

5.3　分支结构应用 / 081
本单元小结 / 084
习题与实训 / 084

单元 6　循环结构

6.1　while 循环 / 087
6.2　do-while 循环 / 089
6.3　for 循环 / 090
6.4　循环结构嵌套 / 093
6.5　转向语句 / 097
　　6.5.1　break 语句 / 097
　　6.5.2　continue 语句 / 098
　　6.5.3　goto 语句 / 099
　　6.5.4　return 语句 / 100
6.6　应用举例 / 100
本单元小结 / 109
习题与实训 / 109

单元 7　数组

7.1　一维数组 / 115
　　7.1.1　一维数组定义 / 115
　　7.1.2　一维数组元素引用 / 117
　　7.1.3　一维数组初始化 / 118
　　7.1.4　一维数组应用举例 / 119
7.2　二维数组 / 121
　　7.2.1　二维数组的定义 / 121
　　7.2.2　二维数组引用 / 122
　　7.2.3　二维数组初始化 / 123
　　7.2.4　二维数组应用举例 / 124
7.3　字符数组和字符串 / 126
　　7.3.1　字符数组定义和引用 / 126
　　7.3.2　字符数组初始化 / 127
　　7.3.3　字符数组输入/输出 / 129
　　7.3.4　字符串处理函数 / 131
7.4　数组应用举例 / 134
本单元小结 / 138
习题与实训 / 138

单元 8　函数

8.1　函数的定义 / 142
8.2　函数的参数和返回值 / 144
　　8.2.1　形式参数和实际参数 / 144
　　8.2.2　函数返回值 / 146
8.3　函数调用 / 148
　　8.3.1　调用方式 / 148
　　8.3.2　函数说明 / 150
　　8.3.3　函数的嵌套调用 / 152
　　8.3.4　函数的递归调用 / 155
8.4　数组作为函数参数 / 158
8.5　局部变量和全局变量 / 163
　　8.5.1　局部变量 / 163
　　8.5.2　全局变量 / 165
8.6　存储类型 / 166
　　8.6.1　auto 存储类型 / 167
　　8.6.2　extern 存储类型 / 168
　　8.6.3　register 存储类型 / 169
　　8.6.4　static 存储类型 / 170
8.7　内部函数和外部函数 / 172
本单元小结 / 173
习题与实训 / 173

单元 9　编译预处理

9.1　宏定义 / 177
　　9.1.1　无参数宏定义 / 177
　　9.1.2　带参数宏定义 / 179
9.2　文件包含 / 182
9.3　条件编译 / 183
　　9.3.1　条件编译命令 / 184
　　9.3.2　条件编译优点 / 185
本单元小结 / 186
习题与实训 / 186

单元 10　指针

10.1　指针概念 / 190
　　10.1.1　指针定义 / 191
　　10.1.2　指针变量的初始化 / 192

10.1.3　指针的运算符 / 193
10.2　指针变量运算 / 195
　　10.2.1　指针变量赋值运算 / 195
　　10.2.2　指针变量算术运算 / 197
　　10.2.3　指针变量间关系运算 / 199
10.3　指针和数组 / 199
　　10.3.1　数组指针变量 / 200
　　10.3.2　指针与一维数组 / 201
　　10.3.3　指针与二维数组 / 202
　　10.3.4　指针数组 / 203
10.4　指针和函数 / 206
　　10.4.1　指针作为函数参数 / 206
　　10.4.2　指针型函数 / 208
　　10.4.3　函数指针变量 / 210
10.5　指针和字符串 / 211
　　10.5.1　字符串表示方法 / 211
　　10.5.2　字符串处理函数 / 213
10.6　多重指针 / 215
　　10.6.1　指向指针的指针 / 215
　　10.6.2　命令行参数 / 216
本单元小结 / 216
习题与实训 / 217

单元 11　结构和其他类型

11.1　结构的概念 / 220
11.2　结构的操作 / 222
　　11.2.1　结构的引用和初始化 / 222
　　11.2.2　结构数组 / 223
　　11.2.3　结构指针变量 / 225
11.3　结构的应用 / 227
11.4　动态结构类型 / 230
11.5　联合 / 234
　　11.5.1　联合定义 / 235
　　11.5.2　联合变量赋值和引用 / 235
11.6　枚举类型 / 237
　　11.6.1　枚举类型的定义 / 237
　　11.6.2　枚举类型赋值和使用 / 237

11.7　使用 typedef / 239
本单元小结 / 240
习题与实训 / 240

单元 12　文件

12.1　文件概述 / 243
12.2　文件类型指针 / 244
12.3　文件打开与关闭 / 245
　　12.3.1　文件打开（函数 fopen( )）/ 245
　　12.3.2　文件关闭（函数 fclose( )）/ 246
12.4　文件读写 / 247
　　12.4.1　字符读写函数 / 247
　　12.4.2　字符串读写函数 / 249
　　12.4.3　数据块读写函数 / 250
　　12.4.4　格式化读写函数 / 251
12.5　文件定位 / 252
　　12.5.1　函数 rewind( ) / 252
　　12.5.2　函数 fseek( ) / 253
本单元小结 / 254
习题与实训 / 255

单元 13　案例基础算法与综合案例设计

13.1　链表 / 257
13.2　队列 / 261
13.3　栈 / 264
13.4　存储管理 / 265
13.5　进程调度 / 267
13.6　表达式求值 / 276
13.7　综合案例设计1——迷宫问题 / 279
13.8　综合案例设计2——贪吃蛇游戏 / 283
13.9　综合案例设计3——黑白棋游戏 / 289
本单元小结 / 297
习题与实训 / 298

参考文献 / 299

单元 1
C 语言概述

C 语言具有简洁紧凑、灵活方便、运算符与数据结构丰富、生成代码质量高、程序执行效率高等诸多优点,成为世界上应用最广泛的几种计算机语言之一。使用它不仅可以编写系统软件,也可以编写应用软件。

1.1 C 语言历史及其特点

C 语言是在 B 语言的基础上发展起来的,它的根源可以追溯到 ALGOL 60。1960 年出现的 ALGOL 60 是一种面向问题的高级语言,它离硬件比较远,不宜用来编写系统程序。1963 年,英国的剑桥大学推出了 CPL(Combined Programming Language)。CPL 在 ALGOL 60 的基础上接近硬件一些,但规模比较大,难以实现。

C 语言历史及特点

1.1.1 C 语言历史

1967 年,英国剑桥大学的 Matin Richards(马丁·理查德)对 CPL 作了简化,推出了 BCPL(Basic Combined Programming Language)。1970 年,美国贝尔实验室的 Ken Thompson(肯·汤姆森)以 BCPL 为基础,又作了进一步简化,使 BCPL 能压缩在 8KB 内存中运行,这个简单且很接近硬件的语言就是 B 语言(取 BCPL 的第一个字母),并用它写了第一个 UNIX 操作系统,并在 DEC PDP-7 上实现。1971 年,Ken Thompson 在 PDP-11/20 上实现了 B 语言,但 B 语言过于简单,并且功能有限,和 BCPL 都是"无类型"的语言。

1972 年至 1973 年间,贝尔实验室的 Dennis Ritchie(丹尼斯·里奇)在 B 语言的基础上设计出了 C 语言(取 BCPL 的第二个字母)。C 语言既保持了 BCPL 和 B 语言的优点(精练、接近硬件),又克服了它们的缺点(过于简单,数据无类型等)。

1973 年,C 语言被用来编写 UNIX 操作系统的内核,这是第一次用 C 语言来编写操作系统的内核。Dennis Ritchie 和 Brian Kernighan(布莱恩·科尼汉)在 1978 年出版了《C 程序设计语言》(*The C Programming Language*),简称为"白皮书"或"K&R"。

1980 年以后,贝尔实验室使 C 语言变得更为广泛地流行,一度成为操作系统和应用程序编程的首选。甚至到今天,它仍被用于编写操作系统以及作为广泛的计算机教育的语言。

20 世纪 80 年代末,Bjarne Strou-Strup(布贾尼·斯特劳斯特卢普)和贝尔实验室为

C语言添加了面向对象的特性，C语言扩展出C++语言。目前，C++广泛应用于Microsoft Windows下运行的商业应用程序的开发，然而C语言仍然是UNIX世界的热门编程语言。

随着C语言的广泛使用，1983年，美国国家标准委员会（ANSI）对C语言进行了标准化，并颁布了第一个C语言标准草案（83 ANSI C），后来于1987年又颁布了另一个C语言标准草案（87 ANSI C）。现在广泛使用的C语言标准是在1999年颁布的，并于2000年3月被ANSI采用的C99。2011年12月，国际标准化组织（ISO）和国际电工委员会（IEC）再次发布了C语言新标准C11，新的标准提高了对C++的兼容性。

1.1.2　C语言特点

C语言具有设计严格、与具体硬件无关等优点，很快就超越了贝尔实验室的范围，迅速地在全球传播，成为最受欢迎的语言之一。C语言可应用于不同的操作系统，如UNIX、MS-DOS、Microsoft Windows、Linux等。

C语言是一种面向过程的语言，同时具有高级语言和汇编语言的优点。在C语言的基础上发展起来的有支持多种程序设计风格的C++语言，以及网络上广泛使用的Java、JavaScript、微软的C#等。使用C语言并加上一些汇编语言的子程序，就更能显示出C语言的优势，如PC-DOS、WORDSTAR等。归纳起来，C语言具有下列特点：

1. C语言是结构化语言

结构化语言的显著特点是代码及数据的分隔化，即程序的各个部分除了必要的信息交流外彼此独立。这种结构化方式可使程序层次清晰，便于使用、维护及调试。C语言是以函数形式提供给用户的，这些函数可方便地调用，提供了多种循环语句和条件语句实现控制程序流向，使程序完全结构化。

2. C语言功能齐全

C语言具有各种各样的数据类型，并引入了指针概念，使程序效率更高。C语言还具有强大的图形功能，支持多种显示器和驱动器，而且计算功能、逻辑判断功能也比较强大，可以实现决策目的。

3. C语言适用范围大

C语言的一个突出优点就是适用于多种操作系统，同时也适用于多种机型。由于实现了对硬件的编程操作，因此C语言集高级语言和低级语言的功能于一体，既可用于系统软件的开发，也适合于应用软件的开发。

C语言还具有生成目标代码质量高、程序执行效率高、程序可移植性好等特点。因此广泛地移植到了各类型计算机上，从而形成了多种版本的C语言。

4. C语言的语法特点

1）简洁紧凑、灵活方便。C语言共有32个关键字，9种控制语句，程序书写自由，主要用小写字母表示。它把高级语言的基本结构和语句与低级语言的实用性结合起来。C语言可以像汇编语言一样对位、字节和地址进行操作，这三者是计算机最基本的工作单元。

2）运算符丰富。C语言的运算符包含的范围很广泛，共有34个运算符。C语言把括号、赋值、强制类型转换等都作为运算符处理。从而使 C 语言的运算类型极其丰富，表达式类型多样化。灵活使用各种运算符可以实现在其他高级语言中难以实现的运算。

3）数据结构丰富。C 语言的数据类型有整型、实型、字符型、数组类型、指针类型、结构类型、共用类型等，能用来实现各种复杂的数据类型的运算。并引入了指针概念，使程序效率更高。另外，C 语言具有强大的图形功能，支持多种显示器和驱动器，且计算功能、逻辑判断功能强大。

4）C 语言是结构式语言。

5）C 语言语法限制比较宽松、程序设计自由度大。一般的高级语言语法检查比较严格，能够检查出很多语法不规范的地方，而 C 语言提供给程序编写者较大的自由度。

6）C 语言允许直接访问物理地址，可以直接对硬件进行操作。

5. C 语言生成目标代码质量高，程序执行效率高

与汇编语言相比，用 C 语言写的程序具有可移植性好、生成目标代码质量高、灵活性大、功能强等优势，但 C 语言对程序员的要求也高，较其他高级语言在程序代码编写上要困难一些。

目前较为流行的 C 语言编辑器有几个版本，如 Microsoft C 或称 MS C、Borland Turbo C 或称 Turbo C、AT&T C 等，这些 C 语言版本不仅实现了 ANSI C 标准，而且在此基础上各自作了一些扩充。

在 C 语言的基础上，贝尔实验室又推出了C++语言。C++语言进一步扩充和完善了C语言，成为一种面向对象的程序设计语言。C++语言目前流行的编辑器版本是 Borland C++ Builder 6.0、Symantec C++ 6.1 和 Microsoft Visual C++ 2012。C 语言是C++语言的基础，C++语言和 C 语言在很多方面是兼容的。因此，掌握了 C 语言，再进一步学习C++语言，以一种熟悉的语法来学习面向对象的语言，可以达到事半功倍的效果。

1.2 结构化程序设计及算法

结构化程序设计要求程序设计者不能随心所欲地编写程序，而应按照一定的结构形式来设计和编程，即：程序（算法）由顺序、选择（分支）和循环 3 种基本结构来实现。

结构化程序设计及算法

1.2.1 结构化程序设计

1. 结构化程序设计概念

Bohn 和 Jacopini 于 1966 年就提出了结构化程序设计的理论。结构化程序设计思想和方法的引入，使程序结构清晰，容易阅读、修改和验证，从而提高了程序设计的质量和效率。

结构化程序设计方法适用于高级语言表示的结构化算法。该方法的基本思路是把一个复杂问题的求解过程分阶段进行，每个阶段处理的问题都控制在人们容易理解和处理的范围内。结构化程序设计的原则是：

1）自顶向下。程序设计时，应该先总体，后细节；先全局，后局部。一开始不要过多地追求细节，应从最上层总体目标开始，逐步使问题具体化。

2) 逐步细化。复杂问题分解成一些子问题，逐步细化。

3) 模块化设计。所谓模块化设计，就是按模块组装的方法编程。把一个待开发的软件分解成若干个小的、简单的部分，称为模块。每个模块都独立地开发、测试，最后再组装出整个软件。这种开发方法是在软件开发领域中对待复杂事物所采用的"分而治之"的一般原则。

模块化澄清和规范了软件中各部分间的界面，便于团队的软件设计人员工作，也促进了更可靠的软件设计实践。

4) 结构化编码。软件开发的最终目的是产生能在计算机上执行的程序，即使用选定的程序设计语言，把模块的过程性描述翻译为用该语言书写的源程序（源代码）。重要的是结构化编码的思想，具备了该思想，语言就只是工具了。

遵循结构化程序的设计原则，按照结构化程序设计方法编写程序具有两个明显的优点，一是程序易于理解、使用和维护；二是提高了编程工作的效率，降低了软件开发的成本。

总体来说，程序设计应该强调简单和清晰。"清晰第一，效率第二"成为当今主导的程序设计风格。

2. 结构化程序设计基本结构及特点

结构化程序设计基本结构有3种，顺序结构、选择（分支）结构、循环结构。算法是程序的基础，程序是算法的实现，因此程序逻辑结构就是进行算法设计的3种结构。这3种结构可以组成满足各种需求的复杂程序。

(1) 顺序结构　顺序结构是一种简单的基本结构，即操作时按先后顺序执行的结构，所谓顺序执行，就是按照程序语句行出现的自然顺序，依次执行每条语句。如图1-1所示，顺序结构图中A和B代表算法的步骤，可以是程序中的一条语句或一组语句，从上向下依次执行A和B。

很多问题只用顺序结构是不能解决的，需要根据条件进行判断和选择，这就是选择结构。

(2) 选择结构　又称分支结构，根据是否满足给定条件而从两组或多组操作中选择一种操作的结构。图1-2a所示是一个选择结构。此结构中必须包含一个判断框。根据判断框中的条件p是否成立而选择执行A模块或B模块，但无论条件p是否成立，程序或者执行A模块或者执行B模块，不可能既执行A模块又执行B模块。条件p判断后，无论程序选择的是哪一条执行路径，最后都要经过b点，然后再离开此分支结构。有时模块B可以为空，不执行任何操作，如图1-2b所示。

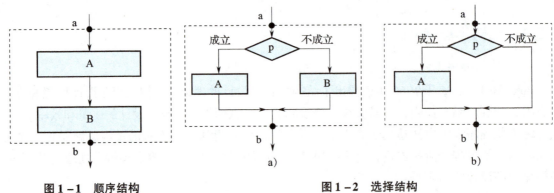

图1-1　顺序结构　　　　　　　　图1-2　选择结构

(3) 循环结构　程序中某一部分的操作需要反复执行,这样的结构称为循环结构,又称为重复结构。C 语言的循环结构有两类:

1) 当型循环结构。先判断,后执行循环体的循环结构,称为当型循环结构,如图 1-3a 所示。它的功能是当给定的条件 p_1 成立时,执行模块 A 操作,执行完模块 A 后再判断条件 p_1 是否成立,如果仍然成立再执行模块 A,如此反复下去。当某一次条件 p_1 不成立时,此时不再执行模块 A,而直接从 b 点退出本循环。

2) 直到型循环结构。先执行循环体,后判断条件的循环结构称为直到型循环结构,如图 1-3b 所示。它的功能是先执行模块 A,再判断条件 p_2 是否成立,如果条件 p_2 成立,则再执行模块 A,然后再判断条件 p_2,如果此时条件 p_2 仍然成立则再执行模块 A,如此反复下去,直到给定的条件 p_2 不成立时为止,此时不再执行模块 A,而从 b 点直接退出本循环。

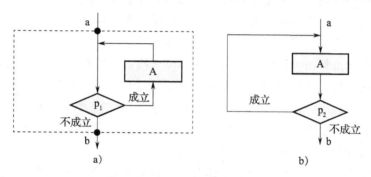

图 1-3　循环结构

以上 3 种结构化程序设计的基本结构具有以下共同特点:

1) 只有一个入口。例如,图 1-1、图 1-2 和图 1-3 均以 a 点为入口点。

2) 只有一个出口。例如,图 1-1、图 1-2 和图 1-3 均以 b 点为出口点。

3) 结构内所有模块都有机会被执行到。对每一个模块来说,都应当有一条从入口到出口的路径通过它。图 1-4 所示的结构就是一个错误的结构,模块 A 只有一个入口路径而没有出口路径。

4) 结构内不存在死循环。图 1-5 所示的结构就是一个死循环,即程序反复执行模块 B 而不终止。

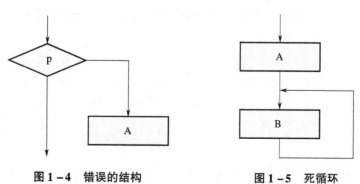

图 1-4　错误的结构　　　　图 1-5　死循环

在结构化程序设计的具体实施中,应注意把握以下几点:

1) 尽量使用顺序、选择、循环等有限的控制结构表示程序的控制逻辑。

2）选用的控制结构只允许有一个入口和一个出口。
3）用复合语句组成容易识别的块，每块准许有一个入口和一个出口。
4）复杂结构应该用嵌套的基本结构进行组合来实现。
5）严格限制 goto 语句的使用。

1.2.2 算法

1. 算法的基本概念

算法是一种在有限的步骤内解决问题或完成任务的方法，是抽象的思想，可以被描述和实现。算法将一个问题分解为许多简单且容易执行的步骤，再按照这些步骤求出问题的正确答案。事实上，我们已经接触过很多算法，例如，在学校上学时学的算术运算等。另外在日常生活中，我们也经常使用算法，例如，拨打电话时，购买商品时，包装货物时等。

任何事物都有其内在的规律。但是，在现实生活中，由于习惯，人们并没意识到做每一件事都需要事先设计，然而，事实上做每一件事都是按一定的方法、步骤进行的。

计算机程序就是告诉计算机如何去解决问题或完成任务的一组详细的、逐步执行的指令的集合。编程就是用程序设计语言把算法程序化，它强调结构性和清晰度。事实上，编程是一件有趣的、创造性的事情，也是一种用有形的方式表达抽象思维的方法。编程可以教会人们各种技能，如阅读思考、分析判断、综合创造等。

学习计算机程序设计首先应从问题描述开始，问题描述是算法的基础，而算法则是程序的基础。一个表达清晰的问题描述应该是：

1）指定定义问题范畴的任何假设（经过对问题的深入分析，而假定认为是正确的陈述）。
2）清晰说明已知的信息（已知信息就是要计算机帮助解决问题时提供给它的有用信息）。
3）说明何时解决问题（在说明了已知条件后，就应该说明该如何做决定，也就是想让程序输出什么样的结果，当然在运行程序之前并不知道答案）。

英国逻辑学家 Alan Turing 证明了一件事：每个数学或逻辑上的问题都可能会有解答，如果知道某个问题有解，那么这个问题一定可以用算法的方式来求解；每个有解的问题都能经由计算机找出答案，因此最重要的就是设计一个正确的算法。

数据是操作的对象，操作的目的是对数据进行加工处理，以得到期望的结果。作为程序设计人员，必须认真考虑和设计数据结构和算法。为此，1976 年瑞士计算机科学家沃思（Wirth）曾提出了一个著名的公式：

程序 = 算法 + 数据结构

实际上，在设计一个程序时，要综合运用算法、数据结构、设计方法、语言工具和环境等方面的知识。这其中，算法是程序设计的灵魂，数据结构是数据的组织形式，语言则是编程的工具。

2. 算法的特性

并不是所有组合起来的操作步骤都可以称为算法。算法必须符合以下 5 项基本特性：

1）有穷性。算法中的操作步骤必须是有限个，而且必须是可以完成的，有始有终是算法最基本的特征。

2)确定性。算法中每个执行的操作都必须有确切的含义,并且在任何条件下,算法都只能有一条可执行路径,无歧义性。

3)可行性。算法中所有操作都必须是可执行的。如果按照算法逐步去做,则一定可以找出正确答案。可行性是一个正确算法的重要特征。

4)有零个或多个输入。在程序运行过程中,有的数据是需要在算法执行过程中输入的,而有的算法表面上看没输入,但实际上数据已经被嵌入其中了。没有输入的算法是缺少灵活性的。

5)有一个或多个输出。算法进行信息加工后应该得到至少一个结果,而这个结果应当是可见的。没有输出的算法是没有用的。

3. 算法的流程图表示法

为了表示一个算法,可以用不同的方法描述。描述算法的常用方法有:自然语言表示法、流程图表示法、N-S图(盒图)表示法、PAD图(Problem Analysis Diagram,问题分析图)表示法和伪代码表示法等。使用它们的目的是把编程的思想用图形或文字表述出来。本节主要介绍用流程图描述算法的方法。

流程图又称为程序流程图或框图。它是历史悠久、使用广泛的一种描述算法的方法,也是软件开发人员熟悉的一种算法描述工具。它的主要特点是对控制流程的描绘很直观,便于初学者掌握。

流程图用一些图框表示各种类型的操作,用流程线表示这些操作的执行顺序。美国国家标准协会(ANSI)规定了一些常用的流程图符号,如图1-6所示。

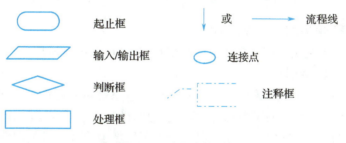

图1-6 流程图符号

起止框(端点框):表示算法的开始和结束。其内一般写"开始"或"结束"等。

输入/输出框(平行四边形框):表示算法请求输入数据或将算法结果输出。其内一般填写"输入""显示"或"打印"等。

判断框(菱形框):表示算法对某一给定条件的判断,它根据给定的条件是否成立来决定如何执行其后的操作。一般有一个入口,两个出口。

处理框(矩形框):表示算法的某一特定操作。其内一般填写"赋值""计算"等。

流程线(指向线):表示算法执行的流程。

连接点:用于将不同位置上的流程线连接起来。同一编号的点是相互连接在一起的,实际上同一编号的点是同一个点,只是在一张纸上画不下时才分开画。使用连接点还可以避免流程线的交叉或过长。

注释框:它不是流程图中必须的部分,不反映流程和操作。它只是对流程图中某些框的操作作必要的补充说明。

例 1-1 依次输入 10 个数，要求将其中最大的数打印出来。其流程图如图 1-7 所示。

用流程图表示算法直观形象，能比较清楚地显示出各个框之间的逻辑关系。但是，这种流程图占用篇幅多，而且传统的流程图对指向线的使用没有严格限制，因此使用者可以不受限制，这使得流程图变得没有规律，从而使算法的可靠性和可维护性难以保证。为了提高算法的质量，必须限制指向线的滥用，即不允许无规律地使流程随意转向，只能按顺序进行下去。

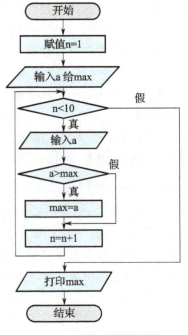

图 1-7 打印最大数流程图

4. 基本算法

（1）求最大或最小值 它的思想是通过分支结构找出两个数中的较大（小）值，然后把这个结构放在循环中，就可以得到一组数中的最大（小）值。

（2）求和

1）首先将和初始化为 0（如 sum1 = 0）。

2）循环，在每次迭代中将一个新值加到和上（如 sum1 = sum1 + x）。

3）退出循环后输出结果。

（3）乘积

1）首先将乘积初始化为 1（如 prod = 1）。

2）循环，在每次迭代中将一个新数与乘积相乘（如 prod = prod * x）。

3）退出循环后输出结果。

（4）穷举 穷举是一种重复型算法。它的基本思想是对问题的所有可能状态一一测试，直到找到解或将全部可能状态都测试通过为止，也叫试凑法、枚举法。

（5）迭代（递推） 迭代（递推）是一个不断用新值取代变量的旧值，或由旧值递推出变量的新值的过程。迭代算法只包括参数，不包括算法本身。这个算法通常包含循环。

例如，阶乘计算的迭代算法（递推函数）：

$$Factorial(n) = \begin{bmatrix} 1 & n = 0 \\ n \times (n-1) \times (n-2) \times \cdots \times 3 \times 2 \times 1 & (n > 0) \end{bmatrix}$$

（6）递归 递归是算法自我调用的过程。一种算法是否叫作递归，关键取决于该算法定义中是否有它本身。递归算法不需要循环，但递归概念本身包含循环。

例如，阶乘计算的递归算法（递归函数）：

$$Factorial(n) = \begin{bmatrix} 1 & (n = 0) \\ n \times Factorial(n-1) & (n > 0) \end{bmatrix}$$

（7）查找 在计算机科学中还有一种常用的算法叫作查找。查找是在数据列表中确定目标所在位置的过程。对于列表。有两种基本的查找方法，即顺序查找和折半查找。顺序查找可在任何列表中查找,折半查找则要求列表是有序的。

(8) 排序　排序是在待排序记录中按一定次序(递增或递减)排列数据的过程。试想在一个没有顺序的电话号码本中,查找某人的电话号码是件多么困难的事。选择排序、比较排序和插入排序是当今计算机科学中使用快速排序的基础。

5. 算法评价

算法评价的目的首先在于从解决同一个问题的不同算法中选择出较为合适的一种,其次在于知道怎样对现有算法进行改进,进而设计出更好的算法。对于算法的评价可以从以下几个方面进行。

(1) 正确性　正确性是设计和评价算法的首要条件,一个正确的算法是指在有合理的数据输入的情况下,能够在有限的运行时间内得出正确的结果。要从理论上证明一个算法的正确性,并不是一件容易的事,所以通常可采用各种典型的输入数据上机调试算法,并使算法中的每段代码都通过测试,若发现错误及时修正,最终可以验证出算法的正确性。

(2) 健壮性　健壮性是指一个算法对不合理(又称不正确、非法、错误等)数据输入的反应和处理能力。一个好的算法应该能够识别出错误数据并进行相应的处理。对错误数据的处理一般包括打印错误信息、调用错误处理程序、返回标识错误的特定信息、中止程序运行等方法。

(3) 可读性　可读性是指一个算法供人们阅读和理解的容易程度。一个可读性好的算法,应该符合结构化和模块化程序设计的思想,应该对其中的每个功能模块、重要数据类型或语句加以必要注释;应该建立相应的文档,对整个算法的功能、结构、使用及有关事项进行说明。

(4) 简单性　简单性是指一个算法所采用数据结构和方法的简单程度,如对数组进行查找时,采用顺序查找的方法比采用二分查找的方法要简单;对数组进行排序时,采用简单选择排序的方法比采用堆排序或快速排序的方法要简单。但最简单的算法往往不是最有效的,即有可能占用较长的运行时间和较多的存储空间。算法的简单性是便于用户编写、分析和调试,所以对于处理少量数据的情况是适用的,但若要处理大量的数据,则算法的有效性比简单性更重要。有效性主要表现为时间复杂度和空间复杂度。

(5) 时间复杂度　时间复杂度是指计算机执行一个算法时在时间上的消耗度量。度量一个程序的执行时间通常有两种方法:事后统计和事前分析估算。

(6) 空间复杂度　空间复杂度是指在一个算法的运行过程中,对临时耗费的存储空间的度量,而不包括问题的原始数据占用的空间(因为这些单元与算法无关)。

目前由于计算机硬件的发展,一般都有足够的内存空间,因此在算法评价中应着重考虑时间因素。

1.3　简单 C 语言程序介绍

C 语言所用的表述方式对没有编写过计算机程序的人来说可能是陌生的,因此先通过一些简单的例子来初识 C 语言。

简单 C 语言程序介绍

例1-2 在屏幕上显示"Hello,C语言!"。

```c
#include <stdio.h>
int  main()   /*主函数*/
{
    printf("Hello,C语言!\n"); /*输出语句*/
}
```

"#include <stdio.h>"是预处理命令中的文件包含,是C语言编译系统的一个组成部分。在对源程序进行编译之前,先对源程序中的预处理命令进行处理,打开库函数stdio.h。

main是主函数的函数名,表示这是一个主函数。每一个C语言源程序都必须有且只能有一个主函数。一对花括号"{}"是主函数的定界符,在主函数中只有一个语句;在该语句中调用了格式输出库函数printf(),用于向屏幕输出一个字符串。函数printf()的功能是把要输出的内容送到标准输出设备上,默认的标准输出设备是显示器。由"/*"和"*/"括起来的任何文字是注释,程序不执行注释部分。语句用分号结束,一行可以写多个语句,关键字用小写字母,书写采用自由格式。

主函数体分为两部分,一部分为说明部分,另一部分为执行部分。说明是指变量的类型说明。例1-2中未使用任何变量,因此无说明部分。

C语言规定,源程序中所有用到的变量都必须先说明,后使用,否则将会出错。这一点是编译型高级程序设计语言的一个特点,说明部分是C语言源程序结构中很重要的组成部分。

例1-3 输出两个变量的和。

```c
#include <stdio.h>
int main()
{
    int x,y;/*变量定义语句:定义2个整型变量x、y*/
    x=1; /*赋值语句:将1赋值给变量x*/
    y=4; /*赋值语句:将4赋值给变量y*/
    printf("%d\n",x+y); /*输出两个变量的和*/
}
```

本例中使用了两个变量x、y,用类型说明符int来说明这两个变量。说明部分后的三行为执行部分或称为执行语句部分,用以完成程序的功能。执行部分的第一、二行是赋值语句,函数printf()在显示器上输出表达式x+y的值5,至此程序结束。

例1-4 利用函数实现输出最大值。

```c
#include <stdio.h>
    int main()                          /*主函数*/
{
    int x,y,z;                          /*变量说明*/
    int max(int a,int b);               /*函数说明*/
    printf("input two numbers:\n");
    scanf("%d%d",&x,&y);                /*输入x、y的值*/
```

```
        z = max(x,y);                    /*调用函数 max()*/
        printf("max mumber = % d",z);    /*输出*/
}
int max(int a,int b)                     /*定义函数 max()*/
{
    if(a > b)
        return a;
    else
        return b; /*把结果返回主调函数*/
}
```

例 1-4 程序中功能是由用户输入两个整数,程序执行后输出其中较大的数。本程序由两个函数组成,主函数 main()和函数 max()。函数之间是并列关系,可从主函数中调用其他函数。函数 max()的功能是比较两个数,然后把较大的数返回给主函数。函数 max()是一个用户自定义函数,因此在主函数中要给出说明。可见,在程序的说明部分中,不仅可以有变量说明,还可以有函数说明。关于函数的详细内容将在以后单元中介绍。

例 1-4 程序的执行过程是:首先在屏幕上显示提示串,请用户输入两个数,回车后由函数 scanf()接收这两个数并送入变量 x、y 中,然后调用函数 max(),并把 x、y 的值传送给函数 max()的参数 a、b。在函数 max()中比较 a、b 的大小,把较大的数返回给主函数的变量 z,最后在屏幕上输出 z 的值。

1.3.1 C 语言结构特点

通过上面 3 个简单的 C 语言程序,可以看出 C 语言程序的基本结构具有以下几个特点。

1) C 语言程序为函数模块结构,所有的 C 语言程序都是由一个或多个函数构成的,其中函数 main()必须有且只能有一个。函数是 C 语言程序的基本单位。

2) C 语言程序总是从主函数开始执行,当执行到调用函数的语句时,程序将控制转移到被调函数中执行,执行结束后,再返回到调用函数继续执行,直到程序执行结束为止。

3) C 语言程序函数包括编译系统提供的标准函数(如 printf()、scanf()等)和由用户自定义的函数。

4) 源程序中的预处理命令通常放在源文件或源程序的最前面。

5) 每一个说明和每一个语句都必须以分号结尾。但是预处理命令、函数头和函数体的定界符"{"和"}"之后不能加分号。

6) 可以在程序的任何位置用"/*注释内容*/"或"//注释内容"的形式对程序或语句进行注释。

1.3.2 C 语言程序书写格式

C 语言程序的书写格式非常自由,但从书写清晰、便于阅读、理解、维护的角度出发,建议在书写 C 语言程序时遵循以下几个规则。

1) 通常一个说明或一个语句占一行,每个语句由分号结束;一个语句可以分行写在多行上，一行内也可以写几个语句。

2）可以在函数与函数之间加空行，以清楚地分出程序中有几个函数。

3）用"{}"括起来的部分，通常表示程序的某一层次结构。"{}"一般与该结构语句的第一个字母空两格，并单独占一行。

4）低一层次的语句或说明比高一层次的语句或说明向后缩进若干空格书写，同一个层次的语句左对齐，以便看起来更加清晰，增加程序的可读性。

5）对于数据的输入，运行时最好要出现输入提示；对于数据输出，也要有一定的提示和格式。

6）在程序中可以用/*……*/或//（单行注释符）加上必要的注释，以增加程序的可读性，注释符里的内容不参加程序的编译和运行调试，主要是解释和说明程序的功能。

在编程时应力求遵循上述规则，以养成良好的编程习惯。

1.4 C 语言程序开发过程

用 C 语言编写的程序称为源程序（Source Program），计算机本身并不能直接理解这样的语言，需要经过解释程序或编译程序将其翻译成机器语言，计算机才能理解并运行程序。将源程序翻译成机器语言的过程称为编译，编译的结果是得到源程序的目标代码（Object Program），最后还要将目标代码与系统提供的函数和自定义的过程（或函数）链接起来，就可得到机器可执行的程序。机器可执行的程序称为可执行程序或执行文件。

1.4.1 源程序翻译

C 语言源程序的后缀名为 .c。它是不能直接在计算机上运行的，必须通过机器翻译成目标代码，再将目标代码链接成可加载模块（可执行文件），才能在计算机上运行。这种把源程序翻译成目标代码的程序称为编译器或翻译器。适合 C 语言的编译器不止一种，不同的机器和操作系统可能会有 1 种或多种不同的编译器。C 语言源程序的翻译过程如图 1-8 所示，它由词法分析器、语法分析器和代码生成器 3 部分组成。

图 1-8 C 语言源程序的翻译过程

1. 词法分析器（Lexical Analyzer）

词法分析器主要是对源程序进行词法分析，它是按单个字符的方式阅读源程序，并且识别出哪些符号的组合可以代表单一的单元，并根据它们是否是数字值、单词（标识符）、运算符等，将这些单词分类。词法分析器将词法分析结果保存在一个结构单元里，这个结构单元称为记号（Token），并将这个记号交给语法分析器。词法分析会忽略源程序中的所有注释。

2. 语法分析器（Parser）

语法分析器直接对记号进行分析，并识别每个成分所扮演的角色。这些语法规则也就是程序设计语言的语法规则。

3. 代码生成器（Code Generator）

代码生成器将经过语法分析后没有语法错误的程序指令转换成机器语言指令。

例如，假定编写了一个名为 mytest 的程序，源程序的全名为 mytest.c，用 microsoft C 编译器，在命令方式下，可采用下面的方式对 mytest.c 进行编译：

```
cl -c mytest.c
```

如果源程序没有错误，就会生成一个名为 mytest.obj 目标代码程序。其他程序语言也会有类似的命令将源程序翻译成目标代码，具体的命令与每种程序语言的编译器有关。

1.4.2 链接目标程序

通过翻译产生的目标代码程序尽管是机器语言的形式，但却不是机器可以直接执行的，这是因为为了支持软件的模块化，程序语言允许在不同的时期开发出具有独立功能的软件模块作为一个单元。一个可执行的程序中有可能包含一个或多个这样的程序单元，这样可以降低程序开发的低水平重复所带来的低效率。因此，目标程序只是一些松散的机器语言，要获得可执行的程序，还需要将它们链接起来。

程序的链接工作由链接器（Linker）来完成。链接器的任务就是将目标程序链接成可执行的程序（或称载入模块），这种可执行的程序是一种可存储在磁盘存储器上的文件。

例如，假设已对源程序 mytest.c 进行编译后生成了目标代码程序 mytest.obj，可以利用链接器生成可执行代码，在命令方式下，将用下面这样的方式来链接程序：

```
Link /out:mytest.exe mytest.obj
```

如果不发生错误，就会生成一个名为 mytest.exe 的加载模块，也就是可执行的代码程序。最后，可以通过操作系统将这个加载模块加载入内存，执行程序的进程。

上面对程序进行的编译、链接都只针对了一个源程序文件，实际上，可以将多个源程序文件通过编译，链接成一个可执行文件。

例如，假定有 3 个源程序：file1.c、file2.c 和 file3.c，每一个源程序都包含不同的函数或过程，在命令方式下可先用编译器对 3 个源程序进行编译：

```
cl -c file1.c
cl -c file2.c
cl -c file3.c
```

分别得到 3 个目标程序：file1.obj、file2.obj 和 file3.obj，接下来可用链接器将 3 个目标程序进行链接。

```
Link /out:mytest.exe file1.obj file2.obj file3.obj
```

可得到一个可执行的程序：mytest.exe。

对于程序的编译、链接，有必要强调以下几点：

1）并不是任何目标程序都可以链接成可执行程序。

2）被链接成可执行程序的目标程序中，只允许在一个程序中有且仅有一个可被加载的入口点，即只允许在一个源程序中包含一个主函数main()。在上面的范例中，这个可被加载的入口点在源程序file1.c中。

3）对于具体的程序语言，编译、链接程序的方法会有所不同，针对某一种程序语言的编译器，不可以用于对另一种源程序语言的编译。

4）上面对C语言进行编译、链接的方式并不是唯一的，它允许有一些其他的变化，具体可参考各编译器的使用说明。

完成一个C语言程序的完整过程主要包括4个部分：编辑、编译、链接和运行，如图1-9所示。

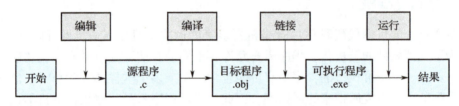

图1-9 完整的程序生成过程

如果源程序经过了编译和链接，生成了可执行程序，可执行程序就可以反复地被加载执行，而不需要重新编译、链接。如果修改了源程序，也不会影响到已生成的可执行程序，除非对修改后的源程序重新编译和链接，生成一个新的可执行程序。

1.5 C语言编程环境简介

用命令方式来编译、链接生成可执行的程序，并不是很方便，尤其是源程序的编辑。纯文本编辑器虽然都可以输入源程序，但是如果编译时有错误，就必须回到编辑器修改程序。如此反复修改源程序不仅不方便，而且程序开发效率不高，目前已很少采用这种方法来编辑C语言源程序，大多数程序员采用集成开发工具来开发C语言程序。

集成开发工具是一个经过整合的软件系统，它将编辑器、编译器、链接器和其他软件单元集合在一起。在这个工具里，程序员可以很方便地对程序进行编辑、编译、链接以及跟踪程序的执行过程，以便寻找程序中的问题。

适合C语言的集成开发工具有许多，如Turbo C、Borland C、Microsoft C、Visual C++、Dev C++、Borland C++、C++ Builder、Gcc等。这些集成开发工具各有特点，分别适合于DOS环境、Windows环境和Linux环境，几种常用的C语言开发工具的基本特点和所适合的运行环境见表1-1。

表 1-1　几种常用的 C 语言开发工具

开发工具	运行环境	各工具的差异	基本特点
Turbo C	DOS	不能开发C++语言程序	1. 符合标准 C 2. 各系统具有一些扩充内容 3. 能开发 C 语言程序（集程序编辑、编译、链接、调试、运行于一体）
Borland C	DOS		
Microsoft C	DOS		
Visual C++	Windows	能开发C++语言程序（集程序编辑、编译、链接、调试、运行于一体）	
Dev C++	Windows		
Borland C++	DOS、Windows		
C++ Builder	Windows		
Gcc	Linux		

从表 1-1 中可以看出，有些集成开发工具不仅适合于开发 C 语言程序，还适合开发 C++语言程序。这些既适合于 C 语言又适合于C++语言的开发工具，一开始并不是为 C 语言而写的，而是为C++语言设计的集成开发工具，但因为C++语言是建立在 C 语言的基础之上，C 语言的基本表达式、基本结构和基本语法等方面同样适合C++语言，因此，这些集成开发工具也能开发 C 语言程序。

1.5.1　MS-DOS 编程环境

MS-DOS 是美国微软公司的产品，是一个单用户、单作业的微型计算机操作系统，其主要功能是文件管理和设备管理。DOS 是 Disk Operating System 的缩写。MS-DOS 采用层次模块结构，由 3 个模块和 1 个引导程序 BOOT 组成。这 3 个模块是：输入输出系统 IBMBIO、文件管理系统 IBMDOS 和命令处理程序 COMMAND。

引导程序 BOOT 用来把 IBMBIO 和 IBMDOS 装入内存。输入输出系统 IBMBIO 处在 MS-DOS 的最里层，负责驱动外围设备。文件管理系统 IBMDOS 是整个操作系统的核心部分，主要任务是管理所有的磁盘文件，负责建立、删除、打开、关闭、读写和检索各类文件。IBMDOS 向外层模块提供一系列的系统功能调用，通过这些功能调用，使 MS-DOS 的外层程序或用户程序可以方便使用计算机系统的资源。命令处理程序 COMMAND 是 MS-DOS 的最外层模块，负责接受、识别和执行用户从终端输入的各种命令。

由于 MS-DOS 是一个单用户操作系统，因此对系统没有提供相应的保护，是一个全开放的系统。在 MS-DOS 下编程时，应用软件可以使用全部的系统资源，甚至是修改操作系统。对系统的访问可以分成 4 个层次。

第一个层次是通过调用 C 语言标准函数库访问系统资源，这是一个最基本的方法，也是最简单和最安全的方法。这种方法由于使用的是标准函数库，通用性较强，可移植性较好，适合初学者使用。

第二个层次是通过 DOS 功能调用访问系统资源。这种方法使用起来难度较大，需要程序员对 DOS 操作系统有较深入的了解。使用 DOS 功能调用可以充分发挥 DOS 的潜力，开发出功能更强、效率更高的软件。

第三个层次是通过基本输入/输出系统 BIOS 访问系统资源。BIOS 是由主板生产厂商提供的底层驱动程序，是硬件和操作系统之间的接口。通过 BIOS 访问硬件资源可以越过 DOS 系统，能够实现很多 DOS 不支持的功能。

第四个层次是直接访问硬件。通过使用库函数中的端口操作函数或者是直接用嵌入的汇编语言编程来操作硬件。这种方法要求程序员具备良好的硬件基础知识，对计算机硬件结构有充分的了解。在一些驱动程序和工业控制软件的开发中，经常使用这种直接访问硬件的方法。该方法效率高、控制能力强，但是软件的可移植性差。

在 DOS 环境下的 C 编译器常用的有 Turbo C 2.0、MS－C 7.0、Watcom C 和 Gnu 的 Gcc 等。在 DOS 下编程一般以文本方式为主，也可以使用图形方式编程，但由于操作系统没有对图形方式提供充分的支持，编写程序时难度较大。

DOS 应用程序的特点是可以访问系统的全部资源，不受任何限制，同时具有系统稳定、能够长期连续运行的优点，在工业控制中得到了广泛的应用。

1.5.2　Windows 编程环境

Windows 已经发展到了 Windows 7/10 乃至更高版本，它的设计融合了分层操作系统和客户端/服务器（微内核）操作系统的特点。

Windows 通过硬件机制实现了核心态以及用户态两个特权级别。当操作系统状态为前者时，CPU 处于特权模式，可以执行任何指令，并且可以改变状态。而在后面一个状态下，CPU 处于非特权（较低特权级）模式，只能执行非特权指令。一般来说，操作系统中那些至关紧要的代码都运行在核心态，而用户程序一般都运行在用户态。当用户程序使用了特权指令，操作系统就能借助于硬件提供的保护机制剥夺用户程序的控制权并做出相应处理。

在 Windows 系统中，只有那些对性能影响很大的操作系统组件才在核心态下运行。因为核心态和用户态的区分，所以应用程序不能直接访问操作系统特权代码和数据，所有操作系统组件都受到了保护，以免被错误的应用程序侵扰。这种保护使得 Windows 可能成为坚固稳定的应用程序服务器，并且从操作系统服务的角度来看，Windows 作为工作平台仍是稳固的。

Windows 的核心态组件使用了面向对象设计原则。但是 Windows 并不是一个严格的面向对象系统，出于可移植性以及效率因素的考虑，Windows 的大部分代码不是用面向对象语言编写的，而是使用了 C 语言并采用了基于 C 语言的对象实现。

选择哪种编程工具决定了程序员在应用程序中可以做什么以及如何做。Windows 上常用的 C 语言开发工具有 Visual C++ 和 Borland C++ Builder。这两种开发工具都可以开发出优秀的 Windows 应用程序，而在系统开发方面更常用的是 Visual C++。

Visual C++ 是在 Windows 上建立应用程序的强大且复杂的工具。Visual C++ 借助于生成代码向导，能在数秒内生成可运行的 Windows 应用程序的外壳。Visual C++ 不仅是程序设计语言，还是一个非常全面的应用程序开发环境，使用它可以开发出具有专业水平的 Windows 应用程序。Visual C++ 附带的类库，即 Microsoft Foundation Classes（MFC），已成为许多 C++ 语言编译器进行 Windows 软件开发的工业标准。

Visual C++ 中引入了微软定义的基本类库（MFC）后，使 Windows 程序设计彻底实现了模板化，从而降低了程序设计的复杂性。MFC 中包含了许多已经定义好的程序开发过程中最常用到的对象，具有很好的扩展性。程序员还可以利用面向对象技术中很重要的"继承"方法，从类库中的已有对象派生出自己所需要的对象。MFC 的应用使得程序员在编制应用程序时，所需要编写的代码大为减少，并有力地保证了程序具有良好的可调试性。

1.5.3　UNIX 编程环境

　　UNIX 操作系统诞生于 1969 年，是由贝尔实验室的两位研究人员 Ken Thompson 和 Dennis Ritchie 开发的。当时，Ken Thompson 在一台 PDP-7 计算机上开发了一个新的操作系统，并称之为 UNIX，在该系统中 Thompson 组合了许多其他操作系统中最有价值的部分，很好地利用了其他操作系统的工作成果。

　　UNIX 最初是用汇编语言开发的。1973 年，Ken 和 Dennis 成功地用 C 语言重写了 UNIX 操作系统。UNIX 操作系统中 95% 的代码是用 C 语言编写的，其中很小的一部分使用汇编语言编写，这部分主要集中在系统内核，直接与硬件打交道。UNIX 操作系统有两个主要版本，即美国电信电话公司（AT&T）UNIX 系统和伯克利（Berkeley）UNIX 系统，其他的 UNIX 变体都基于这两个版本。

　　UNIX 操作系统的 Linux 变体是芬兰赫尔辛基大学计算机科学专业的学生 Linus Torvalds 开发的。Linux 是为基于 Intel 处理器的个人计算机而设计的。Linux 是一个可自由发布的 UNIX 版本，并且可以免费使用。由于版权方面的原因，没有把 Linux 称为 UNIX，但它实际上就是 UNIX。它遵从的标准大部分都与 UNIX 是一样的。

　　UNIX 操作系统是一个包括文本编辑器、编译器和其他系统工具程序的程序集，是按分层软件模型实现的。

　　1）UNIX 内核也称为基本操作系统，负责管理所有与硬件相关的功能。这些功能由 UNIX 内核中的各个模块实现。内核包括直接控制硬件的各个模块，这样能够在极大程度上保护这些硬件，以避免应用程序直接操作硬件而导致混乱。用户不能直接访问内核。

　　2）常驻模块层提供执行用户请求服务的例程。这些服务包括输入和输出控制服务、文件和磁盘访问服务（称为文件系统）以及进程创建和中止服务。应用程序通过系统调用访问常驻模块层。

　　3）工具层是 UNIX 的用户接口，通常称为 shell。shell 和其他 UNIX 命令及工具都是独立的程序，它们是 UNIX 系统软件的组成部分，但不是内核的组成部分。

　　4）UNIX 操作系统向系统中的每个用户指定一个执行环境。这个环境称为虚拟计算机，包括一个用户接口终端和共享的其他计算机资源。UNIX 是一个多用户操作系统，可视为虚拟计算机的集合。对用户而言，每个用户都有自己的专用虚拟计算机。由于与其他虚拟计算机共享 CPU 和其他硬件资源，虚拟计算机比真实的计算机要慢。

　　5）UNIX 操作系统通过进程向用户和程序分配资源。每个进程都有一个进程标识号和一组与之相关的资源。进程在虚拟计算机环境下执行，就好像在一个专用的 CPU 上执行一样。

　　UNIX 操作系统都自带 C 语言编译器 cc，既可以在文本界面下编程，也可以用在图形界面下实现应用程序。

本单元小结

C语言是目前世界上最流行和使用得最广泛的高级程序设计语言之一。本单元简要介绍了C语言的发展过程及其特点，介绍了结构化程序设计特点、算法的基本概念和特性及算法的评价标准。通过介绍几个简单的C语言程序，初步讲解了C语言的构成和书写格式，介绍了C语言程序编写、编译、运行的过程。上机是检验算法和程序的重要手段，也是学好程序设计的最好方法。

习题与实训

一、习题

1. 程序设计语言的发展经历的阶段有：机器语言、汇编语言和（　　　）。
2. 算法中对需要执行的每一步操作，必须给出清楚、严格的规定，这属于算法的（　　　）。
3. 描述算法的常用方法包括自然语言、（　　　）和伪代码。
4. 算法应具备的特征有：确定性、有穷性、可行性和（　　　）。
5. C语言程序的基本单位是（　　　）。
6. C语言源程序文件扩展名为（　　　），经编译生成的文件称为目标文件，该文件的扩展名是（　　　），连接生成的文件称为可执行文件，该文件的扩展名是（　　　）。
7. 开发C语言程序包括编辑、（　　　）、（　　　）和（　　　）4个步骤。
8. C语言程序的语句结束符是（　　　）。
9. 在结构化程序设计中，包括3种基本结构，即（　　　）、（　　　）和（　　　）。
10. C语言源程序中，注释部分两侧的分界符分别为（　　　）和（　　　）。

二、实训

（一）实训目的

1. 了解C语言程序设计的发展历程和特点。
2. 了解结构化程序设计，掌握算法的概念特性及算法评价标准。
3. 掌握C语言源程序的结构特点与书写规则。
4. 了解C语言的不同编程环境。
5. 掌握一种C语言集成环境的使用。
6. 掌握C语言源程序的编辑、修改、保存及运行。

(二) 实训内容

1. 上机运行本单元的例题和下面程序。

程序 1：/＊程序 s1.c 为已知三边求三角形的面积＊/

```
#include  <stdio.h>
#include  <math.h>
int main()
{
  float a,b,c,s,area;
  a=3; b=4; c=5;
  s=(a+b+c)/2;
  area=sqrt(s*(s-a)*(s-b)*(s-c));    /*sqrt()用于求一个数的平方根*/
  printf("%4.1f,%4.1f,%4.1f,The area is %4.1f\n",a,b,c,area);
}
```

程序 2：/＊程序 s2.c 为已知两边求长方形的周长和面积＊/

```
#include  <stdio.h>
int main()
{
  float a,b,c,s;
  a=5;
  b=6;
  c=(a+b)*2;
  s=a*b;
  printf("%4.1f,%4.1f, c is %4.1f\n s is %4.1f\n",a,b,c,s);
}
```

2. 编写程序实现用＊号输出五角星的图案。

3. 编写程序实现在屏幕上输出"Hi，The C Programming Language！"。

单元 2 基本数据类型

数据是计算机处理的对象,为了表示特定的数据,C 语言把数据类型分为基本类型、构造类型、指针类型和空类型 4 类。数据类型规定了具有该类型的数据在内存中的存储空间、取值范围以及允许的操作等。

2.1 数据类型简介

所有能被计算机处理的信息统称为数据(Data)。在计算机科学领域所说的数据是广义的,数值、字符、文字、表格、图形和图像、声音等都称为数据,不同的数据之间往往还存在某些联系。程序所处理的数据都具有某一种数据类型(Data Types),数据类型规定了数据的取值范围(值集)、数据能接受的运算符(运算集)、数据的存储形式。

2.1.1 数据类型分类

C 语言的数据类型分为 4 类,如图 2-1 所示,由这些数据类型可以构造出不同的数据结构。所谓数据结构,是指数据的组织形式。

在程序中使用的各种数据都应预先加以说明,即先说明,后使用。对数据的说明包括 3 个方面:数据类型、存储类型、作用域。

1. 基本类型

基本类型最主要的特点是其值不可以再分解为其他类型。也就是说,基本类型是自我说明的。

图 2-1 C 语言数据类型

2. 构造类型

构造类型是根据已定义的一个或多个数据类型用构造的方法来定义的。也就是说,一个构造类型的值可以分解成若干个"成员"或"元素"。每个"成员"都是一个基本类型或一个构造类型。在 C 语言中,构造类型有数组、结构和共用。

3. 指针类型

指针是一种特殊的、具有重要作用的数据类型。其值用来表示某个量在内存存储器中的地址。虽然指针的取值类似于整型量，但这是两个类型完全不同的量，因此不能混为一谈。

4. 空类型

在调用函数值时，通常应向调用者返回一个函数值。这个返回的函数值是具有一定的数据类型的，应在函数定义及函数说明中给予说明。

空类型（void）函数是一种被调用后并不需要向调用者返回任何值的函数。例 2 – 1 中的 void 表示返回值为空类型。当函数不需要任何返回值时，就可以使用空类型说明，这个空类型函数就不会有返回值了。

例 2 – 1 交换整型变量 a 和 b 的值。

```
void sum()
{
    int a = 11,b = 22,temp;
    temp = a;
    a = b;
    b = temp;
    printf("a = % 5d,b = % 5d\n",a,b);
    printf("temp = % 5d",temp);
}
```

其中，"void" 是函数类型说明符，表示 sum( ) 函数是空类型函数，不需要任何返回值。

2.1.2 标识符

在 C 语言中，有许多符号的命名，如变量名、函数名、数组名等都必须遵守一定的规则，按此规则命名的符号称为标识符。在 C 语言中，标识符是程序的基本语法单位，用于自定义的类型、变量、函数等的命名。正确地使用标识符对编写程序是至关重要的。

1. 标识符的定义

C 语言规定：标识符只能由字母（A ~ Z 和 a ~ z）、数字（0 ~ 9）和下画线（_）组成，并且首字符必须是字母或下画线。

ANSI C 标准没有规定标识符的长度（字符个数），但不同的 C 编译系统规定不同。Turbo C 规定标识符长度不能超过 32 个字符，超过 32 个字符时其后面的字符无效。

2. 标识符的分类

C 语言的标识符可以分为以下 3 类：

（1）关键字　C 语言中的关键字又称为保留字，它是由系统提供的一种特殊的标识符，表示特定的语法成分，不能重新定义。所有的保留字均为小写字母，专供系统本身使用。图 2 – 2 给出了 ANSI C 规定的 32 个保留字。

auto	break	case	char	const	continue	default
do	double	else	enum	extern	float	for
goto	if	int	long	register	return	short
signed	static	sizeof	struct	switch	typedef	union
unsigned	void	volatile	while			

图 2-2 关键字

1) 数据类型关键字，包括 char、double、enum、float、int、long、short、signed、struct、union、unsigned、void 共 12 个。

2) 控制语句关键字，包括 break、case、continue、default、do、else、for、goto、if、return、switch、while 共 12 个。

3) 存储类别关键字，包括 auto、extern、register、static 共 4 个。

4) 其他关键字，包括 const、sizeof、typedef、volatile 共 4 个。

(2) 预定义标识符　预定义标识符也有特定的含义，如 C 语言提供的库函数名字（printf、getchar、fabs 等）和编译预处理命令（define、include 等）。

(3) 用户标识符　用户标识符是用户根据自己的需要自定义的标识符，如对变量、常量、函数等的命名。例如，a、b、x、y、sum、max、color、song、yes_no 等均是合法的标识符；而 -5x（以减号开头）、23$（以数字开头）、float（系统保留字）等均是非法的用户标识符。

用户标识符命名时应注意：

1) "见名知义"，如 sum（求和）、max（最大）、PI（3.1415926）等。

2) 大小写有别。习惯上变量名、函数名等用小写，如 a、max() 等；符号常量用大写，如 A、PI、BT 等。其中小写的 a 和大写的 A 是两个不同的标识符。

3) 用户标识符不能与系统规定的保留字同名，如 int = 7、float = 7.0 是非法的；也不要与系统提供的标准库函数名同名。

4) 尽量不要用下画线开头，且长度不要超过 8 位，原因是有些编辑器内部使用了部分用下画线开头的标识符，如_fd、_cs、_ds、_ss 等。虽然 ANSI C 不限制标识符的长度，但它受到各种版本 C 语言编译系统的限制，同时也受到具体机器的限制。

2.2 常量

在程序运行过程中，其值不能被改变的量称为常量。C 语言中的常量可以分为 3 种，数值常量、字符常量和符号常量。

常量

2.2.1 数值常量

数值常量也就是通常所说的常数。C 语言中的数值常量包括整型常量和实型常量。

1. 整型常量

在 C 语言中，整型常量有 3 种不同的书写（表示）形式，即：十进制、八进制和十六进制。

1）十进制形式。指一般整型数表示的形式，用0～9这10个不同的数码表示，遵循"逢十进位"的原则。书写时按通常整数的形式书写，如5、26、39、88等。

2）八进制形式。指采用0～7这8个不同的数码表示的形式，遵循"逢八进位"的原则。书写时在八进制整数前加写前缀"0"，如05、032、047、0110等。

3）十六进制形式。指采用0～9和A～F这16个不同的数码表示的形式，遵循"逢十六进位"的原则。书写时在十六进制整数前加写前缀"0x"，如0x5、0x1A、0x27、0x58等。

2. 实型常量

实型常量又称为实型数，在C语言中实型数只能用十进制数表示，且只能有两种表示（书写）方法：一般形式和指数形式。

1）一般形式：由整数部分、小数部分和小数点组成。例如，2.56、48.25、-22.16、12.、.25等都是合法的实型数表示形式。

2）指数形式：由尾数、小写字母e或大写字母E和指数组成。例如，36.24e6、6.35e-4、22.58E9、2.00E9、5.28E-2等都是合法的实型数表示形式，E后面必须跟整数。

2.2.2 字符常量

C语言中的字符常量包括3种：字符型常量、字符串常量和转义字符。

1. 字符型常量

字符型常量是用单引号括起来的一个字符。例如'c'、'5'、';'、'F'、'-'、'!'都是合法的字符型常量。在C语言中，字符型常量只能是单个字符，不能是字符串；字符型常量只能用单引号括起来，不能用双引号或其他括号；字符可以是字符集中任意字符，每个字符在内存中占一个字节，以ASCII码形式存储在内存中。

在C语言中，字符型常量的取值是该字符所对应的ASCII码值，可以用整型数据描述。另外，将一个字符型常量赋给一个变量时，就是把该字符型常量的ASCII码值赋给该变量。而且，字符型常量可以参加各种运算。

```
i='I';       /*等价于i=73*/
t='$'+5;     /*等价于t=36+5*/
s='%'+'X';   /*等价于s=37+88*/
```

2. 字符串常量

字符串常量简称字符串，是用一对双引号""括起来的零个或多个字符序列。例如，"a"、"ASDFG"、"CHINA"、"1234"、"Class-1"等都是字符串常量。字符串中可以使用字符符号，也可以使用汉字等文字符号，字符串中还可以没有字符，双引号作为字符串常量的定界符，不表示字符串常量本身。

'a'和"a"是两个不同的常量，'a'是字符常量，占一个字节；"a"是字符串常量，占两个字节，其中一个字节存储该字符串，另一个字节存储该字符串的结束标识符'\0'。C语言规定，每一个字符串尾部都要加一个字符串结束标识'\0'。n个字符组成的字符串，在内存中要占用n+1个字节空间。

字符串的长度等于该字符串中所包含的有效字符的个数，在字符串中如遇到'\0'则认为该字符串结束。如果字符串中有转义字符，则一个转义字符作为一个字符。

3. 转义字符

转义字符又称反斜杠字符常量，它表示 ASCII 码字符集内的控制代码和某些用于定义功能的字符。转义字符具有特定的含义，不同于字符原有的意义，故称"转义"字符。转义字符的形式为反斜杠"\"后跟一个字符或一些数字。例如，在前面例题中，函数 printf( ) 的格式串中用到的"\n"就是一个转义字符，它不代表字母 n，而是作为换行符，其意义是"回车换行"。

常用的转义字符及其含义见表 2-1。

表 2-1 常用转义字符及其含义

转义字符	含义	ASCII 码
\n	换行，从当前位置移到下一行开头	10
\t	水平制表（跳到下一个 Tab 位置）	9
\0	空操作	0
\b	退格，从当前位置移到前一列	8
\r	回车，从当前位置移到本行开头	13
\f	换页，从当前位置移到下页开头	12
\\	反斜杠字符	92
\'	单引号字符	39
\"	双引号字符	34
\ddd	1~3 位八进制数所代表的字符	000 ~ 177
\xhh	1~2 位十六进制数所代表的字符	X00 ~ x7f

C 语言字符集中的任何一个字符均可用转义字符来表示。表 2-1 中的 \ddd 和 \xhh 正是为此而提出的。ddd 和 hh 分别为八进制和十六进制的 ASCII 代码。例如，\103 表示字母 'C'，ASCII 代码为 67；\104 表示字母 'D'，ASCII 代码为 68；\134 表示反斜线，ASCII 代码为 92；\X0A 表示换行，ASCII 代码为 10 等。

例 2-2 转义字符的使用。

```
#include <stdio.h>
int main()
{
    printf("This is a program\n");
    printf("\this is \b a \012 program\n");
    printf("\"first\\second\"");
}
```

运行结果：

```
This is a program
    his i a
program
"first\second"
```

例 2-2 中，"\t"是水平制表符，"\b"是退格符，"\012"和"\n"都是换行符。要想输出"\"，必须写成"\\"；要想输出""，必须写成"\""。

2.2.3 符号常量

在 C 语言中，通常用符号来代替常量，代替常量的符号称为符号常量。为了和变量有所区别，通常用大写英文字母表示符号常量。另外，符号常量在定义时，也遵循"先定义，后使用"的原则，其格式为：

#define 符号常量 常量

例如：

```
#define N 9
#define EOF -1
#define NULL 0
```

其中，#define 是编译系统预处理的宏定义命令；N、EOF（结束标志）和 NULL（空）是符号常量，分别代替常量 9、-1 和 0。每个符号常量的定义式只能定义一个符号常量，并且占据一个书写行。

符号常量在使用之前必须先定义，定义后在程序中所有出现的符号常量均以其定义的常量值代之。

例 2-3 求圆的面积。

```
#include <stdio.h>
#define PI 3.141592
  int main()
{
    float s,r;
    r = 4;
    s = PI * r * r;
    printf("s = % f\n",s);
}
```

本程序在主函数之前由宏定义命令定义 PI 为 3.141592，在程序中即以该值代替 PI。s = PI * r * r 等效于 s = 3.141592 * r * r。应该注意的是，符号常量不是变量，它所代表的值在整个作用域内不能再改变。也就是说，在程序中，不能再用赋值语句对它重新赋值。

2.3 变量

变量是指在程序运行过程中其值可以改变的量。变量用于从外部接收数据、保存一些不断变化的值、保存中间结果及最终结果，而这些都无法用常量来实现。

变量

一个变量具有一个名称，即变量名。它在内存中占据一定的存储单元，该存储单元用来存放变量的值。变量名和变量值是两个不同的概念，如图 2-3 所示。

在图 2-3 中，p 是变量名，5 为变量 p 的值，即 p=5，方框代表存储单元。变量名实际上是一个符号地址，在对程序编译链接时，系统自动给每个变量名分配一个内存地址。程序在运行过程中从变量中取值，实际上是通过变量名找到相应的内存地址，然后从存储单元中读取数据。

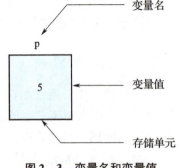

图 2-3　变量名和变量值

命名变量名时应该注意以下 4 点：

1）对变量名要求不严格，可用小写字母，也可用大写字母或大小写字母混用，但一般用小写字母。

2）变量名要长短适当，以提高程序的可读性。

3）变量名不能与系统的关键字同名，以免造成不必要的错误。

4）变量名的首字符必须是英文字母或下画线"_"，中间不能有空格。

例如，a1、x1、sum、_size、new 等均是合法的变量名，而以下是一些不合法的变量名：

```
number-1      /* 含有非法字符"-" */
p□iece        /* 含有非法空格符□ */
float         /* 使用系统的保留字 */
6_student     /* 以数字 6 开头 */
$354          /* 非法字符"$" */
```

基本类型的变量一般可分为整型变量、实型变量和字符变量，分别用来存储整型数据、实型数据和字符型数据。

2.3.1　整型变量

1. 整型变量的分类

数据在计算机内存中是以二进制形式存放的。为充分利用内存空间，提高运行速度，根据数据的取值范围可将整型变量划分为 3 类。

1）基本型：用 int 表示。

2）短整型：用 short int 或 short 表示。

3）长整型：用 long int 或 long 表示。

2. 无符号整型变量和有符号整型变量

在 C 语言中，为充分利用变量数据的取值范围，节约内存空间，将人的年龄、身高和体重等变量定义为"无符号类型（unsigned）"。unsigned 可以和 3 种类型的整型变量结合使用，指定该变量为"无符号数"。

若定义整型变量时既不指定为 unsigned，也不指定为有符号类型（signed），则系统处理时将其默认为 signed。因此在定义变量为有符号类型时，可以不写 signed。无符号型变量只能存放不带符号的整数，如 13、245、1278 等，而不能存放负数，如 -13、-245、-1278 等。

3. 整型变量的长度和数据的取值范围

ANSI C 标准定义了整数类型的字节长度和取值范围，见表 2-2。

表 2-2 整数类型的字节长度和取值范围

数据类型	取值范围		字节长度
有符号基本整型 [signed] int	-2147483648~2147483647	即 $-2^{31} \sim (2^{31}-1)$	4
无符号基本整 unsigned [int]	0~4294967295	即 $0 \sim (2^{32}-1)$	4
有符号短整型 [signed] short [int]	-32768~32767	即 $-2^{15} \sim (2^{15}-1)$	2
无符号短整型 unsigned short [int]	0~65535	即 $0 \sim (2^{16}-1)$	2
有符号长整型 long [int]	-2147483648~2147483647	即 $-2^{31} \sim (2^{31}-1)$	4
无符号长整型 unsigned long [int]	0~4294967295	即 $0 \sim (2^{32}-1)$	4

表 2-2 中，方括号内的部分在定义变量时可以省略，不影响变量在内存中的取值范围。有符号整数以二进制补码形式存储。最左边第 1 位表示符号，该位为 0，表示正数，该位为 1，表示负数；无符号整数以二进制原码形式存储。

4. 整型变量的定义

整型变量定义的一般格式为：

数据类型关键字 变量 1，变量 2，…，变量 n；

其中，"数据类型关键字"必须是系统规定的关键字；"变量 1，变量 2，…，变量 n"可以是用户命名的标识符。具有相同数据类型的变量可以在一起说明，它们之间用逗号分隔。

例如：

```
int a,b;    /* 定义变量 a、b 为整型 */
short i;    /* 定义变量 i 为有符号短整型 */
unsigned long s,r;   /* 定义变量 s、r 为无符号长整型 */
unsigned c;    /* 定义变量 c 为无符号整型 */
```

在 C 语言中使用变量前必须先定义，原因有 3 点：

1）凡未被事先说明的变量，不能作为变量名，否则程序编译时出错。

2）在编译时系统自动为每个变量分配相应的存储单元，因此定义时要为每个变量指定一个确定的类型。例如，指定 m、n 为 long 型，则 C 语言编译系统自动为 m 和 n 分配 long 型的存储单元，并按长整型数据方式存储。

3）为了便于检查变量在编译时所进行的运算是否合法，规定每个变量只能属于一种类型。

例如，整型变量 x 和 y，可以进行求余运算：x%y。

其中，"%"是求余符号，得到 x 除以 y 的余数。如果将 x 和 y 指定为实型变量，则不允许进行求余运算，在编译时给出出错信息。

注意：在定义变量时，可以根据数据的大小选取合适的类型。特别是将整型常量赋给整型变量时，类型要匹配。

例 2-4 整型变量的定义与应用。

```
#include <stdio.h>
int main()
{
```

```
    int i,j,s1,s2;
    unsigned a;
    i=28;j=-45;a=10;
    s1=i+a;
    s2=j+a;
    printf("i+a=%d,j+a=%d\n",s1,s2);
}
```

运行结果：

```
i+a=38,j+a=-35
```

分析：在函数 printf( ) 中，"%d"表示输出整型数据，而"\n"表示换行输出。另外，双引号括起来的其他字符按原样输出。

5. 整型数据的溢出

在 C 语言中，短整型变量的最大允许值为 32767，如果再加 1，就会溢出。下面通过例题来说明短整型数据的溢出现象。

例 2-5 数据溢出举例。

```
#include <stdio.h>
int main()
{
    short max,min;
    max=32767;
    min=max+1;
    printf("max=%d,min=%d\n",max,min);
}
```

运行结果：

```
max=32767,min=-32768
```

C 语言中规定，有符号短整型变量只能容纳 -32768~32767 范围内的数，无法表示大于 32767 的数。一旦遇到此情况，就会发生溢出，但运行时并不报错，就好像汽车里程表一样，达到最大值后又自动返回到最小值开始计数。所以，32767 加 1 不得到 32768，而是得到 -32768，这与编程人员的本意恰好相反。解决方法是将程序中第 4 行"short max, min;"语句改为"long max, min;"，并将第 7 行输出函数的输出格式改为%ld，就可得到预期的结果 32768。

2.3.2 实型变量

实型变量分为 3 类：单精度型（float）、双精度型（double）和长双精度型（long double）。C 语言中实型变量的字节长度和取值范围见表 2-3。

表 2-3　实型变量的字节长度和取值范围

数据类型	字节长度	有效数字	取值范围
单精度型 float	4	6~7	$-3.4 \times 10^{-38} \sim 3.4 \times 10^{+38}$
双精度型 double	8	15~16	$-1.7 \times 10^{-308} \sim 1.7 \times 10^{+308}$
长双精度型 long double	16	18~19	$-1.1 \times 10^{-4932} \sim 1.1 \times 10^{+4932}$

表 2-3 中，有效位是指数据在几位之内为有效数字。如实型数据 123456.789 只能保证前 7 位数据的准确性，而后面的两位小数将出现随机数。由此可见，双精度型与长双精度型的精度都比单精度高。

在使用实型变量之前，要先定义。

例如：

```
float i;     /*定义 i 为单精度实数*/
double j;    /*定义 j 为双精度实数*/
long double k;   /*定义 k 为长双精度实数*/
```

对 long double 型用得较少，因此不做详细介绍，读者只需知道此类型即可。下面通过例题来说明实型变量的应用。

例 2-6　实型数据输入、输出举例。

```
#include <stdio.h>
int main()
{
    float a;     /*定义 a 为实型*/
    double b;            /*定义 b 为双精度实型*/
    a = 66666.66666;
    b = 55555.55555555555555;
    printf("%f\n%f\n",a,b);
}
```

运行结果：

```
66666.664062
55555.555556
```

分析：此程序说明 float、double 的不同。a 为 4 字节，b 为 8 字节。

从例 2-6 可以看出，由于 a 是单精度浮点型，有效位数只有 7 位。而整数已占 5 位，故小数点后两位后之后均为无效数字。b 是双精度型，有效位为 16 位。但 Turbo C 规定小数后最多保留 6 位，其余部分四舍五入。

2.3.3　字符变量

字符变量用来存放字符常量，且每个字符变量只能存放一个字符常量，在内存中占用一个字节。

1. 字符变量的定义

字符变量定义的一般格式为：

char 变量1，变量2，…，变量n；

例如：char c1，c2；

其中，c1 和 c2 为字符型变量，分别存放一个字符常量，可以用以下语句对 c1 和 c2 赋值：

```
c1 ='a';c2 ='b';
```

上面的赋值语句不能写成：

```
c1 = "a";c2 = "b";
```

在 C 语言中，给字符变量这样赋值是不正确的。因为 C 语言规定在每个字符串结尾都要加一个结束标识符 "\0"，以便系统判断字符串是否结束。而 "a" 与 "b" 定义的并不是一个字符，而是一个字符串。字符串 "a" 包括字符 'a' 和 '\0' 两个字符，因此不能将它赋给一个字符变量。

需要强调的是，将一个字符常量赋给一个字符变量并不是把该字符本身存放在内存单元中，而是将相应字符常量的 ASCII 码值存放在存储单元中。

2. 字符型变量与整型变量的关系

一个字符型数据不仅可以按字符格式输出，还可以按整数格式输出，并且可以进行算术运算。下面通过具体例子来说明字符型变量与整型变量之间的联系。

例2-7 ASCII 码的应用。

```c
#include <stdio.h>
int main()
{
    char c1,c2;
    unsigned char c3;
    c1 ='A';
    c2 ='B';
    c3 = 63;
    printf("%c,%c,%c\n",c1,c2,c3);
    printf("%d,%d,%d\n",c1,c2,c3);
}
```

运行结果：

```
A,B,?
65,66,63
```

分析：字符型数据在内存中以 ASCII 码值存储。在存储字符型变量 c1 和 c2 时，系统先将 "A" 和 "B" 转换成整数 65 和 66，然后分别存放在 c1 和 c2 的存储单元中。将整数 63 直接存放在 c3 的内存单元中。按 "%c" 的格式输出时，变量 c1、c2 和 c3 的 ASCII 码值分别为 65、66 和 63，然后转换成相对应的字符 A、B 和 ? 进行输出；按 "%d" 的格式输出时变量 c1、c2 和 c3 直接将 ASCII 码值 65、66 和 63 输出。

2.3.4 变量赋初值

为了使程序更加简洁、直观，C 语言允许在说明一个变量的同时给变量赋一个初值，常常称之为初始化。其一般形式如下：

数据类型关键字　变量名 = 表达式；

其中，"="是赋值运算符，"表达式"通常是一个常量。

例如：

```
int    s = 6;          /* 定义 s 为整型变量,初值为 6 */
float  i = 2.1415;     /* 定义 i 为实型变量,初值为 2.1415 */
char   c = 'a';        /* 定义 c 为字符型变量,初值为 a */
```

初始化时注意以下 4 种情况：

1）几个相同类型的变量可同时初始化。例如："int i = 1, j = 2, k = 3;"表示 i, j, k 的值分别为 1, 2, 3。

2）部分变量初始化。例如："int i, j, k = 10;"表示 i, j, k 为整型变量, 只对 k 赋初值 10。

3）变量的初始化是在程序运行阶段执行本函数时赋初值，相当于一条赋值语句。

例如：

```
int a,b,c = 3;
```

等价于

```
int a,b,c;    /* 定义变量 a、b、c */
c = 3;        /* 给变量 c 赋值为 3 */
```

4）对于几个变量同时赋一个初值时，不能写成如下形式：

```
int a = b = c = 10; 或 int a = 10;b = 10;c = 10;
```

而应当分别赋初值：

```
int a = 10; int b = 10; int c = 10;或 int a = 10,b = 10,c = 10;
```

一个变量赋初值之后，该值被存储在分配给该变量的内存空间中，不允许对多个未定义的同类型变量连续初始化。初始化时，"="右边表达式的数据类型和"="左边的变量的类型如果不一致，系统会进行自动赋值转换，没有进行初始化的变量，其值是由定义时所使用的存储类型决定的。

2.4 数据类型转换

在 C 语言中，整型、实型和字符型数据间可以混合运算。如果一个运算符两侧的操作数的数据类型不同，则系统按"先转换、后运算"的原则，首先将

数据类型转换

数据自动转换成同一类型，然后在同一类型数据间进行运算。因此，整型、字符型、实型（包括单、双精度）数据可以出现在一个表达式中进行混合运算。

如：已定义 i 为 int 变量，f 为 float 型变量，d 为 double 型变量，l 为 long 型变量，有如下式子：

$$100 + 'A' + i * f - d * l$$

上式在进行运算时，不同类型的数据要先转换成同一类型，然后进行运算，转换的规则如图 2-4 所示。

图 2-4 中横向向右的箭头表示必定的转换，如字符数据必定先转换为整数，short 型转换为 int 型，float 型数据在运算时一律先转换成 double 型，以提高运算精度。

纵向的箭头表示当运算对象为不同类型时转换的方向。例如，int 型与 double 型数据进行运算时，先将 int 型的数据转换成 double 型，然后在两个同类型（double 型）数据间进行运算，结果为 double 型。注意，箭头方向只表示数据类型级别的高低，由低向高转换，不要理解为 int 型先转换成 unsigned 型，再转成 long 型，再转成 double 型。如果是一个 int 型数据与一个 double 型数据运算，则直接将 int 型转成 double 型。同理，一个 int 型与一个 long 型数据运算，也是先将 int 型转换成 long 型。

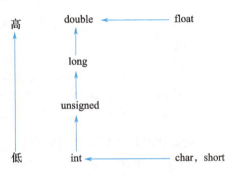

图 2-4 不同类型数据转换规则

上式运算次序为：①进行 100 + 'A' 的运算，先将 'a' 转换成整数 65，运算结果为 165；②进行 i * f 的运算，先将 i 与 f 都转化成 double 型，运算结果为 double 型；③整数 165 与 i * f 的积相加，先将整数 165 转换成 double 型（小数点后加若干个 0，即 165.000000），运算结果为 double 型；④将变量 l 化成 double 型，d * l 结果为 double 型；⑤将 100 + 'A' + i * f 的结果与 d * l 的乘积相减，结果为 double 型。上述的类型转换是由系统自动进行的。

数据类型转换分为隐式转换和强制类型转换。

（1）隐式转换

隐式转换包括运算转换和赋值转换：①运算转换，不同类型数据混合运算时，先自动转换成同一类型，由少字节类型向多字节类型转换；②赋值转换，把一个值赋给与其类型不同的变量时，把赋值号右边的类型转换为左边的类型。

1）运算转换。整型（包括 int、short、long）、浮点型（包括 float、double）可以混合运算。在进行运算时，不同类型的数据要先转换成同一类型，然后进行运算。转换发生在不同数据类型的量混合运算时，由编译系统自动完成。

整型自动转换遵循以下规则：若参与运算的量类型不同，则先转换成同一类型，然后进行运算；转换按数据长度增加的方向进行，以保证精度不降低。如 int 型和 long 型运算时，先把 int 型转换成 long 型后再进行运算；

char 型和 short 型参与运算时，必须先转换成 int 型。

所有的浮点运算都是以双精度进行的，即使仅含 float 单精度量运算的表达式，也要先转换成 double 型，横向自动转换后再作运算。

2）赋值转换。在赋值运算中，赋值号两边量的数据类型不同时，赋值号右边量的类型将转换为左边量的类型。如果右边量的数据类型长度比左边长时,将丢失一部分数据,这样会降低精度,丢失的部分按四舍五入向前舍入。

(2) 强制类型转换　强制类型转换是通过强制类型转换运算符,将某种数据类型强制转换成指定的数据类型。

其一般格式为:

(类型说明符)(表达式)

其功能是把表达式的运算结果强制转换成类型说明符所表示的类型。

例如,(float) a 把 a 转换为实型、(int) (x + y) 把 x + y 的结果转换为整型。

在使用强制转换时应注意以下问题:强制类型转换中的表达式一定要括起来(单个变量可以不加括号),否则只对紧随其后的量进行类型转换。例如,(int)(x + y) 写成 (int) x + y,则把 x 转换成 int 型之后,再与 y 进行相加。

无论是强制转换或是自动转换,都只是为了本次运算的需要而对变量的数据长度进行的临时性转换,而不改变数据说明时对该变量定义的类型。

例 2-8　数据类型强制转换。

```c
#include <stdio.h>
int main()
{
    float  x;
    int  i;
    x = 3.6;
    i = (int)x;
    printf("x = % f,i = % d",x,i);
}
```

结果: x = 3.600000, i = 3

本单元小结

在 C 语言中,数据类型可分为:基本类型、构造类型、指针类型、空类型 4 类。数据按其取值是否可改变又分为常量和变量。

C 语言中的常量有①数值型(整型、实型);②字符常量(字符常量、转义字符常量);③符号常量;④字符串常量。本单元介绍了各种类型常量的表示及它们之间的区别和联系。

C 语言中的变量的 3 个基本要素(即:变量类型、变量名和变量值)。变量在使用时必须"先定义,后使用"。

数据类型转换分为隐式转换和强制类型转换,隐式转换包括运算转换和赋值转换,强制类型转换是通过类型转换运算符来实现的。

习题与实训

一、习题

1. C 语言中的简单数据类型包括（　　）。
   A. 整型、实型、逻辑型　　　　　　B. 整型、实型、字符型
   C. 整型、字符型、逻辑型　　　　　D. 整型、实型、字符型、逻辑型

2. 下列合法的常量有（　　）。
   （1）7103　　（2）058　　（3）-4.0　　（4）45L　　（5）0x423
   （6）-6.81799　（7）.7752　（8）114.　（9）-78566L　（10）0x3.6
   （11）053.6　（12）af10　（13）0x4dL　（14）4e5　（15）E-12
   （16）0x2e-6　（17）7.1e　（18）2.6e-2.7

3. 下列不合法的常量有（　　）。
   （1）'#'　　　　（2）'234"　　　　（3）"Visual C++"　　（4）'\0x6B'
   （5）'\34'　　　（6）""　　　　　（7）"c1%"　　　　　（8）'\58'
   （9）"\\\""　　（10）"c"'　　　　（11）'\x4AB'　　　　（12）'\01'
   （13）'\xaf'　　（14）"abc"　　　（15）"characters"　　（16）"\xajf"

4. 在 C 语言程序中表示常数时，不使用的数制是（　　）。
   A. 八进制　　　B. 二进制　　　C. 十进制　　　D. 十六进制

5. 字符串 "　\\ " Name \\ Address \ n" 的长度为（　　）。
   A. 19　　　　　B. 15　　　　　C. 18　　　　　D. 说明不合法

6. 下面各组标识符中，均可以用作变量名的一组是（　　）。
   A. a01, Int　　B. table_1, a*.1　　C. 0_a, W12　　D. for, point

7. 在 C 语言中，字符型数据在内存中的存储形式是（　　）。
   A. ASCII 码　　B. 补码　　　　C. 反码　　　　D. 原码

8. 在 C 语言中，数字 010 是一个（　　）。
   A. 十进制数　　B. 八进制数　　C. 十六进制数　　D. 非法数

9. 下面合法的浮点数是（　　）。
   A. 1010　　　　B. 1.2E3.4　　　C. 40　　　　　D. 0x12.34

10. 若函数中有定义语句："int n;"，则（　　）。
    A. 系统将自动给 n 赋初值 0　　　B. 系统将自动给 n 赋初值 -1
    C. 变量 n 中的值无定义　　　　　D. 变量 n 没有值

二、实训

（一）实训目的

1. 掌握 C 语言基本数据类型的基本概念和基本操作。
2. 掌握如何定义与使用常量和变量。
3. 掌握整型、实型、字符型的特点和应用。

(二) 实训内容

1. 输入并运行下面程序。

```
int main()
  { char c1,c2;
     c1 ='a';
     c2 ='b';
  printf("%c %c\n",c1,c2);
  }
```

(1) 运行此程序。

(2) 在此基础上增加一个语句,运行并分析结果。

```
printf("%d %d\n",c1,c2);
```

(3) 改写函数体中的第 1 行,运行并观察结果。

```
{int c1,c2;
```

(4) 改写函数体中的第 2、3 行,运行并分析结果。

```
c1 = a;   /*不用单撇号*/
c2 = b;
```

(5) 改写函数体中的第 2~4 行,运行并分析结果。

```
c1 =300;     /*用大于 255 的整数*/
c2 =400;
printf("ch = \'%c',s2 = \"%s\"\n",ch,s2);
```

2. 编写程序实现英文字母大小写转换。
3. 编写程序实现整型和实型的数据转换。

单元 3 运算符与表达式

C 语言不仅数据类型丰富，运算符也十分丰富，几乎所有的操作都可作为运算符处理。由运算符加适当的运算对象可构成表达式，而表达式是 C 语言程序的要素之一，因此掌握好运算符的使用对编写程序是十分重要的。

3.1 运算符和表达式概述

C 语言中运算符和表达式数量之多，在其他高级语言中是很少见的。运算符是 C 语言中用于描述数据运算的特殊符号，C 语言的运算符不仅具有不同的优先级，而且还有一个特点，就是它的结合性。在表达式中，各运算量参与运算的先后顺序不仅要遵守运算符优先级别的规定，还要受运算符结合性的制约，以便确定是自左向右进行运算还是自右向左进行运算。

1. 运算符

C 语言的运算符范围很宽，除了控制语句和输入/输出以外的几乎所有的基本操作都被作为运算符处理。例如，将赋值符"="作为赋值运算符，方括号作为下标运算符等。C 语言的运算符有如下几类。

1) 算术运算符，用于各类数值运算，包括加（+）、减（-）、乘（*）、除（/）、求余（或称模运算,%）5 种。

2) 关系运算符，用于比较运算，包括大于（>）、小于（<）、等于（= =）、大于等于（> =）、小于等于（< =）、不等于（! =）6 种。

3) 逻辑运算符，用于逻辑运算，包括与（&&）、或（||）、非（!）3 种。

4) 位运算符，参与运算的量，按二进制位进行运算，包括位与（&）、位或（|）、位非（~）、位异或（^）、左移（<<）、右移（>>）6 种。

5) 赋值运算符，用于赋值运算，分为简单赋值（=）、复合算术赋值（+ =、- =、* =、/ =、% =），共 6 种。

6) 条件运算符，用于条件求值（? :)，这是一个三目运算符。

7) 逗号运算符，用于把若干表达式组合成一个表达式（,,,）。

8) 指针运算符，用于取内容（*）和取地址（&）两种运算。

9) 求字节数运算符（sizeof）。

10）强制类型转换运算符（类型）。
11）分量运算符（. –>）。
12）下标运算符（[ ]）。
13）其他（如函数调用运算符）。

2. 表达式

用运算符和括号将运算对象（常量、变量和函数）连接起来的、符合C语言语法规则的式子，称为表达式。将单个常量、变量或函数构成的表达式称为简单表达式，其他包含运算符和运算对象的表达式称为复杂表达式。

C语言允许使用以下类型的表达式：
赋值表达式，如：a=1。
算术表达式，如：1*2+3/4.5。
关系表达式，如：5>9。
逻辑表达式，如：8>4&&a<b。
条件表达式，如：a>b? a：b。
逗号表达式，如：a=1，b=2，c=3。

3. 运算符的优先级与结合性

C语言规定了运算符的优先级和结合性。运算符的优先级别就是运算对象（或称操作数）两侧运算符执行的先后顺序，如C语言规定了运算符的优先次序即优先级。

C语言运算符的结合方向，就是指当一个运算对象两侧的运算符具有相同的优先级别时，该运算对象是先与左边的运算符结合，还是先与右边的运算符结合。自左至右的结合方向称为左结合性。反之，称为右结合性。

3.2 算术运算符和算术表达式

用算术运算符和括号将运算对象（也称操作数）连接起来的、符合C语言语法规则的式子，称为C语言的算术表达式。运算对象包括常量、变量、函数等，表达式中的运算符都是算术运算符。在表达式求值时，先按运算符的优先级别高低次序执行，例如，先括号内，然后先乘除后加减。

算术运算符和算术表达式

一些算术表达式的例子如下：
a%b、(b*4)/c、(m+n)*6-(a+b)/7、sin(a)+sin(b)、(1+i)-(j+1)+(k-1)。

1. 算术运算符

C语言中有5种基本算术运算符，即+、-、*、/、%（求余数），见表3-1。

表3-1 算术运算符

运算符	作用	运算符	作用
+	加（一目取正）	/	除
-	减（一目取负）	%	取模
*	乘		

在 C 语言中加、减、乘、除、取模的运算与其他高级语言相同。如果一个运算符需要两个运算对象，就称为双目运算符。双目运算一般具有左结合性；如果只对一个运算对象进行运算，则称为单目运算符。

加法运算符"+"为双目运算符，其功能是进行求和运算，即应有两个量参与加法运算。例如，a+b、3+4，3+4 的值为 7，具有左结合性。

减法运算符"-"为双目运算符，是进行求差运算，例如，3-4 的值为-1。"-"也可作取负运算，此时为单目运算，例如，-x、-5 等具有右结合性。

乘法运算符"*"为双目运算符，功能是进行求乘积运算，例如，3*4 的值为 12，具有左结合性。

除法运算符"/"为双目运算符，功能是进行求商运算，例如，a/b。

在计算 a/b 时，如果 a 和 b 都是整型，则其商也为整型，小数部分被舍去，例如，3/4 的结果为 0，4/3 的结果为 1。如果 a 和 b 中有一个是实型，则 a 和 b 都转换为 double 类型，然后相除，结果为 double 类型，例如，3.0/2 的结果为 1.5，具有左结合性。

求余运算符（模运算符）"%"为双目运算符，具有左结合性。功能是进行求余数的运算，例如，a%b 的结果为 a 除以 b 后的余数，要求参与运算的量均为整型。

例如：

  17/2 是 17 除以 2 结果的整数部分 8

  17%2 是 17 除以 2 结果的余数部分 1

注意： 对于取模运算符"%"，不能用于浮点数。另外，由于 C 语言中字符型数会自动地转换成整型数，因此字符型数也可以参加二目运算。

例 3-1　小写字母变成大写字母。

```
#include <stdio.h>
    int main()
{
    char m, n;         /*定义字符型变量*/
    m='d';             /*给 m 赋小写字母'd'*/
    n=m+'A'-'a';       /*将小写字母变成大写字母后赋给 n*/
    ...
}
```

例 3-1 中 m='d'即 m=99，由于字母 A 和 a 的 ASCII 码值分别为 65 和 97。这样可以将小写字母变成大写字母；反之，如果要将大写字母变成小写字母，则用 m+'a'-'A'进行计算。

例 3-2　除法运算。

```
#include <stdio.h>
 int main()
{
    printf("\n\n%d,%d\n",40/7,-40/7);
    printf("%f,%f\n",40.0/7,-40.0/7);
}
```

例 3-2 中，40/7、-40/7 的结果均为整型，小数全部舍去。而 40.0/7 和 -40.0/7 由于有实数参与运算，因此结果也为实型。

例 3-3 取余运算。

```
#include <stdio.h>
int main()
{
    printf("% d\n",100% 6);
}
```

例 3-3 输出 100 除以 6 所得的余数 4。

2. 算数运算符的优先级与结合性

在表达式求值时，先按运算符的优先级别高低次序执行。例如，先乘除取余后加减，在表达式 a-b*c 中，b 的左侧为减号，因此相当于 a-(b*c)。如果在一个运算符对象两侧的运算符的优先级别相同，例如，a-b+c 则按规定的"结合方向"处理。

算术运算符的结合方向是"自左至石"，是左结合性。例如，在执行"a-b+c"时，减号和加号运算的优先级别相同，变量 b 先与左边的减号结合，执行"a-b"；然用再执行右侧加 c 的运算。

3. 自增和自减运算

C 语言中有两个特殊的算术运算符，即自增、自减运算符（++ 和 --）。这两个运算符都是单目运算符，它们既可以放在运算对象之前，也可以放在运算对象之后，形成前置形式和后置形式，而运算对象也只能是变量。不管前置还是后置，其运算结果都是一样的，都是把运算对象的值增加 1 或减少 1。

设有整型变量 i，可有以下几种形式：

1) ++i 的功能是 i 自增 1 后再参与其他运算。
2) --i 的功能是 i 自减 1 后再参与其他运算。
3) i++ 的功能 i 参与运算后，i 的值再自增 1。
4) i-- 的功能 i 参与运算后，i 的值再自减 1。

在理解和使用上容易出错的是 i++ 和 ++i。特别是当它们出现在较复杂的表达式或语句中时，经常难以弄清，因此应仔细分析。

使用自增、自减运算符时应注意以下几点：

1) 最常见的错误是把自增、自减运算符用在非简单变量的表达式上，例如，++(x+2)、++(-i) 都是错误的。
2) 自增、自减运算符的结合性是自右向左的。
3) 两个运算对象之间连续出现多个运算符时，C 语言采用"最长匹配"原则，即在保证有意义的前提下，从左到右尽可能多地将字符组成一个运算符。例如，i+++j 书写不规范，系统会默认为 (i++)+j 来处理。书写多个连续运算符的标准写法是要用括号或空格分隔，例如，(i--)-j 或 i-- -j。
4) 因字符类型和整型是相通的，故对字符变量也可以进行自增、自减运算。

例3-4 自增、自减运算符。

```c
#include <stdio.h>
int main()
{
    int i=5,j=5,p,q;
    p=(i++)+(i++)+(i++);
    q=(++j)+(++j)+(++j);
    printf("%d,%d,%d,%d",p,q,i,j);
}
```

例3-4中,对p=(i++)+(i++)+(i++)应理解为三个i相加,故p值为15。然后i再自增1,3次相当于加3,故i的最后值为8。而对于q的值则不然,q=(++j)+(++j)+(++j)应理解为j先自增1,再参与运算,由于j自增1,3次后值为8,3个8相加的和为24,故q最后的值为24,j的最后值为8。

算术表达式是由常量、变量、函数和运算符组合起来的式子。一个表达式有一个值及其类型,它们等于计算表达式所得结果的值和类型。表达式求值按运算符的优先级和结合性规定的顺序进行。单个的常量、变量、函数可以看作是表达式的特例。

3.3 赋值运算符和赋值表达式

赋值运算符和赋值表达式

1. 简单赋值运算符和表达式

简单赋值运算符记为"="。由"="连接的式子称为赋值表达式。其一般格式为:

变量 = 表达式

例如,x=a+b、w=sin(a)+sin(b)、y=i+++--j。

赋值表达式的功能是计算表达式的值再赋予左边的变量,赋值运算符具有右结合性。因此a=b=c=5可理解为a=(b=(c=5))。在其他高级语言中,赋值构成了一个语句,称为赋值语句。而在C语言中,把"="定义为运算符,从而组成赋值表达式。凡是表达式可以出现的地方均可出现赋值表达式。例如,式子x=(a=5)+(b=8)是合法的。它的意义是把5赋予a,8赋予b,再把a、b相加的和赋予x,故x应等于13。

2. 复合赋值符及表达式

在赋值符"="之前加上其他二目运算符可构成复合赋值符。例如,+=、-=、*=、/=、%=、<<=、>>=、&=、^=、|=。

构成复合赋值表达式的一般格式为:

变量 双目运算符 = 表达式

它等效于:

变量 = 变量 运算符 表达式

例如,a+=5等价于a=a+5、x*=y+7等价于x=x*(y+7)、r%=p等价于r=r%p。

复合赋值运算符可以连续赋值，如：

```
int main()
{   int x = 4;
    x + = x - = x * x;
    printf("% d",x);
}
```

这个程序段中，复合赋值表达式 x + = x - = x * x 等价于 x = x - x * x、x = x + x 两个赋值表达式。第一个赋值表达式 x = x - x * x 应理解为 x 减去两个 x 相乘积的差，初值 x = 4，x 的新值等于 -12。第二个赋值表达式 x = x + x 理解为两个 x 相加的和，初值 x = -12，故 x = x + x 值为 -24，x 的新值等于 -24。

复合赋值符这种写法，对于初学者可能不习惯，但它十分有利于编译处理，能提高编译效率并产生质量较高的目标代码。

3.4 关系运算符和逻辑运算符

关系运算符和运算对象构成的式子称为关系表达式，关系表达式的运算结果只有真（非0）和假（0）两种，关系表达式的运算规则是按照运算符的优先级进行运算。

关系运算符和逻辑运算符

由逻辑运算符和运算对象构成的式子称为逻辑表达式，逻辑表达式的运算结果也只有真（非0）和假（0）两种，逻辑表达式的运算规则也遵循运算符的优先级关系。

关系表达式的运算结果是逻辑值，逻辑运算符的运算对象和运算结果都是逻辑值，因此这两种运算符在使用时有着密切的联系。

1. 关系运算符

关系运算符用来比较两个运算对象大小的符号，C 语言的关系运算符见表 3-2。

表 3-2 C 语言的关系运算符

运算符	作用	运算符	作用	运算符	作用
>	大于	<	小于	= =	等于
> =	大于等于	< =	小于等于	! =	不等于

关系运算符中，>、<、> =、< = 的优先级相同，= =、! = 的优先级相同，前者的优先级高于后者，即 " > = " 的优先级高于 " = = "。关系运算符的优先级低于算术运算符，但是高于赋值运算符，关系运算符都是双目运算符，其结合方向是左结合。

关系表达式的逻辑值为"真"或"假"，由于 C 语言中没有逻辑类型的数据，因此用 "1" 表示 "真"，"0" 表示 "假"。

例如：100 > 99   返回 1
　　　10 > (2 + 10)   返回 0
例如：c > a + b   // c > (a + b)
　　　a > b ! = c   // (a > b) ! = c

```
a = = b < c      // a = = (b < c)
a = b > c        // a = (b > c)
```

应避免对实数作相等或不等的判断。例如：1.0/3.0 * 3.0 = = 1.0 结果为 0，可改写为：fabs (1.0/3.0 * 3.0 - 1.0) < 1e - 6，fabs 为取绝对值库函数。

例 3 - 5 运算符综合应用。

```
#include <stdio.h>
int main()
{  int a,b,c;
   a = b = c = 10;
   a = b = = c;
   printf("a = % d,b = % d,c = % d\n",a,b,c);
   printf("a = = (…):% d\n",a = = (b = C ++ *2));
   printf("a = % d,b = % d,c = % d\n",a,b,c);
   a = b ++ > = ++ b > C ++ ;
   printf("a = % d,b = % d,c = % d\n",a,b,c);
}
```

运行结果：

```
a = 1,b = 10,c = 10
a = = (…):0
a = 1,b = 20,c = 11
a = 0,b = 22,c = 12
```

在关系表达式中，需注意区分" = "和" = ="。对实数进行相等判断可能得不到正确的结果，例如，"1.0/3 * 3.0 = = 1.0"的结果为 0，关系表达式中可以出现赋值运算符，例如，"a > (b = 0)"，但是不能写成"a > b = 0"的形式。

2. 逻辑运算符

在逻辑运算中，逻辑运算词又称为逻辑连接符，它的运算对象都是真或假的命题。逻辑运算符共有 4 个：逻辑"非"、逻辑"与"、逻辑"或"、逻辑"异或"。其中第一个是单目运算符，后 3 个是双目运算符。

这里只介绍前 3 个运算符，见表 3 - 3。

表 3 - 3 逻辑运算符

运算符	作用	运算符	作用	运算符	作用
&&	与	‖	或	!	非

逻辑运算规则见表 3 - 4。

表 3 - 4 逻辑运算规则

a	b	! a	a&&b	a‖b
0	0	1	0	0
0	非 0	1	0	1
非 0	0	0	0	1
非 0	非 0	0	1	1

1) &&：当且仅当两个运算量的值都为"真"时，运算结果为"真"，否则为"假"。
2) ‖：当且仅当两个运算量的值都为"假"时，运算结果为"假"，否则为"真"。
3) !：当运算量的值为"真"时，运算结果为"假"；当运算量的值为"假"时，运算结果为"真"。

例如，假定 x = 5，则（x > = 0）&&（x < 10）的值为"真"，（x < -1）‖（x > 5）的值为"假"。

所谓逻辑表达式是指，用逻辑运算符将 1 个或多个表达式连接起来，进行逻辑运算的式子。在 C 语言中，用逻辑表达式表示多个条件的组合。

例如，（year%4 = = 0）&&（year%100！= 0）‖（year%400 = = 0）就是一个判断某个年份是否是闰年的逻辑表达式。

逻辑表达式的值也是一个逻辑值（非"真"即"假"）。

C 语言用整数"1"表示"逻辑真"、用"0"表示"逻辑假"。但在判断一个数据的"真"或"假"时，却以 0 和非 0 为根据：如果为 0，则判定为"逻辑假"；如果为非 0，则判定为"逻辑真"。

例如，假设 num = 12，则：! num 的值 = 0，num > = 1&&num < = 31 的值 = 1，num ‖ num > 31 的值 = 1。

说明：

1) 逻辑运算符两侧的操作数，除了可以是 0 和非 0 的整数外，也可以是其他任何类型的数据，如实型、字符型等。

2) 在计算逻辑表达式时，只有在必须执行下一个表达式才能求解时，才求解该表达式（即并不是所有的表达式都被求解）。例如，对于逻辑与运算，如果第一个操作数被判定为"假"，系统不再判定或求解第二操作数；对于逻辑或运算，如果第一个操作数被判定为"真"，系统不再判定或求解第二操作数。

在逻辑表达式求解时，并非所有的逻辑运算符都被执行，只是在必须执行下一个逻辑运算符才能求出表达式的解时，才执行该运算符的特性称为短路特性。

例如，假设 n1、n2、n3、n4、x、y 的值分别为 1、2、3、4、1、1，则求解表达式"(x = n1 > n2) && (y = n3 > n4)"后，x 的值变为 0，而 y 的值不变，仍等于 1。

逻辑运算符的优先级别是：!（非）→ &&（与）→ ‖（或）。

例 3-6 逻辑运算符。

```
#include <stdio.h>
int main()
{
    int i = 7,m,n;
    m = !! i;
    n = (3 < i < 6);
    printf("i = %d,m = %d,n = %d\n",i,m,n);
}
```

运行结果：

i = 7,m = 1,n = 1

虽然经过!!i运算,但i本身的值并没有改变,它返回给m的只是个中间结果。!!i = !(!7) = !0 = 1,所以m值是1。其中,3<i<6即3<7<6,从数学上看这个不等式的结果应是假的,但在C语言中却是这样处理的:(3<i<6) = ((3<i)<6) = (1<6) = 1。

3.5 位运算符

C语言和其他高级语言不同的是,它完全支持按位运算,这与汇编语言的位操作有些相似。位运算符见表3-5。

表3-5 位运算符

运算符	作用	运算符	作用	运算符	作用
&	位逻辑与	^	位逻辑异或	>>	右移
|	位逻辑或	~	位逻辑反	<<	左移

位运算是对字节或字中的实际位进行检测、设置或移位,它只适用于字符型和整数型变量以及它们的变体,对其他数据类型不适用。

关系运算和逻辑运算表达式的结果只能是1或0。而按位运算的结果可以取0或1以外的值。

要注意区别按位运算符和逻辑运算符的不同,例如,若 x = 7,则 x&&8 的值为真(两个非零值相与仍为非零),而 x&8 的值为0。

移位运算符">>"和"<<"是指将变量中的每一位向右或向左移动,其通常格式为:

右移: 变量名>>移位的位数
左移: 变量名<<移位的位数

经过移位后,一端的位被移走,而另一端空出的位以0填补,所以,C语言中的移位不是循环移动的。

位运算是对二进制位的运算,能实现汇编语言的某些功能。因此,C语言既具有高级语言的优点,又具有低级语言的某些功能,适合开发系统软件。

位运算符的优先级和结合性见表3-6。

表3-6 位运算符的优先级和结合性

运算符类别	运算符	操作数个数	结合性	优先级
位移运算符	<< >>	2,为双目运算符	自左至右	介于算术运算符和关系运算符之间
位逻辑运算符	~ 优先级高	1,为单目运算符	自右至左	与自加、自减运算符同级
	& 优先级高 ^ | 优先级低	2,为双目运算符	自左至右	介于关系运算符和逻辑运算符之间

位运算的操作数必须是整型和字符型。

1) &(位与)的运算规则是:0&0 = 0,0&1 = 0,1&0 = 0,1&1 = 1。例如,3&5,

```
    0000 0011    (3)₁₀
  & 0000 0101    (5)₁₀
  ─────────────
    0000 0001    (1)₁₀
```

2）|（位或）运算规则是：0|0=0，0|1=1，1|0=1，1|1=1。例如，060|017（48|15），

```
    0011 0000    (060)₈
  | 0000 1111    (017)₈
  ————————————
    0011 1111    (77)₈
```

3）^（位异或）运算规则是：0^0=0，0^1=1，1^0=1，1^1=0。例如，57^42，

```
    0011 1001    (57)₁₀
  ^ 0010 1010    (42)₁₀
  ————————————
    0001 0011    (19)₁₀
```

4）~（取反）运算规则是：~0=1，~1=0。例如，~0x17，

```
  ~ 0001 0111    (0x17)
  ————————————
    1110 1000    (0xe8)
```

5）<<（左移）左移 n 位，相当该数乘以 2 的 n 次幂，低位补 n 个 0。例如，10<<2，

```
    0000 1010    (10)₁₀
  <<       2
  ————————————
    0010 1000    (40)₁₀
```

6）>>（右移）右移 n 位，相当该数除以 2 的 n 次幂。对于正数和无符号数，高位补 n 个 0；对于负数，高位补 n 个 1。例如，10>>2，

```
    0001 0100    (20)₁₀
  >>2
  ————————————
    0000 0101    (5)₁₀
```

例如，-20>>2，

```
    1110 1100    (-20)₁₀
  >>2
  ————————————
    1111 1011    (-5)₁₀
```

7）在赋值运算符"="前加位运算符，构成赋值运算符与位运算符结合的复合赋值运算符，如：

  <<= >>= &= ^= |=

设 a 和 b 为整型，且有初值。例如：

  a<<=b   等价于 a=a<<b
  a&=b   等价于 a=a&b

注意，如果复合赋值运算符的右操作数是一个表达式，该表达式意味着有括号。例如：

  a<<=b+1   等价于 a=a<<(b+1)
  a&=b+1   等价于 a=a&(b+1)

3.6 条件运算符和条件表达式

条件运算符和条件表达式

1. 条件运算符与条件表达式

条件运算符是一个 C 语言中唯一的三目运算符，条件运算符为"？："，它有 3 个运算对象。由条件运算符连接 3 个运算对象组成的表达式称为"条件表达式"。

条件表达式的一般格式为：

表达式 1？表达式 2：表达式 3

条件表达式的运算规则为：先求解表达式 1 的值，若其值为真（非 0），则求解表达式 2 的值，且整个条件表达式的值等于表达式 2 的值；若表达式 1 为假（0），则求解表达式 3 的值，且整个条件表达式的值等于表达式 3 的值。

例 3-7 条件运算符应用。

```
#include <stdio.h>
int main()
{
    int a,b,c;
    a = b = c = 1;
    a + = b;
    b + = c;
    c + = a;
    printf("(1)% d\n",a ++ >b? a:b);
    printf("(2)% d\n",a >b? c >a ++ :b -- >a? C ++ :c -- );
    (a > = b > = c)? printf("AA\n"):printf("BB\n");
    printf("a = % d,b = % d,c = % d\n",a,b,c);
}
```

运行结果：

```
(1) 2
(2) 0
BB
a = 4,b = 2,c = 3
```

2. 条件运算符的优先级与结合性

条件运算符的优先级高于赋值运算符，但低于算术运算符、自增自减运算符、逻辑运算符和关系运算符。例如：

1）"y = x >0? x + 1：x"相当于"y = （x >0? x + 1：x）"

其功能是：如果 x >0，则将表达式（x + 1）的值赋给变量 y，否则将表达式 x 的值赋给变量 y。

2）"x < y? x ++ ：y ++"相当于"（x < y）?（x ++ ）:（y ++ ）"

其功能是：如果 x < y，那么使变量 x 自增，否则使变量 y 自增。

条件运算符具有右结合性。例如，a=1，b=2，c=3，d=4 则"a>b? a：c>d? c：d"相当于"a>b? a：(c>d? c：d)"，先计算 c>d? c：d，c>d 为假，所以值为 d 的值，即 4，再执行 a>b? a：d，a>b 为假，最终值为 4。

3）条件表达式中，表达式 1 的类型可以与表达式 2 和表达式 3 的类型不同，如"x? 'a'：'b'，x"是整型变量，如 x=0，则条件表达式的值为'b'。表达式 2 和表达式 3 的类型也可以不同，此时条件表达式的值的类型为两者中较高的类型。

3.7 其他运算符

其他运算符

1. 逗号运算符

其一般格式为：

表达式 1，表达式 2，…，表达式 n

其求值过程是分别求每一个表达式的值，并以表达式 n 的值作为整个逗号表达式的值。","运算符用于将多个表达式串在一起，","运算符的左边值总不返回，最右边表达式的值才是整个表达式的值。

例如，对于表达式"a=4，b=5，c=a+b"，首先计算 a=4 的值为 4，再计算 b=5 的值为 5，最后计算 c=a+b 的值为 9，则整个逗号表达式的值为 9，该表达式执行完后，a=4，b=5，c=9。

例 3-8 逗号表达式应用。

```
#include <stdio.h>
int main()
{
    int a=2,b=4,c=6,x,y;
    y=((x=a+b),(b+c));
    printf("y=%d,x=%d",y,x);
}
```

运行结果：

y=10,x=6

本例中，y 等于整个逗号表达式的值，也就是表达式 2 的值，x 是第一个表达式的值。逗号表达式还要说明几点：

1）逗号表达式一般格式中的表达式 1 和表达式 2 也可以又是逗号表达式。例如，"表达式 1，（表达式 2，表达式 3）"形成了嵌套情形。

2）程序中使用逗号表达式，通常是要分别求逗号表达式内各表达式的值，并不一定要求整个逗号表达式的值。

3）并不是在所有出现逗号的地方都组成逗号表达式，如在变量说明中，函数参数表中逗号只是用作各变量之间的间隔符。

2. sizeof 运算符

sizeof 运算符是一个单目运算符，它返回变量或类型的字节长度。不同系统定义不同的字节长度，所以不同系统会得到不同结果。运算符 sizeof 用于计算数据类型所占的字节数，优先级高于双目运算符，其一般格式为：

sizeof（表达式）或 sizeof 表达式
sizeof（数据类型名）

例如，sizeof(double) 为 8，sizeof(int) 为 4。也可以求已定义的变量，例如，float f; int i; i = sizeof(f); 则 i 的值将为 4。

例 3-9 求 int、short 和 long 类型的长度。

```c
#include <stdio.h>
int main()
{   printf("sizeof(int) = % d\n",sizeof(int));
    printf("sizeof(short) = % d\n",sizeof(short));
    printf("sizeof(long) = % d\n",sizeof(long));
}
```

运行结果：

```
sizeof(int) = 4
sizeof(short) = 2
sizeof(long) = 4
```

因此有如下关系：

sizeof（short）≤sizeof（int）≤sizeof（long）。sizeof 形式和函数相近，但它不是函数，只是一个个运算符。

例 3-10 求字节数。

```c
#include <stdio.h>
int main()
{    int a,b;
 a = sizeof(3 +5.0);
 b = sizeof 3 +5.0;
 printf("% d,% d,% d\n",a,b,sizeof("china"));
 return 0;
}
```

运行结果：

```
8,9,6
```

3.8 运算顺序

C 语言中，运算符的优先级别和结合性决定了表达式的运算顺序。在表达式中，如果有多种运算符参加运算时，优先级较高的先于优先级较低的进行运算。如果运算符优先级别相同，则按规定的结合性处理。

C 语言中各运算符的结合性分为两种，即左结合性（自左至右）和右结合性（自右至左）。例如，算术运算符的结合性是自左至右，即先左后右。例如，有表达式 x－y＋z，则 y 应先与"－"号结合，执行 x－y 运算，然后再执行＋z 的运算。这种自左至右的结合方向就称为"左结合性"。而自右至左的结合方向称为"右结合性"，最典型的右结合性运算符是赋值运算符。例如，x＝y＝z，由于"＝"的右结合性，应先执行 y＝z 再执行 x＝(y＝z) 运算。C 语言运算符中有不少为右结合性，应注意区别，以避免理解错误。

在一个表达式中可以包含不同类型的运算符，例如，a＊b＞c&&c＋d＞e＋(c－f)

一般而言，单目运算符优先级较高，赋值运算符优先级低。算术运算符优先级较高，关系和逻辑运算符优先级较低。运算符的结合性以左结合性为主，除单目运算符、赋值运算符和条件运算符是右结合性外，其他运算符都是左结合性。

逻辑运算的 3 个运算符的优先级都不相同，逻辑非的优先级最高，逻辑与次之，逻辑或最低。

即： !（非） → &&（与） → ||（或）

常用的几种运算符的优先关系是：

! → 算术运算 → 关系运算 → && → || → 赋值运算

例如：

表达式"8＞3&&!(80＜70) ||5＜＝3"的值为 1

表达式"8＞3&&!(80＜70) &&5＜＝3"的值为 0

在 C 语言中，表达式求值次序在 ANSI C 标准中没有规定。对于不同的编译器，只要求遵守运算符优先级和结合性规则，而对表达式求值次序的内部实现不加限制。

本单元小结

本单元主要介绍 C 语言中的各种运算符及表达式，详述了算术运算符、赋值运算符、关系运算符和逻辑运算符的概念，及其对应表达式的运算规则，还介绍了条件运算符和其他运算符。

本单元还介绍了每种运算符的优先级别和运算顺序。C 语言的运算符不仅具有不同的优先级，而且还有一个特点，就是它的结合性，这种结合性也增加了 C 语言的复杂性。

在表达式中，各运算量参与运算的先后顺序不仅要遵守运算符优先级别的规定，还要受运算符结合性的制约，以便确定是自左向右进行运算还是自右向左进行运算。表达式的运算先按运算符的优先级别进行，如果运算符优先级别相同，则按规定的结合性处理。

习题与实训

一、习题

1. 写出下列代数式的对应 C 语言的表达式。

(1) $\dfrac{a+b+c}{2} + \sqrt{a^2+b^2} + \sqrt[3]{a^3+b^3}$

(2) $\sin 2x + \cos 2x + e^x + y$

(3) $ab + (2x)^2 - x^2/2! + x^3/3!$

(4) $\cos[(x^2 - 2xy + y^2)t + e^{-5}]$

(5) $\sqrt{|b^2 - 4ac|} + 1.27 \times 10^5 + 1.27 \times 10^{1.2}$

(6) $(3x)^2 + x^3/8$

(7) $5c - 3(a+b)^2$

(8) $|x^3 + \log_{10} x|$

2. 下列运算符中优先级最高的是（　　）。
　　A. <　　　　　　B. +　　　　　　C. &&　　　　　　D. !=

3. 以下关于运算符优先顺序的描述中正确的是（　　）。
　　A. 关系运算符 < 算术运算符 < 赋值运算符 < 逻辑运算符
　　B. 逻辑运算符 < 关系运算符 < 算术运算符 < 赋值运算符
　　C. 赋值运算符 < 逻辑运算符 < 关系运算符 < 算术运算符
　　D. 算术运算符 < 关系运算符 < 赋值运算符 < 逻辑运算符

4. 若有："int e=1, f=4, g=2; float m=0.5, n=4.0, k;"，则计算表达式 k=(e+f)/g+sqrt((double)n)*1.2/g+m 的值为（　　）。
　　A. 3.7　　　　　B. 4.2　　　　　C. 4.9　　　　　D. 5.4

5. 设有 "int x=2;"，则表达式 (x++*1/3) 的值是（　　）。
　　A. 1　　　　　　B. 4　　　　　　C. 11　　　　　　D. 0

6. 能正确表示逻辑关系 0≤x≤10 的 C 语言表达式为（　　）。
　　A. 0<=x<=10　　　　　　　　　　B. x>=0 and x<=10
　　C. x>=0 & x<=10　　　　　　　　D. 0<=x && x<=10

7. 若有："int a=1, b=2, c=3, d=4, m=2, n=2;" 执行 (m=a>b) && (n=c>d) 后 n 的值为（　　）。
　　A. 1　　　　　　B. 2　　　　　　C. 3　　　　　　D. 4

8. 已知有声明 "int a=3, b=4;"，则语句 "a-2||++b;" 后，b 的值为（　　）。
　　A. 4　　　　　　B. 5　　　　　　C. 6　　　　　　D. 7

9. 假设所有变量均为整型，表达式 (a=2, b=5, a>b? a++ : b++, a+b) 的结果为（　　）。
　　A. 7　　　　　　B. 9　　　　　　C. 8　　　　　　D. 2

10. 若已定义 a 和 b 为 double 类型，则表达式 (a=1, b=a+5/2) 的值是（　　）。
　　A. 1　　　　　　B. 3　　　　　　C. 3.0　　　　　D. 3.5

二、实训

（一）实训目的

1. 掌握运算符和表达式的基本概念、基本属性、运算规则。

2. 掌握运算符的优先级别和表达式的求值规则。

(二) 实训内容

1. 写出程序的运行结果。

(1)
```c
#include <stdio.h>
int main( )
{
int i=010,j=10;
printf("%d,%d",++i,j--);
return 0;
}
```

(2)
```c
#include <stdio.h>
int main()
{int a=2;
a%=3;
a+=a*=a-=a*=3;
printf("%d",a);
}
```

(3)
```c
#include <stdio.h>
int main( )
{int a=-1,b=4,k;
k=(a++<=0)&&(!b--<=0);
printf("%d,%d,%d",k,a,b);
}
```

(4)
```c
#include <stdio.h>
int main()
{ int a,b,d=241;
  a=d/100%9;
  b=(-1)&&(-1);
  printf("%d,%d",a,b);
}
```

2. 编写用运算符实现比较和判断的程序。

3. 求 float、char 和 double 类型的长度。

单元 4 顺序结构

从程序流程的角度来看，程序有三种基本结构，即顺序结构、分支结构、循环结构，这3种基本结构可以组成所有的各种复杂程序，C语言提供了多种语句来实现这些程序结构。顺序结构主要是指不引入控制语句的程序设计，顺序结构的程序是按程序语句或模块在执行流中的顺序逐个执行的。顺序结构是C语言的最基本的结构。

C语言的语句是用来向计算机系统发出操作指令的。一个语句经过编译后产生若干条机器指令，语句是向计算机发出指令的基本单位，是C语言的重要组成部分，它表示程序的执行步骤，去实现程序的功能。在顺序结构中，每个语句都执行一次，而且只被执行一次。

4.1 C语句概述

C语句概述

语句是程序的重要组成部分。一个程序中包含了两部分信息，一部分是数据，另一部分是对数据的操作，这些操作是由语句来实现的。

C语言中，语句的含义也非常广泛。任何数据成分只要以分号结尾就称为语句，甚至只有一个分号也可以称为语句（空语句），分号是C语言中语句的标志。一个语句可分写成多行，只要未遇到分号就认为还在同一个语句中；反之，在一行中也可以写多个语句。也就是说，C程序的书写是相当自由的。不过为了醒目，最好一行只写一条语句，并且根据不同的语法成分，错落有致地加以排列，这样会更好地增加程序的可读性。

C程序的执行部分是由语句组成的，程序的功能也是由执行语句实现的。C语句可分为表达式语句、赋值语句、复合语句、空语句、函数调用语句、控制语句。

下面我们分述各类语句及其所涉及的有关问题。

（1）表达式语句

表达式语句是由一个表达式后接一个分号";"组成的。

其一般格式为：

表达式；

执行表达式语句就是计算表达式的值。例如："x = y + z;"语句首先计算表达式 y + z 的值，然后将计算结果赋值给 x。分号是语句中不可缺少的一部分，任何表达式均可加上分号成为语句。

例如:　　i = i + 1（是表达式，没有构成语句）

　　　　i = i + 1；（是语句）

　　　　x + y；（是合法语句没有实际意义）

例 4-1　表达式语句。

```
#include <stdio.h>
int main()
{
  int a,b,c;
  a = 4;
  b = a * 4,c = ((5,6),a = 9,20);
  printf("\n% d,\n% d,\n% d\n",a,b,c);
}
```

运行结果：

9,
16,
20

（2）赋值语句

赋值语句是由赋值表达式再加上分号构成的，是最常用的语句之一。

其一般格式为：

变量 = 表达式；

赋值语句的功能和特点都与赋值表达式相同。它也是程序中使用最多的语句之一。在赋值语句的使用中需要注意以下几点：

1）由于在赋值符"="右边的表达式也可以是一个赋值表达式，因此形式"变量 =（变量 = 表达式）；"是成立的，从而形成嵌套的情形。其展开之后的一般形式为"变量 = 变量 = … = 表达式；"，例如："a = b = c = d = e = 5；"，按照赋值运算符的右结合性，实际上等效于：e = 5; d = e; c = d; b = c; a = b;

2）注意在变量说明中给变量赋初值和赋值语句的区别。给变量赋初值是变量说明的一部分，赋初值后的变量与其后的其他同类变量之间仍必须用逗号间隔，而赋值语句则必须用分号结尾。

3）在变量说明中，不允许连续给多个变量赋初值。例如说明"int a = b = c = 5；"是错误的，必须写为"int a = 5, b = 5, c = 5；"，而赋值语句允许连续赋值。

4）注意赋值表达式和赋值语句的区别。赋值表达式是一种表达式，它可以出现在任何允许表达式出现的地方，而赋值语句则不能。

例如："if ((x = y + 5) >0) z = x；"语句是合法的。语句的功能是：若表达式 x = y + 5 大于 0，则 z = x。

例如："if ((x = y + 5;) >0) z = x；"语句是非法的。因为"x = y + 5；"是语句，不能出现在表达式中。

例4-2 赋值语句。

```c
#include <stdio.h>
  int main()
{
    int a,b,c,x;
    x=8;
    a=b=c=5;           /*同时给 a,b,c 赋值*/
    ……
}
```

在 C 语言中,任何表达式在其末尾加上分号就构成语句。因此例 4-2 中第 5、6 行的"x=8;""a=b=c=5;"都是赋值语句。

如果赋值运算符两边的数据类型不相同,系统将自动进行类型转换,即把赋值号右边的类型换成左边的类型。具体规定如下:

①若实型赋予整型,舍去小数部分。

②若整型赋予实型,数值不变,但将以实数形式存放,即增加小数部分(小数部分的值为 0)。

③若字符型赋予整型,由于字符型为一个字节,而整型为两个字节,故将字符的 ASCII 码值放到整型量的低八位中,高八位为 0。

④若整型赋予字符型,只把低八位赋予字符量。

由于 C 语言有上述数据类型转换规则,因此在作除法时应特别注意。

例4-3 除法赋值应用。

```c
#include <stdio.h>
  int main()
{
    float f;
    int i=15;
    f=i/2;
}
```

上面程序运行后,f=7,并不等于准确值 7.5。正确的程序应该是:

```c
#include <stdio.h>
  int main()
{   float f;
    int i=15;
    f=i/2.0;
}
```

也可直接将 i 定义为实型数。

(3) 复合语句

把多个语句用括号"{}"括起来组成的一个语句称复合语句。在程序中应把复合语句看成单条语句,而不是多条语句,例如:

```
{   x = y + z;
    a = b + c;
    printf("% d% d",x,a);
}
```

是一条复合语句。复合语句内的各条语句都必须以分号";"结尾,在括号"}"外不能加分号。

(4) 空语句

空语句是只有分号";"的语句。空语句是什么也不执行的语句。在程序中空语句可用来作为空循环体或空函数。

例如：while（getchar（）!='\n'）；

本语句的功能是,只要从键盘输入的字符不是回车符,则重新输入。这里的循环体为空语句。

(5) 函数调用语句

函数调用语句由函数名、实际参数加上分号";"组成。

其一般格式为：

函数名（实际参数表）；

执行函数语句就是调用函数体并把实际参数赋予函数定义中的形式参数,然后执行被调函数体中的语句,求取函数值。

(6) 控制语句

控制语句用于完成一定的控制功能。C语言有3类9种控制语句,它们是：

1) 判断语句。

条件判断语句：if…else。

多分支选择语句：switch。

2) 循环语句。

循环次数控制语句：for。

先判断后执行循环控制语句：while。

先执行后判断循环控制语句：do…while。

3) 转向控制语句。

直接转移语句：goto。

终止语句：break。

跳转语句：continue。

返回语句：return。

4.2 数据的输入输出

C语言本身并不提供输入/输出操作语句。在C语言中,所有的数据输入、输出都是由库函数完成的,因此都是函数语句。在使用C语言库函数时,要用预编译命令#include 将有关

"头文件"包括到源文件中。使用输入/输出函数时要用到"stdio.h"文件,源文件开头应有以下预编译命令:

```
#include <stdio.h>
```

或

```
#include "stdio.h"
```

函数 printf( )和 scanf( )是库函数,函数 printf( )用来向标准输出设备(如显示器)写数据;函数 scanf( )用来从标准输入设备(键盘)上读数据;还有字符的输入输出函数函数 putchar( )和函数 getchar( )。

4.2.1 格式输出函数 printf()

函数 printf( )称为格式输出函数,其关键字最后一个字母 f,即为"格式"(format)之意。在 C 语言中如果向终端或指定的输出设备输出任意的数据且有一定格式要求时,则需要使用函数 printf( ),其作用是按照指定的格式向终端设备输出数据。

格式输出函数1

格式输出函数2

1. 一般调用格式为:

printf("格式控制字符串",输出表列);

其中,格式控制字符串是一个用双引号括起来的字符串,用来确定输出项的格式和需要输出的字符串,输出项可以是合法的常量、变量和表达式,输出表列中的各项之间要用逗号分开。

该函数功能是在"格式控制字符串"的控制下,将各参数转换成指定格式,在输出设备上显示或打印。

(1)格式控制字符串

格式控制字符串包含两部分:格式字符串和非格式字符串。

格式字符串是以%开头的字符串,在%后面跟有各种格式字符,以说明输出数据的类型、形式、长度、小数位数等。例如"%d"表示按十进制整型输出,"%ld"表示按十进制长整型输出,"%c"表示按字符型输出。

非格式字符串又称为普通字符串,在输出时原样输出,所有字符(包括空格)一律按照从左至右的顺序原样输出,在显示中起提示作用。

(2)输出表列

输出表列中给出了各个输出项,要求格式字符串和各输出项在数量和类型上一一对应。各参数之间用","分开,且顺序一一对应,其中格式控制字符串用于指定输出项的格式。

输出表列是表达式表,其一般格式如下:

表达式1,表达式2,表达式3,表达式4,…

其中,表达式可以是常量、变量、函数调用或表达式,无论哪种数据形式,都必须有确定的值。

例如：printf ("hello")；输出结果：hello

例如：printf ("a = %d, b = %d", a, b)；在双引号中的字符除了两个格式字符%d以外，还有非格式说明的普通字符"a = "和"b = "按原样输出。如果a、b的值分别为5、6，则输出为：a = 5, b = 6。

2. 格式字符串

函数printf()的"格式字符串"和"输出表列"实际上都是函数的参数，函数printf()的一般格式可以表示为：printf（参数1，参数2，参数3，…，参数n）。函数printf()的功能是将"参数2"~"参数n"按"参数1"给定的格式输出。

格式字符串的一般格式为：标志 [输出最小宽度] [. 精度] [长度] 类型。其中方括号[ ]中的项为可选项，对不同类型的数据用不同的格式字符。

常用的有以下几种格式字符：

1) d 格式符。用来输出十进制整数，有以下几种用法：

① %d 按整型数据的实际长度输出。

② %md 中 m 为指定的输出字段宽度。如果数据的位数小于m，则左端补以空格，若大于m，则按实际位数输出。

例如：printf ("a = %4d, b = %4d \ n", a, b)；

若 a = 123, b = 12345，则输出结果为：a = □123, b = 12345。□代表空格。

③ %ld 输出长整型数据。

例如：long a = 123459; printf ("%ld \ n", a)；

如果用%d输出，就会发生错误，因为整型数据的范围为 -32768 ~ 32767。对 long 型数据应当用%ld 格式输出。

对 long 型数据也可以指定字段宽度，如果将上面函数 printf() 中的%ld 改为%7ld，则输出为：

□123459

int 型数据可以用%d 和%ld 格式输出。

2) o 格式符。以八进制数形式输出整数。由于是将内存单元中各位的值（0 或 1）按八进制形式输出，因此输出的数值不带符号，即将符号位也一起作为八进制的一部分输出。

例如：int k = -1; printf ("%d,%o", k, k)；

-1 在内存单元中的存放形式（以补码形式存放）为 1111111111111111。

输出结果为：

-1, 177777

不会输出带负号的八进制整数。对 long 型数据可以用%lo 格式输出。同样可以指定字段宽度，例如"printf ("%8o", k)；"输出为□□177777。

3) x 格式符。以十六进制数形式输出整数。同样不会出现负的十六进制数。

如：int k = -1; printf ("%5x,%o,%d", k, k, k)；

输出结果为：

□ffff, 177777, -1

同样可以用%lx 输出 long 型数据，也可以指定输出字段的宽度（如%5x）。

4) u 格式符。用来输出 unsigned 型数据,即无符号数,以十进制形式输出。

一个有符号整数(int 型)也可以用%u 格式输出;反之,一个 unsigned 型数据也可以用%d 格式输出。按相互赋值的规则处理。unsigned 型数据也可用%o 或%x 格式输出。

例 4-4 无符号数据的输出。

```
int main()
{
    unsigned int a = 65535;
    int b = -2;
    printf("a=%d,%o,%x,%u",a,a,a,a);
    printf("b=%d,%o,%x,%u",b,b,b,b);
}
```

运行结果:

```
a=-1,177777,ffff,65535
b=-2,177776,fffe,65534
```

例 4-4 中,虽然 a、b 的类型和数值都不相同,但由于在内存中的存储形式相同,用相同的格式输出则输出的数据可能相同,同一数据用不同的格式输出则输出的数据形式一定不同。

5) c 格式符。用来输出一个字符。

例如:char c = 'a'; printf ("%c", c);输出字符 'a'。

注意:"%c"中的 c 是格式符,逗号右边的 c 是变量名。

一个整数,只要它的值在 0~255 范围内,也可以用字符形式输出,在输出前,系统会将该整数作为 ASCII 码转换成相应的字符;反之,一个字符数据也可以用整数形式输出。

例 4-5 字符数据的输出。

```
int main()
{
    char ch = 'a';
    int k = 97;
    printf("1:%c%d\n",ch,ch);
    printf("2:%c%d\n",k,k);
}
```

运行结果:

```
1:a97
2:a97
```

也可以指定字符的宽度,若有:

ch = 'a'; printf("%2c",ch);

则输出为"□a",即 ch 变量输出占 2 列,前面补一个空格。

6) s 格式符。用来输出一个字符串。有下列几种用法。

①%s,例如:printf ("%s", "welcome");

输出结果为：welcome

②%ms，输出字符串占 m 列。如果字符串本身长度大于 m，则突破 m 的限制，将字符串全部输出。若串长小于 m，则左补空格。例如：

printf("%6s,%9s","welcome","welcome");

输出结果为：welcome，□□welcome

③%-ms，如果串长小于 m，则在 m 列范围内，字符串左对齐，右补空格。例如：

printf("%-8s,%-5s","welcome","welcome");

输出结果为：welcome□，welcome

④%m.ns，输出占 m 列，但只取字符串左端的 n 个字符。这 n 个字符输出在 m 列的范围内，右对齐，左边补空格。例如：

printf("%6.3s,%8s","welcome","welcome");

输出结果为：□□□wel，□welcome

⑤%-m.ns，其中 m、n 含义同上，n 个字符输出在 m 列的范围内，左对齐，右补空格。如果 n>m，则 m 自动取 n 值，即保证 n 个字符正常输出。例如：

printf("%-6.3s,%2.3s","welcome","elcome");

输出结果为：wel□□□，wel

⑥%.ns 或%-.ns，其中 -、n 含义同上，n 个字符输出在 n 列。例如：

printf("%-.4s,%.4s","welcome","welcome");

输出结果为：welc，welc

例 4-6 字符串的输出。

```
int main()
{
   printf("%3s,%-7.3s,%.3s,%7.3s,","welcome","welcome","welcome","elcome");
}
```

运行结果：

welcome,wel□□□□,wel,□□□□wel,

7) f 格式符。用来输出实数（包括单、双精度），以小数形式输出。有以下几种用法：

①%f 不指定字段宽度，由系统自动指定，使整数部分全部输出，并输出 6 位小数。

注意：并非全部数字都是有效数字。单精度实数的有效位数一般为 7 位。显然，只有 7 位数字是有效数字。因此打印出来的数字不一定都是准确的。

双精度数也可用%f 格式输出，它的有效位数一般为 16 位，也输出 6 位小数。

例 4-7 输出单精度数和双精度数并查看有效位数。

```
int main()
{
   float  x;
   double  y;
   x=11111.111111;y=22222.222222;
   printf("x=%f,y=%lf\n",x,y);
}
```

运行结果:

　　x=11111.118125,y=22222.222222

可以看到单精度数的最后4位小数(超过7位)是无意义的,而双精度数在16位之内的位数都是有效的。

②%m.nf 指定输出的数据共占 m 列,其中有 n 位小数。如果数值长度小于 m,数据右对齐,左边补空格。

③%-m.nf 与%m.nf 基本相同,只是输出的数值左对齐,右边补空格。

例4-8 输出指定小数位数的实数。

```
int main()
{
    float x =1234.567
    printf("% f□□\n% 9f□□\n% 9.2f□□\n% .2f□□\n% -9.2f\n",x,x,x,x,x);
}
```

运行结果:

　　1234.567001□□
　　1234.567001□□
　　□□1234.57□□
　　1234.57□□
　　1234.57□□

8) e 格式符。以指数形式输出实数。

①%e 不指定输出数据所占的宽度和数字部分的小数位数,有的 C 语言编译系统指定输出6位小数,指数部分占5位(如 e+002),其中 e 占1位,指数符号占1位,指数占3位。数值按规范化指数形式输出(即小数点前必须有且只有1位非零数字)。

例如:printf("%e",1234.56);

输出结果为1.234560e+003,输出的实数共占13列宽度。注意:不同系统的规定略有不同。

②%m.ne 和%-m.ne。m、n 和 -字符含义与前面相同。此处 n 为输出数据的小数部分(又称尾数)的小数位数。若有:

```
x =1234.56;
printf("% e□□\n% 9e□□\n% 9.1e□□\n% .1e□□\n% -9.1e\n",x,x,x,x,x);
```

运行结果:

　　1.234560e+003□□
　　1.234560e+003□□
　　□1.2e+003□□
　　1.2e+003□□
　　1.2e+003□

其中,第2个输出项按%9e输出,即只指定了 m=9,未指定 n。凡未指定 n,自动定义

n=6，整个数据长13列，超过给定的9列。突破9列的限制，按实际长度输出。第3个数据共占9列，小数部分占1列。第4个数据按%.1e格式输出，只指定n=1，未指定m，自动使m等于数据应占的长度，应为8列。第5个数据应占9列，数值只有9列，由于是%-9.1e，数值左对齐，右边补一个空格。

以上介绍了格式符的使用，输出表列中的每个输出项必须有一个与之对应的格式说明，每个格式说明均以"%"开头，后跟一个格式符作为结束，例如%f和%d，"%"是格式标识符，d和f是格式符，每个格式说明导致函数printf()中对应参数的转换和输出。

表4-1给出了函数printf()中可用的格式字符及其含义。

表4-1 函数printf()中可用的格式字符及其含义

格式字符	说 明
d	输出十进制有符号整数，+号不输出，-号输出
o	输出八进制无符号整数，前导0不输出
x 或 X	输出十六进制无符号整数，前导0不输出，用x则输出十六进制数中的字母时用小写字母a~f，用X则输出十六进制数中的字母时用大写字母A~F
u	输出十进制无符号整数
f	输出带小数点形式的实数
e 或 E	输出指数形式的实数
c	输出字符
s	输出字符串

函数printf()格式字符串中有很多可选项，也称为函数的格式修饰符。

一般格式为：

%或%0m.nl+格式字符

其中+、-、0、m、n、l通常称为附加格式说明符，说明输出数据精度、左右对齐形式、前置0等，除%、"格式字符"外其余可根据需要来选择，+、-、0、m、n、l的功能见表4-2。

表4-2 函数printf()中附加格式字符

字符	说 明
l	表示输出的是长整型整数，可加在d、o、x、u前面
m	表示输出数据的最小宽度
n	对实数，表示输出n位小数；对字符串，表示截取n个字符；对整数表示至少占n位，不足用前置0占位
0	表示左边补0
+	输出符号（正号或符号）
-	数据左对齐

说明：

①在使用函数输出时，格式字符串后的输出项必须与格式说明对应的数据按照从左到右的顺序一一匹配。

②格式字符必须用小写字母，例如%d不能写成%D。

③在控制字符串中可以增加提示修饰符和换行、跳格、竖向跳格、退格、回车、换页、反斜杠、单引号、八进制的"转义字符"，十六进制"转义字符"，即 \n、\t、\v、\b、\r、\f、\\、\'、\ddd、\xhh 等。

④如果想输出字符"％"，则应该在格式控制字符串中用连续的两个百分号表示。

例如："printf ("％％％",.5);"输出结果为：0.500000％。

⑤当格式说明个数少于输出项时，多余的输出项不能输出。若格式说明多余输出项时，各个系统的处理不同。

⑥用户可以根据需要指定输出项的字段宽度（域宽），对于实型数据还可指定小数位数，当指定的域宽大于输出项的宽度时，输出采取右对齐方式，左边添空格。

在 C 语言中，当域宽不够时，按实际数据宽度输出，此时不受域宽限制。例如，"printf ("％2d \ n"，978);"仍能正确输出 978。没有给出域宽时整型数按实际长度输出，实型按 6 位小数位输出，字符型按 1 位输出，字符串按实际字符输出。

4.2.2　格式输入函数 scanf()

格式输入函数

在 C 语言中，函数 scanf()是标准输入函数，是按用户指定的格式从终端（如键盘）上把数据输入到指定的变量之中。

函数 scanf()的一般调用格式为：

scanf ("格式控制字符串"，输入项表列);

其中，"格式控制字符串"的含义同函数 printf()；输入项表列是输入项地址序列，由若干个地址组成，代表每一个变量在内存中的地址，指各变量的地址是在变量名前加上取地址运算符"&"，各变量地址之间用逗号分隔。

输入函数的功能是读入各种类型的数据，接收从输入设备按输入格式输入的数据并存入指定的变量地址中。

说明：

①与函数 printf()类似，函数 scanf()的格式控制字符串中也可以有多个格式说明，格式说明符个数必须与输入项的个数相等，数据类型必须从左至右一一对应，函数 scanf()常用的格式字符见表 4–3。

表 4–3　函数 scanf( )常用的格式字符

格式字符	说　明
d	以带符号的十进制形式输入整数
o	以八进制无符号形式输入整数
x 或 X	以十六进制无符号形式输入整数
c	以字符形式输入单个字符
f	输出带小数点形式的实数
s	输入字符串。以非空字符开始，以第一个空白字符结束，'/0' 作为字符串结束的标志
f、e、g、E、G	以小数形式或指数形式输入单、双精度数

②在％和格式字符之间可以插入附加格式说明字符，见表 4–4。

表 4-4 函数 scanf( ) 中可用的附加格式说明字符

字符	说　明
l	表示输入的是长整数或双精度数据，可加在 d、o、x、f、e 前面
h	表示输入短整型数据（可用于 d、o、x）
m	表示输入数据的最小宽度（列数）
*	表示本输入项在读入后不赋给相应的变量

③输入项地址表是若干个变量的地址，而不是变量名。在变量名前加上地址运算符 & 就表示此变量的地址，如 &x 指变量 x 在内存中的地址。

例如：&a 和 &b 分别表示变量 a 和变量 b 的地址。

这个地址就是编译系统在内存中给 a 和 b 变量分配的地址。在 C 语言中使用了地址这个概念，这是它与其他语言的不同点。应该把变量的值和变量的地址这两个不同的概念区别开。变量的地址是 C 语言编译系统分配的，用户不必关心具体的地址是多少。

变量的地址和变量值的关系为：在赋值表达式中给变量赋值。

例如：a = 567；

则 a 为变量名，567 为变量的值，&a 是变量 a 的地址。

但在赋值号左边是变量名，不能写地址，而函数 scanf( ) 在本质上也是给变量赋值，但要求写变量的地址（如 &a）。这两者在形式上是不同的。& 是一个取地址运算符，&a 是一个表达式，其功能是求变量的地址。

例如："scanf ("%d", x)；"是不合法的，应将 x 改为 &x。

④输入时不能规定精度。例如，"scanf ("%6.2f", &x)；"是不合法的。但对整型数可以用 %md 的形式截取数据。例如，针对语句"scanf ("%3d%3d", &a, &b)；"，输入数据 123456789，按 <Enter> 键，则 a 按 3 位截取数据得到 a 的值为 123，b 也按 3 位截取数据得到 b 的值为 456。

⑤在函数 scanf( ) 中一般不使用 %u 格式，对 unsigned 型数据，以 %d、%o 或 %x 输入。

⑥注意输入数据的格式。

a. 如果在格式控制字符串中每个格式说明之间不加其他符号，例如"scanf ("%d%d", &a, &b)；"，则在执行时，输入的两数据之间以一个或多个空格（空格用"□"表示）间隔，或用 <Enter>、<Tab> 键分隔。

b. 如果在格式控制字符串中格式说明间用逗号分隔，例如"scanf ("%d,%d", &a, &b)；"，则执行时，输入的两数据间以逗号间隔。例如：123，456，按 <Enter> 键。

c. 如果在格式控制字符串中除了格式说明以外还有其他字符，都要原样输入。

例如针对"scanf ("a = %d, b = %d", &a, &b)；"，输入数据时，应按格式控制字符串输入 a = 3，b = 2。

d. 在用 %c 格式输入字符时，空格字符和转义字符都作为有效字符。

例如针对"scanf ("%c%c%c", &c1, &c2, &c3)；"，若输入：□a \t，按 <Enter> 键，则字符 □ 赋给变量 c1，a 赋给变量 c2，字符 \t 赋给变量 c3。

例如针对"scanf ("%c%c", &c1, &c2)；"，若想给 c1 赋值 a，c2 赋值 b，则正确的输入方法是：ab，按 <Enter> 键，ab 的中间不能有任何字符，包括空格。

⑦在输入数据（常量）遇到以下情况时认为该数据输入结束。

a. 遇空格、回车或跳格键。

b. 遇宽度结束。例如：scanf("%3d", &x); 只取 3 列。

c. 遇非法输入。例如：scanf("%d%c%d", &m, &j, &k); 输入：123c12o1。输入 123 之后遇到字母 c，则认为第一个数据到此结束，把 123 赋给变量 m，字符 c 赋给变量 j，因为 j 只要求输入一个字符，c 后面的数值应赋给变量 k，如果由于疏忽把 1201 打成了 12o1，则认为数值到字母 o 结束，将 12 赋给 k。

⑧用户可以指定输入数据的域宽，系统将自动按此域宽截取所读入的数据，但输入实型数据时，用户不能规定小数点后的位数。输入实型数据时，可以不带小数点，即输入整型数。

⑨在使用%c 格式时，输入的数据之间不需要分隔标志，空格和回车符都将作为有效字符读入。

如：针对"scanf("%c%c", &c1, &c2);"，若输入 a□b，则 c1 取 a，c2 取 □。

⑩如果格式控制字符串中除了格式说明符之外，还包含其他字符，则输入数据时，在与之对应的位置上也必须输入与这些字符相同的字符。

如果在格式控制中加入空格作为间隔，例如：有"scanf("%c %c %c", &a, &b, &c);"，输入 a、b、c 三个字符时，应在中间输入两个空格，例如："a b c"。

⑪格式说明% * 表示跳过对应的输入数据项不予读入。例如：对于"scanf("%3d%*3d%3d", &x, &y);"输入数据 1234567890，则先取 3 位（123）赋给 x，即 x 值为 123，再取 3 位（456），由于格式中有"*"，因此这次取得的数据不赋给任何变量，最后再取 3 位（789）赋给 y，即 y 的值为 789。

例 4-9 从键盘输入任意三个整数，然后输出这三个数并计算其平均值。

```
#include <stdio.h>
int main()
{
    int a,b,c;
    float average;
    printf("\n 请输入a、b和c的值：\n");
    scanf("%d%d%d",&a,&b,&c);
    printf("\na=%d  b=%d  c=%d",a,b,c);
    average=(a+b+c)/3;
    printf("\n average=%f",average);
}
```

例 4-9 中，以提示方式为变量 a、b 和 c 输入数据，并显示所输入的数据，计算其平均值。例如输入 75、85 和 95。

运行结果：

请输入 a、b 和 c 的值：

75 85 95✓
a=75 b=85 c=95
average=85.000000

4.2.3 字符输入/输出函数

非标准格式化输入/输出函数可以由前面讲述的标准格式化输入/输出函数代替,但这些专用函数编译后代码少,相对占用内存也少,从而提高了速度,同时使用也比较方便。

字符输入/输出函数

单个字符的输入/输出可利用非标准格式化输入/输出函数。使用非标准格式化函数前必须要用文件包含命令"#include <stdio.h>"。

1. 单个字符的输出函数 putchar( )

函数 putchar( )是字符输出函数,其功能是向标准输出设备输出一个字符。

一般格式为:

$$putchar(ch);$$

其中,ch 为一个字符变量或常量,函数 putchar( )的作用等同于"printf("%c", ch);"。例如:"putchar('A');"输出大写字母 A;"putchar(x);"输出字符变量 x 的值;"putchar('\n');"换行符不在屏幕上显示。

例 4-10 输出单个字符。

```
#include <stdio.h>
int main()
{
    char x ='G',y ='O', z ='D';
    putchar(x);putchar(y);putchar(y);putchar(z);
    putchar('\n');
}
```

运行结果:

```
GOOD
```

2. 单个字符的输入函数 getchar( )

函数 getchar( )是键盘输入函数,其功能是从键盘上输入一个字符。

一般格式为:

```
getchar(ch);
```

通常把输入的字符赋予一个字符变量,构成赋值语句。使用函数 getchar( )还应注意几个问题:函数 getchar( )只能接受单个字符,输入数字也按字符处理。输入多于一个字符时,只接收第一个字符。

例 4-11 输入单个字符。

```
#include <stdio.h>
int main()
{
```

```
    char ch;
    ch = getchar();
    putchar(ch);
    putchar('\n');
}
```

运行结果：（输入 V 后，按 <Enter> 键）

V↵
V

例 4-12 输入 3 个字母，如果其中有小写字母，则转换成大写字母输出。

```
#include <stdio.h>
 int main()
{
    char ch1,ch2,ch3
    ch1 = getchar();
    ch2 = getchar();
    ch3 = getchar();
    ch1 = (ch1 >='a'&&ch1<'z')? ch1 -32:ch1;
    ch2 = (ch2 >='a'&&ch2<'z')? ch2 -32:ch1;
    ch3 = (ch3 >='a'&&ch3<'z')? ch3 -32:ch1;
    putchar(ch1);
    putchar(ch2);
    putchar(ch3);
}
```

运行结果：

abc↵   /* 输入 abc */
ABC
ABCD↵   /* 输入 ABCD */
ABC

针对该程序，分析说明如下：

函数 getchar()在执行时，虽然是读入一个字符，但并不是从键盘上按一个字符，该字符就被送给一个字符变量，而是等到输入完一行并按 <Enter> 键后，才将该行的字符输入缓冲区，然后函数 getchar()从缓冲区中取一个字符到一个字符变量中。

4.3　顺序结构程序设计一般方法

顺序结构程序设计是最简单的程序设计。顺序结构的程序是由一组顺序执行的程序块所组成。最简单的程序块是由若干顺序执行的语句组成。这些语句包含赋值语句、输入输出语句等。

在程序设计时，一般先对要处理的"事件"进行分析，根据分析的结果写出相应算法，

顺序结构程序设计
一般方法

画出流程图，再写出相关的源程序。

在顺序结构程序中，一般包括以下几个部分。

1. 程序开头的编译预处理命令

如果在程序中要使用标准函数（又称库函数），除函数 printf( )和函数 scanf( )外，其他函数都必须使用编译预处理命令，将相应的头文件包含进来。

例如：

```
#include "stdio.h"      /*包含stdio.h头文件*/
#include "math.h"       /*包含math.h头文件*/
int main()
{
  ...
}
```

2. 顺序结构程序的函数体

顺序结构程序的函数体由完成具体功能的各个语句构成，主要包括以下几类。

1) 对变量类型进行说明的语句。

在 C 语言程序中，所有的变量在使用前必须"先定义"，必须事先对该变量的类型进行说明。如果某个变量在使用前没有被说明类型，则在程序编译时将会出现错误。此类语句应当出现在函数体中的最前面。例如：

```
#include "stdio.h"
#include "math.h"
int main()
{
  int a,b,c;   /*说明变量a,b,c为int型  */
  ...
}
```

2) 对相应变量提供数据的语句。

C 语言程序中，变量在参加运算前应当有初值。如果没有赋初值，程序在编译时将出现相应警告，运行时会得到错误结果。此类语句应出现在具体运算语句的前面。例如：

```
#include "stdio.h"
#include "math.h"
int main()
{
    int a,b,c;
    scanf("%d,%d",&a,&b);      /*对变量a,b提供初值*/
    c = sqrt(a*a+b*b);
    ...
}
```

3) 运算部分。一般由表达式语句或函数调用语句构成。
4) 输出部分。由具体的输出函数来完成。

下面通过一些简单的顺序结构程序设计的例子，介绍顺序结构程序设计的方法与特点。

例 4-13 输入三角形的三条边长，求三角形的周长和面积。

分析：输入三角形的三条边长 a、b、c，输入的三边值必须符合构成三角形的基本条件。三角形的周长数学公式为：

$$len = a + b + c$$

三角形的面积公式为：

$$s = \sqrt{sl \times (sl-a) \times (sl-b) \times (sl-c)}, \quad sl = 0.5 \times (a+b+c)$$

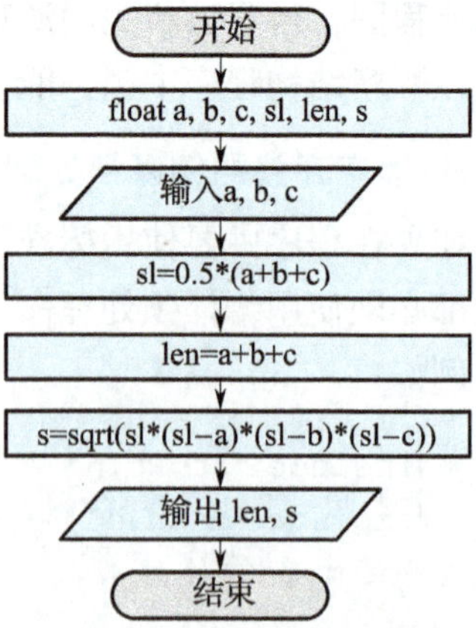

求三角形周长和面积的算法流程图，如图 4-1 所示。

图 4-1 求三角形周长和面积的算法流程图

程序如下：

```
#include "stdio.h"
#include "math.h"
int main()
{   float a,b,c,sl,len,s;
    printf("Input the a,b,c:\n");
    scanf("%f,%f,%f",&a,&b,&c);
    sl=0.5*(a+b+c); len=a+b+c;
    s=sqrt(sl*(sl-a)*(sl-b)*(sl-c));
    printf("a=%f,\nb=%f,\nc=%f\n",a,b,c);
    printf("len=%f,s=%f\n",len,s);
}
```

运行结果：

```
Input the a,b,c:
3,4,5↵
a=3.000000,
b=4.000000,
c=5.000000
len=12.000000,s=6.000000
```

程序第 8 行 sqrt( ) 是求平方根函数，使用时必须将其相应头文件"math.h"包含进来，否则程序在编译连接时会出错。

例 4-14 输入一个摄氏温度，输出相应的华氏温度。温度换算公式为：$f = \dfrac{9}{5}c + 32$，式中，f 为华氏温度，c 为摄氏温度。

分析：先从键盘输入一个摄氏温度，再根据温度转换公式得到一个华氏温度，最后输出该华氏温度。流程图如图 4-2 所示。

```
#include "stdio.h"
int main()
{ float c,f;
  printf("输入摄氏温度:");
  scanf("% f",&c);
  f = 9.0 * c/5.0 + 32;
  printf("华氏温度为:% g",f);
  printf("华氏温度为:% f",f);
}
```

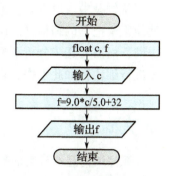

图4-2 求华氏温度流程图

运行结果：

输入摄氏温度:36↙
华氏温度为：96.800000

注意：程序中涉及除法运算。为了保证计算结果的正确性和准确性，一般应采用实数形式进行运算。

例4-15 求方程 $ax^2+bx+c=0$ 的实数根。a，b，c 由键盘输入，$a\neq 0$ 且 $b^2-4ac>0$。

分析：众所周知，一元二次方程的根为：

$$x1 = \frac{-b+\sqrt{b^2-4ac}}{2a}$$

$$x2 = \frac{-b-\sqrt{b^2-4ac}}{2a}$$

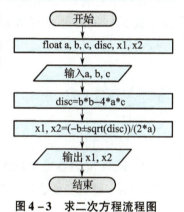

图4-3 求二次方程流程图

流程图如图4-3所示。

```
#include "stdio.h"
#include "math.h"
int main()
{ float a,b,c,disc,x1,x2;
  printf("Input a,b,c:");
  scanf("% f,% f,% f",&a,&b,&c);
  disc = b * b - 4 * a * c;
  x1 = ( -b + sqrt(disc))/(2 * a);
  x2 = ( -b - sqrt(disc))/(2 * a);
  printf("\nx1 = % 6.2f\nx2 = % 6.2f\n",x1,x2);
}
```

运行结果：

Input a,b,c:1,2,1↙
x1 = □-1.00
x2 = □-1.00

从例题中可以看到，编程的关键是设计方法。一个简单的问题，其处理算法比较简单，就能很快把它的编程算法设计出来。但对于算法比较复杂的问题，就很难一下子分析得十分透彻，而需要逐步分析清楚，即需要从总体上分析其粗略的算法框架，再对算法框架的每一步进行细化，如此下去，直至细化到每一步都足够简单，能用一个或几个 C 语句来实现。

本单元小结

顺序结构是 C 语言的基本结构。顺序结构的程序按程序语句或模块在执行流中的顺序逐个执行。顺序结构程序的函数体中主要包括变量类型的说明、数据初值、运算部分、输出部分。

语句是程序的重要组成部分，C 程序的执行部分由语句组成，程序的功能也由执行语句实现。在顺序结构中，每个语句都执行一次，而且只被执行一次。C 语句可分为表达式语句、赋值语句、复合语句、空语句、函数调用语句和控制语句。

C 程序的输入和输出是通过调用系统提供的标准库函数来完成的。标准格式输入/输出函数使用最多、功能最强，函数 printf( )用来向标准输出设备（屏幕）写数据；函数 scanf( )用来从标准输入设备（键盘）上读数据；还有字符的输入/输出函数函数 putchar( )和函数 getchar( )。

习题与实训

一、习题

1. 函数 putchar( )可以向终端输出一个（　　）。
   A. 整型变量表达式值　　　　　　B. 实型变量
   C. 字符串　　　　　　　　　　　D. 字符或字符型变量值
2. 已有定义"int a = -2;"和输出语句"printf ( );"，以下正确的叙述是（　　）。
   A. 整型变量的输出格式符只有 %d 一种
   B. %x 是格式符的一种，它可以适用于任何一种类型的数据
   C. %x 是格式符的一种，其变量的值按十六进制输出，但 %8lx 是错误的
   D. %8lx 不是错误的格式符，其中数字 8 规定了输出字段的宽度
3. 若在定义语句"int a, b, c;"之后，接着执行以下选项中的语句，则能正确执行的语句是（　　）。
   A. scanf ("%d". &a, &b, &c);　　B. scanf ("%d%d%d", &a, &b, &c);
   C. scanf ("%f", &a);　　　　　　D. scanf ("%c%d", &a, &b);
4. 以下说法正确的是（　　）。
   A. 输入项可以为一个实型常量，例如 scanf ("%f", 3.5);
   B. 只有格式控制，没有输入项，也能进行正确输入，例如 scanf ("a=%d, b=%d");
   C. 当输入一个实型数据时，格式控制部分应规定小数点后的位数，例如 scanf ("%4.2f", &f);
   D. 当输入数据时，必须指明变量的地址，例如 scanf ("%f", &f);

5. 已知"int a, b; scanf ("%d%d", &a, &b);",输入 a、b 的值时,不能作为输入数据分隔符的是(　　)。
   A. ,　　　　　　　B. 空格　　　　　　C. 回车　　　　　　D. 跳格
6. 以下叙述中正确的是(　　)。
   A. 调用函数 printf( )时,必须要有输出项
   B. 使用函数 putchar( )时,必须在之前包含头文件"stdio. h"
   C. 在 C 语言中,整数可以以二进制、八进制或十六进制的形式输出
   D. 调用函数 getchar( )读入字符时,可以从键盘上输入字符所对应的 ASCII 码
7. 若有定义"float f = 123. 45678;",则执行语句"printf ("%. 3f", f);"后,输出结果是(　　)。
   A. 1. 23e + 02　　　B. 123. 457　　　　C. 123. 456780　　　D. 1. 234e + 02
8. 若有定义"long a, b;"且变量 a 和 b 都需要通过键盘输入获得初值,则下列语句中正确的是(　　)。
   A. scanf ("%ld%ld, &a, &b");　　　　B. scanf ("%d%d", a, b);
   C. scanf ("%d%d", &a, &b);　　　　　D. scanf ("%ld%ld", &a, &b);
9. 下面关于 C 语言语句的叙述中,正确的是(　　)。
   A. 所有语句都包含关键字
   B. 所有语句都可以出现在源程序中的任何位置
   C. 所有语句都包含表达式
   D. 除复合语句外的其他所有语句都以分号结束
10. 已知字符 'a'的 ASCII 码为 97,执行下列语句的输出是(　　)。
    printf ("%c%d", 'b', 'b' + 1);
    A. b99　　　　　　B. 98c　　　　　　C. 9899　　　　　　D. bc

二、实训

(一) 实训目的

1. 掌握 C 语言的表达式语句、赋值语句、复合语句及其规则。
2. 掌握格式输入/输出函数 scanf( )和函数 printf( )及各种格式符。
3. 掌握字符输入/输出函数 getchar( )和函数 putchar( )。
4. 编写简单的顺序结构程序设计。

(二) 实训内容

1. 阅读程序,输出结果。

(1)
```c
#include <stdio.h>
int main()
{ int a =3,b =4; float c =12.3456; double b =8765.4567;
  printf("a=% -4d,b=% 4d,c=% f,d=% .4f\n",a,b,c,d);
  printf("a=% 4d,b=% -4d,c=% lf,d=% .4lf\n",a,b,c,d);
  printf("c=6.4% f,c=% 8.4f,d=% 6.4,d=% 8.4f\n",c,c,d,d);
  printf("% 6.4f\n",a);
}
```

(2) #include <stdio.h>
```
int main()
{   char ch1,ch2,ch3; ch1=getchar(); ch2=getchar(); ch3=getchar();
    ch1=(ch1>='a'&&ch1<'z')? ch1-32:ch1;
    ch2=(ch2>='a'&&ch2<'z')? ch2-32:ch2;
    ch3=(ch3>='a'&&ch3<'z')? ch3-32:ch3;
    putchar(ch1); putchar(ch2); putchar(ch3);
}
```

2. 阅读程序，并跟踪程序中变量的值和输出结果。

(1) #include <stdio.h>
```
main()
{   float a,sum=0.0;        /* a 值为_____,sum 值为_____ */
    int b;                  /* b 值为_____ */
    printf("输入a,b:");
    scanf("%f%d",&a,&b);    /* 输入a,b:15 30<回车> */
    sum=a+b;                /* a 值为_____, b 值为_____, sum 值为_____ */
    printf("sum=%f\n",sum); /* sum=_____ */
}
```

(2) #include <stdio.h>
```
main()
{   float a=123.456; double b=8765.4567;
    printf("%f\n",a); printf("%14.3f\n",a);
    printf("%6.4f\n",a); printf("%lf\n",b);
    printf("%14.3lf\n",b); printf("%8.4lf\n",b); printf("%.4f\n",b);
}
```

3. 程序设计填空。

输入一个三位整数，将其按逆序输出。如，输入三位整数为123，输出为321。

```
#include <stdio.h>
main()
{ _____;  printf("输入一个三位整数:");
  scanf("%d",&n);
  d2=_____;/* 取出百位数的数字 */
  d1=_____;/* 取出十位数的数字 */
  d0=_____;/* 取出个位数的数字 */
  printf("输出三位整数:%d\n",_____);
}
```

4. 编写程序。

(1) 从键盘输入两个 0 到 127 的整数，求两数的平方差并输出其值和这两个整数的 ASCII 码对应的字符。

(2) 用函数 getchar( )读入两个字符 c1、c2，然后分别用函数 putchar( )和函数 printf( )输出这两个字符。

单元 5 分支结构

与顺序结构一样，分支结构也是 C 语言程序的基本结构之一，也是常用的一种结构。分支结构的程序就是根据不同的条件，选择不同的处理块（程序块或分程序）。设计分支结构程序，要考虑两个方面的问题：一是在 C 语言中如何来表示条件，二是在 C 语言中实现分支结构用什么语句。在 C 语言中表示条件，一般用关系表达式或逻辑表达式，实现分支结构用双分支的 if 语句或多分支的 switch 语句。根据不同的情况恰当地使用它们，可以提高编程效率。

5.1 if 语句

用 if 语句可以构成分支结构。它根据给定的条件进行判断，以决定执行某个分支程序段。C 语言的 if 语句有 3 种基本格式。

if 语句

5.1.1 if 语句格式

1. if 基本格式

if 语句的一般格式如下：

    if（表达式）语句;

其语义是：如果表达式的值为真，则执行其后的语句，否则不执行该语句，具体流程如图 5-1 所示。

例 5-1 使用 if 语句计算 |a-b|。

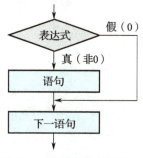

图 5-1 if 语句执行流程

```
#include <stdio.h>
int main()
{   int a,b,c=0;
    printf("输入a和b的值,用逗号分隔:");
    scanf("%d,%d",&a,&b);
    if(a>b) c=a-b;
    if(a<b) c=b-a;
    printf("a-b的绝对值:%d\n",c);
}
```

运行结果：

输入 a 和 b 的值，用逗号分隔：10,5↙
a－b 的绝对值:5

2. if-else 形式

if-else 语句的格式如下：

```
if(表达式)
    语句1;
else
    语句2;
```

其语义是：如果表达式的值为真，执行语句1，否则执行语句2，具体流程如图 5－2 所示。

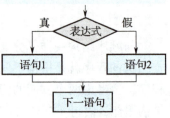

图 5－2 if-else 语句执行流程

例如下列语句段 "x＝10；if(x＞9) y＝100；else y＝200；" 可以写成 "x＝10；y＝x＞9? 100：200；"。

例 5－2 对例 5－1 改写，用 if-else 语句实现。

```
#include <stdio.h>
int main( )
{ int a,b,c＝0;
  printf("输入 a 和 b 的值,用逗号分隔:");
  scanf("% d,% d",&a,&b);
  if(a＞b) c＝a－b;
  else c＝b－a;
  printf("a－b 的绝对值:% d\n",c);
}
```

运行结果：

输入 a 和 b 的值，用逗号分隔：10,5↙
a－b 的绝对值:5

例 5－3 对例 5－1 改写，用条件运算符实现。

```
#include <stdio.h>
int main( )
{ int a,b,c＝0;
  printf("输入 a 和 b 的值:");
  scanf("% d,% d",&a,&b);
  c＝(a＞b? a－b:b－a);
  printf("a－b 的绝对值:% d\n",c);
}
```

运行结果：

输入 a 和 b 的值：10,5↙
a－b 的绝对值：5

例5-4 求两个数中较大的数。

```c
#include <stdio.h>
int main()
{
    int a,b;
    printf("请输入两个整数:");
    scanf("% d% d",&a,&b);
    if(a>b)printf("两个整数中的最大数为:% d\n",a);
    else    printf("两个整数中的最大数为:% d\n",b);
    return 0;
}
```

运行结果1：

请输入两个整数:18 15
两个整数中的最大数为:18

运行结果2：

请输入两个整数:15 18
两个整数中的最大数为:18

3. if-else-if 形式

前两种形式的 if 语句一般用于两个分支的情况，当有多个分支时，可以采用 if-else-if 语句，其一般格式为：

```
if(表达式1)  语句1;
else if(表达式2)  语句2;
else if(表达式3)  语句3;
…
else if(表达式n)  语句n;
else 语句n+1;
```

其语义是：依次判断表达式的值，当出现某个值为真时，则执行其对应的语句。然后跳到整个 if 语句之外继续执行程序。如果所有的表达式均为假，则执行语句 n+1。然后继续执行后续程序，具体流程如图5-3所示。

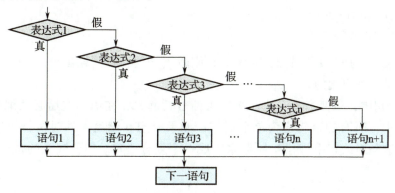

图5-3 if-else-if 形式执行流程

例5-5 编程实现输入某人出生年份，输出此人是"几零后"。

```
#include <stdio.h>
int main()
{
    int year;
    printf("请输入你的出生年份：");
    scanf("%d",&year);
    if(year<1980)    printf("你已过不惑之年了！\n");
    else  if(year<1990)  printf("你是80后！\n");
    else  if(year<2000)  printf("你是90后！\n");
    else  if(year<2010)  printf("你是00后！\n");
    else  printf("你是10后！\n");
}
```

运行结果：

请输入你的出生年份：1993↙
你是90后！

在例5-5运行时，输入1993后，表达式year<2000值为真，则执行语句"printf（"你是90后！\n"）;"，然后继续执行后续程序。

在使用if语句中应注意以下问题：

1) 在if结构中，if语句、else语句、else if语句属于同一程序模块。程序每运行一次，仅有一个分支的语句能得到执行。

2) 各个表达式所表示的条件必须是互相排除的，也就是说，只有条件1不满足时才会判断条件2，只有条件2也不满足时才会判断条件3，其余依次类推，只有所有条件都不满足时才执行最后的else语句。

3) 在3种形式的if语句中，在if关键字之后均为表达式。该表达式通常是逻辑表达式或关系表达式，但也可以是其他表达式，如赋值表达式等，甚至也可以是一个变量。

例如："if（a=5）语句;" "if（b）语句;"都是允许的。只要表达式的值为非0，即为"真"。如在"if（a=5）语句;"中表达式的值永远为非0，所以其后的语句总是要执行的，当然这种情况在程序中不一定会出现，但在语法上是合法的。又如，有程序段：

```
if(a=b)  printf("%d",a);
else  printf("a=0");
```

语句的语义是：把b值赋予a，如为非0则输出该值，否则输出"a=0"字符串。这种用法在程序中是经常出现的。

4) 在if语句中，条件判断表达式必须用括号括起来，在语句之后必须加分号。在if语句的3种形式中，所有的语句应为单个语句，如果要想在满足条件时执行一组（多个）语句，则必须把这一组语句用"{}"括起来组成一个复合语句。但要注意的是在"}"之后不能再加分号。

例如：

```
if(a>b) {a++;b++;}
else   {a=0;b=10;}
```

5.1.2　if 语句的嵌套

当 if 语句中的执行语句又是 if 语句时，则构成了 if 语句嵌套的情形。其一般格式可表示如下：
　　if（表达式）
　　　　if 语句；

或　　if（表达式）
　　　　if 语句；
　　else if 语句；

在嵌套内的 if 语句可能又是 if-else 型的，这将会出现多个 if 和多个 else 重叠的情况，这时要特别注意 if 和 else 的配对问题。

例如：if（表达式1）
　　　　if（表达式2）
　　　　　语句1；
　　　　else
　　　　　语句2；

其中的 else 究竟是与哪一个 if 配对？
应该理解为：
　　if（表达式1）
　　　　if（表达式2）
　　　　　语句1；
　　else
　　　　语句2；

还是应理解为：
　　if（表达式1）
　　　　if（表达式2）
　　　　　语句1；
　　　　else
　　　　　语句2；

为了避免这种二义性，C 语言规定，else 总是与它前面最近的同层没有匹配的 if 配对，因此对上述例子应按前第二种情况理解。

例 5-6　用 if 语句的嵌套对例 5-5 进行改写。

```
#include <stdio.h>
int main()
{   int year;
    printf("请输入你的出生年份：");
```

```
            scanf("% d",&year);
            if(year <1990)
               if(year > =1980)  printf("你是80后! \n");
               else printf("你已过不惑之年了! \n");
            else if(year <2000)  printf("你是90后! \n");
            else if(year <2010) printf("你是00后! \n");
            else printf("你是10后! \n");
        }
```

运行结果：

请输入你的出生年份:2002↙
你是00后!

在程序运行时，输入2002后，表达式year<2010值为真，则执行语句"printf("你是00后! \n");"，然后继续执行后续程序。

例5-7 编写程序，输入一个x的值，计算函数 $y = \begin{cases} 1 & x>0 \\ 0 & x=0 \\ -1 & x<0 \end{cases}$，并输出y的值。

```
        #include <stdio.h>
        main()
        {   int x,y;
            scanf("输入:% d",&x);
            if (x>0)y=1;
            else  if (x= =0)   y=0;
            else     y=-1;
            printf("y=% d\n",y);
            return 0;
        }
```

运行结果1：

输入:1↙
y=1

运行结果2：

输入:-1↙
y=-1

运行结果3：

输入:0↙
y=0

if语句不管是if语句的3种基本格式，还是if嵌套结构，其共同特点是：
①if后的表达式必须有圆括号括起来，且无分号"；"；if的内嵌语句必须有分号"；"；if

语句的内嵌语句如果包含多个语句,必须用块语句,否则,会产生语法错误或逻辑错误。

②if 语句中的表达式允许是任何表达式,常用的是关系表达式和逻辑表达式。对于关系表达式和逻辑表达式,值为 1 表示"真",0 表示"假"。对于其他表达式,值为非 0 表示"真",0 表示"假"。

③if 语句是可扩充的,但逻辑关系,即执行规律是相同的。它总是依次判断表达式,一旦遇到表达式的值为非 0,则执行该条件下的内嵌语句,然后结束 if 语句,执行下一语句。

if 控制语句的嵌套有时很复杂,不按一定的规则写程序,阅读会变得十分困难。保持良好的程序风格可以提高程序的可读性。

5.2 switch 语句

C 语言还提供了另一种用于多分支的 switch 语句,其一般格式如下:

```
switch (表达式)
{
    case 常量表达式 1:语句组 1;
    case 常量表达式 2:语句组 2;
    …
    case 常量表达式 n:语句组 n;
    default:语句组 n+1;
}
```

其语义是:计算表达式的值,并逐个与其后的常量表达式值相比较,当表达式的值与某个常量表达式的值相等时,即执行其后的语句,然后不再进行判断,继续执行所有 case 后的语句,如表达式的值与所有 case 后的常量表达式均不相同时,则执行 default 后的语句。

switch 语句的结构比较复杂,根据它的一般格式,应注意以下几点:

1) switch、case、default 是关键字,必须小写。
2) 在 switch 后的表达式是任何表达式,其值必须是整型、字符型或枚举型。
3) 常量表达式相当于一个标号,限制严格。表达式中的操作数必须是常量,禁止变量出现;常量表达式值的类型必须是整型、字符型或枚举型,且要与 switch 后的表达式类型匹配。
4) 各常量表达式值不能相同,常量表达式和语句组之间用冒号":"分隔。
5) switch 语句中的语句组,不要求用块语句。switch 语句允许嵌套使用。

例 5-8 要求按照考试成绩的等级打印出百分制分数段,用 switch 语句实现。

```c
#include <stdio.h>
int main()
{   char grade;
    printf("input a grade:");
    grade=getchar();
    switch (grade)
    {   case 'A':printf("85~100\n");
        case 'B':printf("70~84\n");
```

```
            case'C':printf("60~69\n");
            case'D':printf("<60\n");
            default:printf("error\n");
        }
    }
```

运行结果：

```
input a grade: B↙
70~84
60~69
<60
error
```

但是输入 B 之后，不仅执行了 case 'B' 后面输出语句 "70~84\n"，还执行了以后的所有 case 语句，输出了 70~84 及以后的所有分数段和 default 后面的 error。为什么会出现这种情况呢？这反映了 switch 语句的一个特点。在 switch 语句中，"case 常量表达式" 只相当于一个语句标号，表达式的值和某标号相等则转向该标号执行，但不能在执行完该标号的语句后自动跳出整个 switch 语句，所以出现了继续执行所有后面 case 语句的情况。

为了避免上述情况，C 语言提供了一种 break 语句，用于跳出 switch 语句，break 语句只有关键字 break，没有参数。在每一个 case 语句之后增加 break 语句，使每一次执行之后均可强制退出 switch 语句，从而避免产生逻辑错误，输出多余的结果。

带有 break 的 switch 语句一般格式如下：

```
switch(表达式)
    {
        case 常量表达式1:语句组1; break;
        case 常量表达式2:语句组2; break;
        …
        case 常量表达式n:语句组n; break;
        default:语句组n+1; break;
    }
```

switch 语句执行过程如图 5-4 所示，当 case 的常量表达式值与 switch 后的表达式值相等时，就执行该 case 下的语句组和 break 语句，然后结束 switch 语句，执行下一语句。如果 case

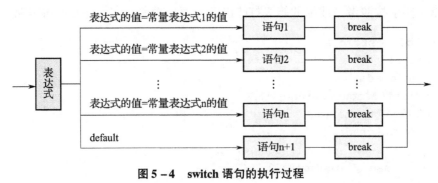

图 5-4 switch 语句的执行过程

的常量表达式值与 switch 后的表达式值都不相等，且有 default，则执行 default 下的语句组 n+1 和 break 语句，然后结束 switch 语句，执行下一语句，若无 default，立刻结束 switch 语句，执行下一语句。

例 5-9　要求输入一个数字，输出一个对应的英文星期几。

```
#include <stdio.h>
int main()
{   int a;
    printf("input integer number: ");
    scanf("%d",&a);
    switch (a)
    { case 1:printf("Monday\n");break;
      case 2:printf("Tuesday\n"); break;
      case 3:printf("Wednesday\n"); break;
      case 4:printf("Thursday\n"); break;
      case 5:printf("Friday\n"); break;
      case 6:printf("Saturday\n"); break;
      case 7:printf("Sunday\n"); break;
      default:printf("error\n");
    }
}
```

运行结果：

```
input integer number:3
Wednesday
```

当输入 3 后，只输出"Wednesday"。case 语句之后增加 break 语句，使每一次执行之后均可跳出 switch 语句，避免输出多余的数据。

在使用 switch 语句时还应注意以下几点：

1) 在 case 后的各常量表达式的值不能相同，否则会出现错误。
2) 在 case 后，允许有多个语句，可以不用 { } 括起来。
3) 在语句组后，需要有 break 语句，强制退出 switch 语句；否则会继续执行，产生逻辑错误。
4) 各 case 和 default 子句的先后顺序可以变动，而不会影响程序执行结果。
5) default 子句可以省略不用。

5.3　分支结构应用

分支结构的两种语句应用广泛，当分支情况小于 3 种时，一般选用 if 语句。当分支条件可以用简单的表达式表示时，一般选用 switch 语句。if 语句根据给定的条件进行判断，switch 语句是用表达式值比较 case 的常量表达式值作出选择。

例 5-10 判别键盘输入字符的类别。

```
#include "stdio.h"
int main()
{   char c;
    printf("input a character: ");
    c = getchar();
  if(c<32)   printf("This is a control character\n");
    else
        if(c>='0'&&c<='9')   printf("This is a digit\n");
        else
            if(c>='A'&&c<='Z')   printf("This is a capital letter\n");
            else if(c>='a'&&c<='z') printf("This is a small letter\n");
        else   printf("This is an other character\n");
}
```

运行结果：

```
input a character:3↙
This is a digit
input a character:g↙
This is a small letter
input a character:+↙
This is an other character
```

例 5-10 可以根据输入字符的 ASCII 码来判别类型。由 ASCII 码表可知 ASCII 值小于 32 的为控制字符。在 "0" 和 "9" 之间的为数字，在 "A" 和 "Z" 之间为大写字母，在 "a" 和 "z" 之间为小写字母，其余则为其他字符。这是一个多分支选择的问题，用 if-else-if 语句编程，判断输入字符的 ASCII 码所在的范围，分别给出不同的输出。例如，输入为 "g"，输出显示它为小写字符。

例 5-11 由键盘输入一个 3 位的整数，判断该数是否为升序数。若输入的不是 3 位数，输出 "输入错误！"。升序数是指高位数依次小于其低位数的数。例如，359 为升序数。

```
#include <stdio.h>
int main()
{   int n,a,b,c;
    printf("请输入一个3位整数:");
    scanf("%d",&n);
    if(n<100||n>999)   printf("输入错误!\n");
    else
        {a=n/100;
        b=n/10%10;
        c=n%10;
        if(a<b&&b<c)   printf("%d是升序数\n",n);
        else   printf("%d不是升序数\n",n);
        }
    return 0;
}
```

运行结果：

请输入一个 3 位整数：234
234 是升序数

例 5-12 输入某年某月，显示某月的天数。

一月、三月、五月、七月、八月、十月、十二月，均为 31 天。四月、六月、九月、十一月，均为 30 天。二月，闰年为 29 天，不是闰年为 28 天。

该题可用 switch 语句求解，但遇到两个问题需解决：如何表示一月、三月、五月、七月、八月、十月、十二月均为 31 天？这是第一个问题。闰年如何判断，这是第二个问题。删除有关 case 下的 break 语句，造成 switch 语句继续执行的条件，第一个问题就迎刃而解了。解决第二个问题，要找出判断年的逻辑表达式。年份（year）能被 4 整除，但不能被 100 整除，是闰年；年份能被 400 整除，也是闰年。

因此，可写出闰年逻辑表达式：

$$(year\%4==0 \&\& year\%100!=0) || (year\%400==0)$$

需定义如下变量：

```
输入量      int  year,month;        /* 年和月       */
输出量      int day;               /* 天           */
中间变量    int day2 =28           /* 存放二月的天数 */
#include <stdio.h>
 int main()
  {   int year,month,day,day2 =28;
      printf("输入年、月:");
      scanf("%d%d",&year,&month);
      if ((year%4==0&&year%100!=0) || (year%400==0))   /* 判别闰年 */
         day2 =29;
      switch (month)
             {  case 1:
                case 3:
                case 5:
                case 7:
                case 8:
                case 10:
                case 12: day =31; break;
                case 4:
                case 6:
                case 9:
                case 11: day =30; break;
                case 2: day =day2; break;
                default: printf("月份输入错误！\n"); exit(1);
             }
      printf("%d年%d月是%d天\n",year,month,day);
  }
```

运行结果：

输入年、月：2013 2
2013 年 2 月是 28 天
输入年、月：2008 2
2008 年 2 月是 29 天
输入年、月：2014 10
2014 年 10 月是 31 天

本单元小结

　　分支结构是程序设计常用的一种结构，分支结构就是选择结构，依据判断语句的不同值，选择相对应的执行语句。分支结构有两种选择语句：if 语句和 switch 语句。

　　if 语句是 C 语言中的选择结构语句的主要形式，它根据 if 语句后面的条件表达式来决定执行哪些语句。if 语句有 3 种格式：不带 else 的 if 语句；带 else 的 if 语句；带 else if 的 if 语句。

　　switch 语句是一种多分支选择结构，它的执行过程是：首先计算表达式的值，根据表达式的值寻找入口，找到后从入口向下执行所有语句，直到遇到 break 语句停止。如果没有找到入口，则执行 default 后的语句。

习题与实训

一、习题

1. 设 y 是 int 型变量，则描述 "y 是奇数" 的表达式为 _____ 。
2. 设 x、y、z 均为 int 型变量，则描述 "x 或 y 中有一个小于 z" 的表达式为 _____ _____ 。
3. 控制语句中条件表达式通常是 _____ 表达式或 _____ 表达式，表达式值为 _____ 表示 "真"，表达式值为 _____ 表示 "假"。
4. 避免在嵌套的条件语句 if-else 中产生二义性，C 语言规定 else 子句总是和 _____ _____ 配对。
5. 设 x、y、z 均为 int 型变量，则描述 "x、y、z 中有两个负数" 的表达式为 _____ _____ 。
6. 以下错误的 if 语句形式是（　　）。
　　A. if（x＞y && x！＝y）；
　　B. if（x＝＝y）x＋＝y；
　　C. if（x！＝y）scanf（"％d"，&x）else scanf（"％d"，&y）；
　　D. if（x＜y）{x＋＋；y＋＋；}＜＝""　div＝""＞；
7. 以下对 switch 语句和 break 语句中描述正确的有（　　）。
　　A. 在 switch 语句中必须使用 break 语句
　　B. break 语句只能用于 switch 语句

C. 在 switch 语句中，可以根据需要使用或不使用 break 语句
D. break 语句是 switch 语句的一部分

8. 已知 int x = 10，y = 20，z = 30；以下语句执行后 x、y、z 的值是（　　）。
    if(x > y)　　z = x; x = y; y = z;
    A. x = 10，y = 20，z = 30　　　　B. x = 20，y = 30，z = 30
    C. x = 20，y = 30，z = 10　　　　D. x = 20，y = 30，z = 20

二、实训

（一）实训目的

1. 掌握 if 语句基本形式及对应的语法规则、执行流程。
2. 掌握 switch 语句的语法规则、执行流程。
3. 掌握分支结构的嵌套和应用，编写分支程序设计。

（二）实训内容

1. 运行程序，输出结果。

(1)
```c
#include <stdio.h>
int main()
{   int x = 0, y = 1, z = 10;
    if(x)
        if(y) z = 20;
        else  z = 30;
    printf("%d\n", z);
    return 0;
}
```

(2)
```c
#include <stdio.h>
int main()
{   int i = 1, n = 0;
    switch(i)
    {   case 1:
        case 2: n ++;
        case 3: n ++;
    }
    printf("%d", n);
    return 0;
}
```

(3)
```c
#include <stdio.h>
int main()
{   int x = 0, y = 0, z = 0;
    if(x ++ &&(y + = x) || ++ z)
    printf("%d,%d,%d\n", x, y, z);
    return 0;
}
```

(4)
```
#include <stdio.h>
int main()
{   int a=0,b=2;
    switch( ++a, a*b)
      { case 1: printf("1");
        case 2: printf("2");
        case 3: printf("3\n");break;
        default: printf("other\n");
      }
    return 0;
}
```

2. 编写程序。

(1) 判断是否是水仙花数：输入一个三位数，若此数是水仙花数输出"Y"，否则输出"N"。所谓"水仙花数"是指一个三位数，其各位数字立方和等于该数本身（即 $abc = a^3 + b^3 + c^3$）。

(2) 输入一个整数，判断它是奇数还是偶数，并输出判断结果。

(3) 输入三角形的三边长，判断这个三角形是否是直角三角形。

(4) 输入一个形式如"操作数 运算符 操作数"的四则运算表达式，输出运算结果。

(5) 输入年、月、日，计算出今天是当年第几天。

单元 6 循环结构

在算法描述中，经常要在满足某种条件的情况下，重复不断地执行某个相同的处理方法。例如，要完成 1~100 的累加运算，就可以令累加和变量 sum 初始为数值 0，令变量 x 初始为数值 1，然后判断变量 x 是否小于或等于 100，当 x 小于或等于 100 时，令变量 sum 等于 sum + x，并且令变量 x 等于 x + 1；当 x 大于 100 时，结束这种处理过程。算法中的这种结构称作循环结构。

循环结构是程序中一种很重要的结构，其特点是：在给定条件成立时，反复执行某程序段，直到条件不成立为止。给定的条件称为循环条件，反复执行的程序段称为循环体。C 语言提供了 3 种循环语句：while 语句、do-while 语句和 for 语句，可以组成各种不同形式的循环结构。

如果算法中没有对变量的改变，或改变不能使条件不成立，则算法就永远不会结束。永远不会满足循环结束条件的循环结构称为死循环。算法的定义要求其必须具备有穷性，算法设计要避免出现死循环。

6.1 while 循环

while 语句的一般格式为：
while（表达式）语句；
其中，表达式是循环条件，语句为循环体。

while 语句的语义是：计算表达式的值，当值为真（非 0）时，执行循环体语句，然后判断表达式，直到表达式为假（0）时结束循环。具体流程如图 6-1 所示。

while 循环

使用 while 语句应注意以下几点：

1）while 语句中的表达式一般是关系表达式或逻辑表达式，如果表达式的值为真（非 0），则继续执行循环语句，一直到表达式的值为假（0），结束循环。

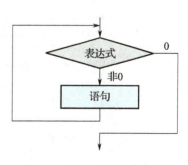

图 6-1 while 语句流程

例 6-1 求 1~100 的整数和。

```c
#include <stdio.h>
int main()
{
    int i =1,sum =0 ;
    while(i <=100)
    {   sum +=i;
        i++;
    }
    printf("%d",sum);
}
```

运行结果：

```
5050
```

例 6-1 中程序将执行 100 次循环，每执行一次，循环体内 i 值加 1，sum 累加 i 的值。当 i 大于 100 时，循环结束，输出 sum 值 5050。

2）循环体包括一个以上的语句时，则必须用 { } 括起来，组成复合语句。

3）应注意循环条件的选择以避免死循环。

例如：int a, n =0;
   while（a =1）
     printf（"%d"，n++）;

while 语句的循环条件为赋值表达式 a =1，因此该表达式的值永远为真，而循环体中又没有其他中止循环的手段，因此该循环将无休止地进行下去，形成死循环。

例 6-2 利用辗转相除法求解两个整数的最大公约数。

算法步骤如下：

1）令 m 为两个整数中的较大者，n 为两个整数中的较小者。

2）用 m 除以 n，令 r 为 m 除以 n 的余数。

3）若 r 不等于 0，则令 m 等于 n，n 等于 r，返回步骤 2）继续；若 r 等于 0，则 n 中的数值就是两个整数的最大公约数。

```c
#include <stdio.h>
int main()
{   int m, n, r, temp;        /*定义程序中使用的变量*/
    printf("输入整数m:\n");
    scanf("%d",&m);     /*输入m*/
    printf("输入整数n:\n");
    scanf("%d",&n);          /*输入n*/
    if(m<n)     /*若m<n,则交换两者数值*/
       { temp =m;
         m =n;
         n =temp;    }
    r =m% n;         /*r等于m除以n的余数*/
```

```
    while(r! =0)        /*若 r 不等于 0,则循环执行*/
      { m = n;
        n = r;
        r = m % n;    }
    printf("最大公约数为% d\n",n);    /*输出最大公约数 n*/
}
```

运行结果：

输入整数 m:
27↙
输入整数 n:
45↙
最大公约数为 9
输入整数 m:
18↙
输入整数 n:
14↙
最大公约数为 2

6.2　do-while 循环

do-while 循环

do-while 语句的一般格式为：

do　语句；
while（表达式）；

其中，语句是循环体，表达式是循环条件。

do-while 语句的语义是：先执行循环体语句一次，再判别表达式的值，若为真（非 0）则继续循环，否则终止循环，具体流程如图 6-2 所示。

do-while 语句和 while 语句的区别在于 do-while 是先执行后判断，因此 do-while 至少要执行一次循环体。而 while 是先判断后执行，如果条件不满足，则一次循环体语句也不执行。

while 语句和 do-while 语句一般都可以相互改写。

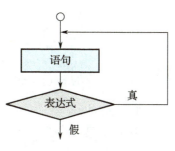

图 6-2　do-while 语句流程

对于 do-while 语句还应注意以下几点：

1) 在 if 和 while 语句中，表达式后面都不能加分号，而在 do-while 语句的表达式后面则必须加分号。

2) do-while 语句也可以组成多重循环，而且也可以和 while 语句相互嵌套。

3) 在 do 和 while 之间的循环体由多个语句组成时，也必须用 {} 括起来组成一个复合语句。

4) do-while 和 while 语句相互替换时，要注意修改循环控制条件。

例6-3 改写例6-1，用do-while语句求1~100的整数和。

```c
#include <stdio.h>
int main()
{   int i=1,sum=0;
    do
       { sum+=i;  i++;}
    while(i<=100);
    printf("%d",sum);
}
```

运行结果：

5050

例6-4 输入一个正整数，然后按反向输出。例如输入29653，则输出为35692。

编程思路：输入时一次把一个整数完整地输入，而输出则是一次一个数字地输出，并且要求把最低位先输出，所以首先应该把最低位数字分离出来输出，然后分离出下一个最低位数字，可用对10求模的方法把最低位分离出来。然后用对10求商的方法求出除掉最低位后的数，作为进一步倒置输入的基数。

```c
#include <stdio.h>
int main()
{   int number,digit;
    printf("Input an integer:\n");
    scanf("%d",&number);
    do
      { digit=number%10;
        printf("%d",digit);
        number/=10;
      }while(number);
    printf("\n");
}
```

运行结果：

Input an integer:
29653↙
35692

6.3 for 循环

for 语句是 C 语言所提供的功能最强、使用最广泛的一种循环语句。其语句的基本格式为：

for 循环

for（表达式 1；表达式 2；表达式 3）
语句；

表达式 1 通常用来给循环变量赋初值，一般是赋值表达式。也允许在 for 语句外给循环变量赋初值，此时可以省略该表达式。表达式 2 通常是循环条件，一般为关系表达式或逻辑表达式。表达式 3 通常可用来修改循环变量的值，一般是赋值语句，具体流程如图 6-3 所示。

这 3 个表达式都可以是逗号表达式，即每个表达式都可由多个表达式组成。3 个表达式都是任选项，都可以省略。

表达式 1：置初值，只执行一次，有时可用逗号表达式。

表达式 2：判定循环执行循环体的条件，一般要执行多次。表达式 2 可以是任何表达式，常用的是关系表达式和逻辑表达式。

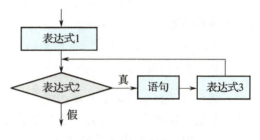

图 6-3 for 语句流程

表达式 3：修改循环体内某些变量的值，一般也要执行多次。常用自增、自减表达式，有时也用逗号表达式。

一般格式中的"语句"即为循环体语句。

for 语句的语义是：首先计算表达式 1 的值；再计算表达式 2 的值，若值为真（非 0）则执行循环体一次，否则跳出循环；最后再计算表达式 3 的值，转回第 2 步重复执行。

在整个 for 循环过程中，表达式 1 只计算一次，表达式 2 和表达式 3 则可能计算多次。循环体可能多次执行，也可能一次都不执行。for 语句的最少循环次数为 0 次，因为 for 语句的逻辑同 while 语句的逻辑，也是先判断表达式 2 的值，然后确定是否再执行循环体。

例 6-5　改写例 6-1，用 for 语句求 1～100 的整数和。

```
#include <stdio.h>
int main()
{   int i,sum = 0;
    for(i = 1;i < = 100;i ++)
        sum + = i;
    printf("% d\n",sum);
}
```

运行结果：

5050

例 6-5 中 for 语句中的表达式 3 为"i ++"，实际上也是一种赋值语句，相当于"i = i + 1"，改变循环控制变量的值。

例 6-6　使用 for 语句找出一个整数的所有因子。

```
#include <stdio.h>
int main()
{   int i = 1,x;
```

```
    scanf("% d",&x);
    for( ;i < =x; )
        {    if(x% i = =0)  printf("% 3d",i);
             i ++;
        }
}
```

运行结果:

```
12↵
 1  2  3  4  6  12
```

例 6-6 的 for 语句中，表达式 1 已省去，循环变量的初值在 for 语句之前赋值，由 scanf 函数取值，表达式 3 也省去，放在了循环体内。每循环一次 i 自增 1，i 的变化控制循环次数。

在使用 for 语句中要注意以下几点：

1) for 语句中的各表达式都可省略，但分号间隔符不能少。

例如：for（；表达式；表达式) 省去了表达式 1。
      for（表达式；；表达式) 省去了表达式 2。
      for（表达式；表达式；) 省去了表达式 3。
      for（；；) 省去了全部表达式。

2) 在循环变量已赋初值时，可省去表达式 1。表达式 3 放在循环体内，表达式 3 也可省去。

如例 6-6 即属于这种情形。但是省去表达式 2 则将造成无限循环，因此在程序运行中通过改变表达式 2 的值，结束循环。

下面是几种不同的表示方法：

① 表达式 1 和表达式 3 是逗号表达式，例如：

```
int sum,i;
for(sum =0,i =1;i < =100;i ++ )
    sum + =i;
```

其中，sum =0 和循环控制变量无关。

② 省略表达式 1 和表达式 3，例如：

```
int sum =0,i =1;
for( ;i < =100 ; )
{   sum + =i;
    i ++;       }
```

③ 3 个表达式全部省略，例如：

```
int sum =0,i =1;
for( ; ; )
    {   sum + =i;
        i ++;
        if(i >100) break;        }
```

④省略循环体，把循环体放到表达式3中完成，例如：

```
int  i,sum = 0;
for(i = 1;i < = 100;sum + = i,i ++ );
```

这时应注意，原循环体中的语句一定要放在控制变量增值之前，否则就会出错。

3）循环体可以是空语句。

例6-7 循环体是空的 for 语句。

```
#include <stdio.h>
 int main()
{ int n = 0;
  printf("input a string:\n");
  for( ;getchar()! ='\n'; n ++ );  printf("% d",n);
}
```

运行结果：

```
input a string:
fghjk
5
```

例 6-7 中，省去了 for 语句的表达式 1，表达式 3 也不是用来修改循环变量，而是用作输入字符的计数。这样，就把原本应在循环体中完成的计数放在表达式中完成了。因此循环体是空语句，应注意的是，空语句后的分号不可少，如果缺少此分号，则把后面的 printf 语句当成循环体来执行。反过来说，如果循环体不为空语句，则不能在表达式的括号后加分号，这样又会认为循环体是空语句而不能反复执行。这些是编程中常见的错误，要十分注意。

6.4 循环结构嵌套

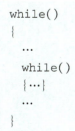

循环结构嵌套

C 语言中循环结构的 3 种语句可以互相嵌套使用，例如 while 语句的循环体可以是 do-while 语句，也可以还是 while 语句形式，这样构成了双重循环结构。for 语句可以与 while、do-while 语句相互嵌套，构成多种不同形式的循环嵌套结构。

1）while 与 while 构成的嵌套，一般形式如下：

```
while()
{
   …
   while()
   {…}
   …
}
```

2)do-while 与 do-while 构成的嵌套,一般形式如下:

```
do
{
  ...
  do
  {...}
  while();
  ...
} while();
```

3)while 与 do-while 构成的嵌套,一般形式如下:

```
while()
{
  ...
  do
    {...}
  while();
  ...
}
```

4)for 与 for 构成的嵌套,一般形式如下:

```
for( ; ; )
{
  ...
  for(;;)
    {...}
    ...
}
```

5)for 与 while 构成的嵌套,一般形式如下:

```
for(; ;)
{
  ...
  while(; ;)
     {...}
     ...
}
```

6)do-while 与 for 构成的嵌套,一般形式如下:

```
do
{
  ...
  for(;;)
    {...}
    ...
} while();
```

循环嵌套可以构成多重循环,这在解决实际问题中是经常遇到的。C 语言中的 3 种循环结构可以互相组合使用。

例 6-8 求出用数字 0~9 可以组成多少个没有重复的两位偶数。

```
#include <stdio.h>
 int main()
{  int n,i,k;
   for(i =1;i < =9;i ++)
   {
      for(k =0;k < =8;k + =2)
       if(k! = i)
         printf("n = % 4d",10 * i + k);
      printf("\n");
   }
}
```

运行结果:

```
10  12  14  16  18
20  24  26  28
30  32  34  36  38
40  42  46  48
50  52  54  56  58
60  62  64  68
70  72  74  76  78
80  82  84  86
90  92  94  96  98
```

两个 for 语句嵌套结构,内循环 for 语句实现没有重复的偶数个位。外循环 for 语句实现按十位数字顺序换行打印。例 6-8 中程序内层控制变量和外层控制变量之间的存在制约关系。

例 6-9 全班有 30 个学生,每个学生考 8 门课。要求分别统计出每个学生的平均成绩。

首先考虑求一个学生的平均成绩。设置循环控制变量 i 控制课程数,其变化从 1~8,每次增量为 1。每个学生的处理过程是一样的,因此,只需对上述流程反复执行 30 遍,即形成双重循环,每遍输入不同学生的各科成绩,即可求得 30 个学生的平均成绩。设置循环控制变量 j 控制学生人数,其变化从 1~30,每次增量为 1。算法流程图,如图 6-4 所示。

程序如下:

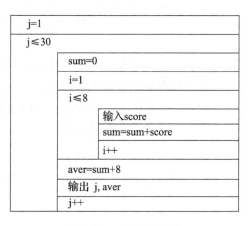

图 6-4 算法流程图

```
#include <stdio.h>
int main()
{ int i,j,score,sum; float aver;
    j=1;
    while(j<=30)
    { sum=0;
    for(i=1;i<=8;i++)
    { printf("Enter  NO.%d the score %d:",j,i);
        scanf("%d",&score);   /*输入第j个学生第i门课成绩*/
        sum=sum+score; /*累计第j个学生的总成绩*/
    }
    aver=sum/8.0;     /*计算第j个学生的平均成绩*/
    printf("NO.%d aver=%5.2f\n",j,aver); /*输出第j个学生的平均成绩*/
    j++;
    }
}
```

说明：程序中的变量 sum 作为累加单元，在累加一个学生的总成绩之前，一定要初始化为 0，否则会将第 1 个学生的总成绩全部加在第 2 个学生的成绩上。此外，sum 初始化语句的位置很关键，既不能放在内循环的里面，也不能放在外循环的外面。

如果对该题进一步提问：统计出全班的总平均成绩。可再设置一个累加变量 total 用于累加每个学生的平均成绩，最后除以学生人数即可。

在原来程序的基础上可改为：

```
#include <stdio.h>
int main()
{ float total=0; int i,j,score,sum,total_aver;
    while(j<=30)
    { ……
        total=total+aver;
    }
    total_aver=total/30;
    printf("Class total_aver is:%5.2f\n",total_aver);
}
```

注意：累加变量 total 初始化语句及进行平均成绩累加语句的位置。

使用循环的嵌套结构要注意以下几点：

1) 外层循环应"完全包含"内层循环，不能发生交叉。

例如，下面这种形式是不允许的。

```
do
  {…
   for{…}
   {…}
  } while(…);
```

2)嵌套的循环控制变量一般不应同名,以免造成混乱。

如:

```
for(i…)
  { …
    for(i…)
      {…}
  }
```

3)嵌套的循环要注意正确使用缩进式书写格式来明确嵌套循环的层次关系,以增加程序的可读性。

6.5 转向语句

程序中的语句通常是按顺序方向,或按语句功能所定义的方向执行的。如果需要改变程序的正常流向,可以使用本节介绍的转向语句。在 C 语言中提供了 4 种转向语句:break、continue、goto 和 return。其中的 return 语句只能出现在被调函数中,用于返回主调函数。

6.5.1 break 语句

break 语句只能用在 switch 语句或循环语句中,作用是跳出 switch 语句或跳出本层循环,转去执行后面的程序。由于 break 语句的转移方向是明确的,所以不需要语句标号与之配合。

break 语句的一般格式为:

break;

使用 break 语句可以使循环语句有多个出口,在一些场合下使编程更加灵活、方便。

例 6-10 输出 50 以内的素数。素数是大于 1 的自然数中只能被 1 和本身整除的数。

方法一:

```c
#include <stdio.h>
int main()
{
  int n,i;
  for(n=2;n<=50;n++)
    { for(i=2;i<n;i++)
        if(n%i==0) break;
      if(i>=n) printf("%4d",n);
    }
}
```

运行结果:

2   3   5   7   11   13   17   19   23   29   31   37   41   43   47

例 6-10 程序中，第一层循环表示对 2~50 逐个判断是否是素数，在第二层循环中则用 2~n-1 逐个去除数 n，若某次除尽则跳出该层循环，说明不是素数。如果在所有的数都是未除尽的情况下结束循环，则为素数，此时有 i>=n，故可经此判断后输出素数。然后转入下一次大循环。实际上，2 以上的所有偶数均不是素数，因此可以使循环变量的步长值改为 2，即每次增加 2，此外只需用 2~sqrt（n）去除数 n 就可判断该数是否素数。这样将减少循环次数，减少程序运行时间。

方法二：

```
#include <math.h>
#include <stdio.h>
 int main()
  { int n,i,k;
  for(n =3;n < =50;n + =2)
   { k = sqrt(n);
     for(i =2;i < =k;i ++ )
     if(n% i = =0) break;
     if(i >k) printf("% 4d",n);
   }
  }
```

运行结果：

2　3　5　7　11　13　17　19　23　29　31　37　41　43　47

6.5.2　continue 语句

continue 语句用于截断循环体中的部分语句，使其不执行。作用是结束本次循环，即跳过循环体中下面尚未执行的语句，接着进行下一次是否执行循环的判定。

其一般格式是：

continue；

其语义是：结束本次循环，即不再执行循环体中 continue 语句之后的语句，转入下一次循环条件的判断与执行。

continue 语句只能用在循环体中，用 continue 语句结束循环与 break 语句不同，它只结束本层本次的循环，并不跳出循环，如图 6-5 所示。

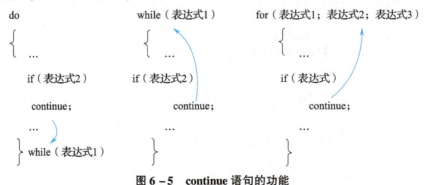

图 6-5　continue 语句的功能

例6-11 输出50以内能被6整除的数。

```c
#include <stdio.h>
int main()
    {   int n;
        for(n=1;n<=50;n++)
    {
        if(n%6!=0)
        continue;
        printf("%4d",n);
    }
    }
```

运行结果：

6 12 18 24 30 36 42 48

程序需要对1~50之间的每一个数都进行测试，如果该数不能被6整除，即模运算不为0，则由continue语句转去下一次循环，不执行后面的语句；只有模运算为0时，才能执行后面的printf语句，输出能被6整除的数。

6.5.3 goto语句

goto语句也称为无条件转向语句。
其一般格式如下：

goto 语句标号;

其中，语句标号是按标识符规定书写的符号，放在某一语句行的前面，标号后加冒号":"。语句标号起标识语句的作用，与goto语句配合使用。
如：label: i++;
　　loop: while (x<6);
C语言不限制程序中使用标号的次数，但各标号不得重名。goto语句的语义是改变程序流向，转去执行语句标号所标识的语句。
goto语句通常与条件语句配合使用，可用来实现条件转移、构成循环、跳出循环体等功能。但是，在结构化程序设计中一般不主张使用goto语句，以免造成程序流程的混乱，使理解和调试程序都产生困难。
而对用goto语句和if语句构成的循环，不能用break语句和continue语句进行控制。
例6-12 统计从键盘输入一行字符的个数。

```c
#include <stdio.h>
int main()
{   int n=0;
    printf("input a string\n");
    loop: if(getchar()!='\n')
    {   n++;
```

```
        goto loop;
    }
    printf("% d",n);
}
```

运行结果：

```
input a string
printf
6
```

例 6 – 12 用 if 语句和 goto 语句构成循环结构。当输入字符不为 '\n' 时即执行 n ++ 进行计数，然后转移至 if 语句循环执行，直至输入字符为 '\n' 才停止循环。

6.5.4　return 语句

return 语句的一般格式如下：

$$return[（表达式）];$$

方括号的意思是里面的内容可以省略，因而 return 语句有两种使用格式：

$$return;$$

或

$$return（表达式）;$$

表达式可以括起来，也可以不括，下面的几种使用格式都是合法的：

```
return;
return 0;
return(i);
return(a > b? a:b);
```

return 语句主要用在函数中，用来结束函数的执行，控制转向函数调用点。若在主函数 main 中，则结束程序的运行。

6.6　应用举例

循环语句在解决实际问题时非常有效，尤其是 for 语句。本节采用分类法，综合介绍各类问题的求解方法。掌握一种方法就能解决一批问题，是一种快速提高分析问题和编程能力的途径。

循环结构应用举例

1. 递推法

这类问题具有的共同特点是：前后项存在一定的关系，即后项可由前项推导出，主要指有通项公式的各类级数、数列等。

递推法的思路是：后项可由前项导出；找出了前后项关系后，就可应用循环结构实现算法。关键是找前后项关系。下例说明分析问题和算法设计的方法。

例6-13 求 1-2+3-4+5-…-100 的和。

1）设定项号，定义变量，找前后项关系，这是关键的一步。

项号 n=1，2，3，4，5，…

sum=1-2+3-4+5-…-100

前后项关系为 n=n+1，比较简单。生成的数 n 有正负号，且有规律：奇数为正，偶数为负，可用 if 语句判别；这里定义一个变量 s 帮助判别。

2）构造循环结构。求解这类题目，循环体总要执行多次，采用 do-while 循环结构。

```
do
{ n=n+1;
  s=-s;
  sum=sum+s*n;
} while(n<100);
```

3）设置变量初值。设置变量初值是保证正确计算出第一项值。十分明显，各变量的初值为：

n=0;   sum=0;   s=-1;

4）静态检查。跟踪3步左右，如果结果是正确的，一般情况下，可断定算法是正确的。

语句	第一步	第二步	第三步
n=n+1;	1	2	3
s=-s	1	-1	1
sum=sum+s*n;	1	-1	2

通过上述分析，确定了数据，定义了有关变量和类型，完成了算法设计。接下来编程就是用 C 语言精确表述这一思维过程。

程序如下：

```
#include <stdio.h>
  int main()
 {  int sum=0,n=0,s=-1;
    do
    {
      n++;    s=-s;    sum+=s*n;
    } while(n<100);
    printf("1-2+3-4+…-100=%d\n",sum);
 }
```

运行结果：

1-2+3-4+…-100=-50

例6-14 猴子吃桃问题。

猴子第一天摘下若干个桃子，当即吃了一半，还觉得不过瘾，又多吃了一个，第二天早上又将剩下的桃子吃掉一半，又多吃了一个。以后每天早上都吃了前一天剩下的一半多一个。

到第十天早上要吃桃子时，只剩下一个桃子了。问第一天共摘了多少桃子？

分析：设前一天的桃子数用 d1 表示，后一天的桃子数用 d2 表示。

则根据题意有：d1 = (d2 + 1) × 2，现已知第十天只剩下一个桃子，可根据上面的式子计算出第九天的数量为：(1 + 1) × 2 = 4。即已知第十天，可计算第九天的数量；再根据第九天的数量计算出第八天的数量，…，最后倒推出第一天的数量。

程序如下：

```
#include <stdio.h>
int main()
{   int day,d1,d2;
    day = 9;
    d2 = 1;
    do
      { d1 = (d2 + 1) * 2;
        d2 = d1;
        --day;
      } while(day > 0);
    printf("the total is % d\n",d1);
    return 0;
}
```

运行结果：

```
the total is 1534
```

2. 迭代法

本类问题具有的共同特点是：已知迭代公式和误差公式，可直接应用循环结构，按迭代公式计算一个新根，并与前一个根比较，直到满足误差为止。

例如，求 $a^{1/2}$ 的近似值。

  迭代公式：$x_{n+1} = (x_n + a/x_n)/2$

  误差公式：$|x_{n+1} - x_n| \leq EPS$

又如，求高次方程一个实根的近似值的牛顿法。

  迭代公式：$x_{n+1} = x_n - f(x_n)/f'(x_n)$

  误差公式：$|x_{n+1} - x_n| \leq EPS$

例 6-15 求 $a^{1/2}$ 的近似值。

迭代公式和误差公式是数学工作者研究的课题，编程是应用数学工作者研究的成果，快速求出满足精度要求的值。已有迭代公式和误差公式，求解这类问题十分简单。

定义原根 x0 表示 x_n，新根 x1 表示 x_{n+1}，其类型取 double 实型。先以求 $2^{1/2}$ 根为实例，按迭代法进行循环计算 3 次，观察根值的变化趋势。a 为 2，定义一个新根 x1 = a/2，其初值为 1.0，循环按迭代公式计算一个新根如下：

语句	第一次	第二次	第三次
x0 = x1;	1.0	1.5	1.417
x1 = (x0 + a/x0)/2;	1.5	1.417	1.414

从上面 x1 的各次计算值可以看出：x1 值一步步逼近 $2^{1/2}$ 的根值。求解这类问题，一般都采用 do-while 循环结构实现。

程序如下：

```c
#include <stdio.h>
#include <math.h>
#define EPS 1e-8
   int main()
{  float a;   double x0,x1;
   printf("读入一个实数:");
   scanf("%f",&a);
   if(a<0)
     { printf("错误:输入的实数小于 0 \n");
       exit(1);
     }
   x1=a/2; /* 选定初值 */
   do
     { x0=x1;                  /* 前一次根值 */
       x1=(x0+a/x0)/2;   /* 按迭代公式计算一个新根值 */
     } while(fabs(x1-x0)>EPS);
   printf("迭代法    sqrt(%f)=%0.8f\n",a,x1);
   printf("调库函数 sqrt(%f)=%0.8f\n",a,sqrt(a));
}
```

运行结果：

```
读入一个实数:123.987↙
迭代法    sqrt(123.987000)=11.13494497
调库函数 sqrt(123.987000)=11.13494497
```

3. 穷举法

穷举法是一种重复型算法，也叫试凑法、枚举法。本类问题具有的共同特点是：不能用方程求解，只能一一列举各种情况，从多种可能中选取满足要求的一个（或一组）解。当然，也可能得出无解的结论。

例 6-16 百鸡问题：鸡翁一，值钱五；鸡母一，值钱三；鸡雏三，值钱一，百钱买百鸡，问鸡翁、鸡母、鸡雏各几个？

分析：设鸡翁、鸡母、鸡雏的数量分别为 cocks、hens、chicks，则可得如下模型：

```
5×cocks+3×hens+chicks/3.0=100
cocks+hens+chicks=100
```

这是一个不定方程——未知数个数多于方程数，因此求解还须增加其他约束条件。下面考虑如何寻找另外的约束条件。按常识，cocks、hens、chicks 都应为正整数，且它们的取值范围应分别为：

cocks：0～20（假如100元全买cocks，最多买20只）
hens：0～33（假如100元全买hens，最多买33只）
chicks：0～100（假如全买chicks，最多买100只）

以此作为约束条件，就在有限的范围之内找到满足上述两个方程的cocks、hens、chicks的组合。一个自然想法是依次对cocks、hens、chicks取值范围内的各数一一进行试探，找到满足前面两个方程的组合。在一个集合内对每个元素一一枚举测试，对人来说常常是单调而又烦琐的工作，但对计算机来说，重复计算正好可以用简洁的程序发挥它运算速度快的优势。

本题的枚举过程如下：

首先从0开始，列举cocks的各个可能值，在每个cocks值下找满足两个方程的一组解。

算法如下：

```
for(cocks=0;cocks<20; ++cocks)
{ S1:找满足两个方程的解的 hens、chicks
  S2:输出一组解
}
```

下面进一步用穷举法来表现S1：

```
for(hens=0;hens<33; ++hens)
{ S1.1 找满足方程的一个 chicks
  S1.2 输出一组解
}
```

由于对列举的每个cocks与每个hens都可以按下式：

```
chicks=100-cocks-hens
```

求出一个chicks，因此，只要该chicks满足另一个方程：

```
5×cocks+3×hens+chicks/3.0=100
```

便可以得到一组满足题意的cocks、hens和chicks，故S1.1与S1.2可以改写为：

```
chicks=100-cocks-hens
if(5*cocks+3*hens+chicks/3.0=100)
  printf("%d\t%d\t%d\n",cocks,hens,chicks);
```

故再加入类型声明语句并调整输出格式，便可以得到一个C程序。

程序如下：

```
#include <stdio.h>
int main()
{ int cocks,hens,chicks;
  printf("\n鸡翁数\t鸡母数\t鸡雏数");
  for(cocks=0;cocks<20; ++cocks)
```

```
        for(hens = 0;hens < 33; ++hens)
        {   chicks = 100 - cocks - hens;
            if(5 * cocks + 3 * hens + chicks/3.0 = 100)
            printf("% d\t% d\t% d\n",cocks,hens,chicks);
        }
    return(0);
    }
```

运行结果：

鸡翁数	鸡母数	鸡雏数
0	25	75
4	18	78
8	11	81
12	4	84

类似枚举问题都可应用 for 嵌套结构实现，如：

1）输出由几个数字组成四位数整数，要求四位数字各不同或允许数字相同等。

2）将一张面值 100 元的人民币，换成 10 元、5 元、2 元、1 元、0.5 元、0.2 元、0.1 元等面值的人民币 100 张，每种面值的人民币至少 1 张，问共有几种换法。

3）从红、黄、兰、白、黑 5 种颜色的球中取 3 种颜色的球，问共有几种取法。

4. 其他应用

循环应用有很多种，这里再介绍几种实例。

（1）取整数的各位数字

这类例题具有的共同特点：是要取出整数的每一位上的数字。分离出整数各位上的数字唯一的方法是应用整除和取余运算。

例 6-17 求任意整数 n 的倒序数 qn。例如：n = 31706，其倒序数 qn = 60713；n = -106，其倒序数 qn = -601。

设倒序数 qn 初值为 0，它和余数 n%10 存在有 qn = qn×10 + n%10 的关系。

语句实现：

```
qn = qn * 10 + n% 10;
n = n/10;
```

最后 n 的值变为 0，可用 n 控制循环结构的退出。

依据上述分析，求任意整数的倒序数必须采用循环结构实现。这里用 while 结构描述：

```
qn = 0;
while(n! = 0)
{   qn = qn * 10 + n% 10;
    n/ = 10;
}
```

这个算法可求任意整数 n（-32768～32767）的倒序数，其程序如下：

```c
#include <stdio.h>
int main()
{    int n,m;  long qn=0;
    printf("输入一个整数:");
    scanf("%d",&n);
    m=n;
    while(n!=0)
      { qn=qn*10+n%10;
        n/=10;
      }
    printf("%d 的倒序数是 %ld\n",m,qn);
}
```

运行结果：

输入一个整数:1357✓
1357 的倒序数是 7531
输入一个整数:-1357✓
-1357 的倒序数是 -7531

类似取整数的各位数值都可应用循环嵌套结构实现，例如：

1) 求三位整数的各位数字组成的最大数和最小数。例如，整数 n=217，最大数是 721，最小数是 127。

2) 输出 100~999 之内的"水仙花数"。"水仙花数"是指一个三位整数，其各位数字的立方和等于该数。例如，$153 = 1^3 + 5^3 + 3^3$。

3) 输出 100 之内的"完数"。"完数"是指一个整数等于其因子和。例如，$6 = 1 + 2 + 3$。

（2）输出阶乘表

求阶乘是连乘，可用递推法求解，算法描述如下：

```c
fact=1; /* 存阶乘 */
for(i=1;i<=n;i++)    /* 求 n! */
fact=fact*i
```

例 6-18 输出 1~9 的阶乘表。

```c
#include <stdio.h>
int main()
{  int n; double fact=1;
   for(n=1;n<=9;n++)
   {
   fact=fact*n;
   printf("%20.0f%3d!\n",fact,n);
   }
}
```

运行结果：

```
      1  1!
      2  2!
      6  3!
     24  4!
    120  5!
    720  6!
   5040  7!
  40320  8!
 362880  9!
```

(3) 数制转换

将二进制数、八进制数和十六进制数转换为十进制数，即计算多项式：

$k_n \times b^n + k_{n-1} \times b^{n-1} + k_{n-2} \times b^{n-2} + \cdots + k_1 \times b^1 + k_0 \times b^0$，其中 k_i 为系数，$i = 1, \cdots, n$；b^i 为进制数的次方，b 为进制数，b = 2、8、10、16。

例6-19　将十六进制数转换为十进制数。

读入一个十六进制数（0000~ffff）存入 ch，用 result 存十进制数。求解这一问题的关键是如何将字符转换为整型数的数字。

将数字字符 '0'~'9' 转换为整型数的数字 0~9，可用表达式 "ch-'0'" 描述。例如：ch 为 '0'，则 '0'-'0'=48-48，其值为 0。将大写字 'A'~'F' 转换为整型数的数字 10~15，可用表达式 "ch-55" 描述。例如：ch 为 'A'，则 'A'-55=65-55，其值为 10。

```c
#include <stdio.h>
int main()
{   char ch; unsigned int result = 0;
    printf("读入十六进制数(0000 -- ffff):");
    ch = getchar();
    while (ch! = '\n')
    {   if (ch > = 'a'&&ch < = 'f')
            ch = ch - 32;
        if (ch > = '0' && ch < = '9')
            result = result * 16 + ch - '0';
        else
            if (ch > = 'A' && ch < = 'F')
                result = result * 16 + ch - 55;
            else
            {   printf("读入数据错误! \n");
                break;
            }
        ch = getchar();
    }
    printf("十进制数是 % d\n",result);
}
```

运行结果：

读入十六进制数(0000 -- ffff):f
十进制数是 15
读入字符(0000 -- ffff):ffff
十进制数是 65535

(4) 输出规则图形

输出多行规律变化图形，可以使用循环的嵌套。图形的输出每一行是不同的，是按规律变化的，要找出内循环的循环变量的初值或终值，与外循环的循环变量间的关系。

例6-20　输出5行，每行"*"逐渐加1。

```
#include <stdio.h>
int main()
{   int i,j;
    for (i=1;i<=5;i++)
    {   for(j=1;j<=i;j++)   putchar('*');
        putchar('\n');
    }
}
```

运行结果：

```
*
**
***
****
*****
```

将例6-20输出的图形右对齐输出。程序如下：

```
#include <stdio.h>
int main()
{   int i,j;
    for (i=1;i<=5;i++)
    {
        for(j=1;j<=5-i;j++)
            putchar(' ');
        for(j=1;j<=i;j++)
            putchar('*');
        putchar('\n');
    }
}
```

运行结果：

```
    *
   **
  ***
 ****
*****
```

例6-21 输出4行"*"，组成正三角形。

```
#include "stdio.h"
int main()
{   int i,j;
    for(i=1;i<=4;i++)
    {   for( j=1;j<=5-i;j++)
            printf(" ");
        for( j=1;j<=2*i-1;j++)
            printf("*");
        printf("\n");
    }
}
```

运行结果：
```
   *
  ***
 *****
*******
```

外循环控制输出行数，内循环控制每行输出的字符个数。当每一行输出字符数不相同时，内循环的循环控制变量的初值和终值，依赖于外循环的循环控制变量。

本单元小结

本单元主要介绍了几种常用的循环结构，while 和 do-while 语句通常用于循环次数未知的循环控制，while 语句先判断条件，再执行循环体，它的循环体可能一次也不被执行；而 do-while 语句先执行循环体然后再进行条件判断，它的循环体至少被执行一次。

for 语句通常用于能够确定循环次数的循环控制，能用 while 实现的循环都能用 for 语句实现。for 语句后面的括号一般有 3 个表达式，表达式 1 通常用来实现循环变量的初始化，表达式 2 用作循环控制的条件，表达式 3 是用来修改循环变量的。

如果一个循环语句的循环体中又出现了循环控制语句，形成循环嵌套。任何循环控制语句实现的循环都允许嵌套，但在循环嵌套时，要注意外循环和内循环在结构上不能出现交叉。

break 和 continue 语句是循环体中的控制语句。break 语句的作用是结束当前的循环；continue 语句的作用是使当前的一次循环不再执行其后的循环体语句，继续下一次循环。

习题与实训

一、习题

1. 下面关于 continue 和 break 语句的叙述中正确的是（   ）。
   A. continue 和 break 语句都可以出现在 switch 语句中
   B. continue 和 break 语句都可以出现在循环语句的循环体中

C. 在循环语句和 switch 语句之外允许出现 continue 和 break 语句

D. 执行循环语句中的 continue 和 break 语句都将立即终止循环

2. 下面关于循环语句 for、while、do-while 的叙述中正确的是（　　）。

  A. 3 种循环语句都可能出现无穷循环

  B. 3 种循环语句中都可以缺省循环终止条件表达式

  C. 3 种循环语句的循环体都至少被无条件地执行一次

  D. 3 种循环语句的循环体都必须放入一对花括号中

3. 若在一个 C 语言源程序中"exp1"和"exp3"是表达式，"s；"是语句，则下列选项中与语句"for（exp1；；exp3）s；"功能等同的是（　　）。

  A. exp1；while（1）s；exp3   B. exp1；while（1）{exp3；s；}

  C. exp1；while（1）{s；exp3；}   D. while（1）{exp1；s；exp3}

4. 关于循环语句，下面说法中正确的是（　　）。

  A. do-while 语句的循环体至少会被执行 1 次

  B. while 语句的循环体至少会被执行 1 次

  C. for 语句的循环体至少会被执行 1 次

  D. 在 C 语言中只能用 for、do 或 do-while 语句实现循环结构

5. 在 while（e）语句中的 e 与下面条件表达式等价的是（　　）。

  A. e==0   B. e=1   C. e！=1   D. e！=0

6. 要求通过 while 循环不断地将读入的字符输出，当读入字母 N 时结束循环。若变量已正确定义，下面正确的程序段是（　　）。

  A. while((ch=getchar())！='N') printf("%c",ch);

  B. while(ch=getchar()！='N') printf("%c",ch);

  C. while(ch=getchar()=='N') printf("%c",ch);

  D. while((ch=getchar())=='N') printf("%c",ch);

7. 程序段"int n=3; do {printf("%d", n--);} while (!n);"的执行结果是（　　）。

  A. 3 2 1   B. 2   C. 3   D. 死循环

8. 设有变量声明"char ch;"，执行"for（；(ch=getchar())！='\n'；) printf("%c",ch);"时，从键盘上输入"ABCDEFG↙"之后，输出的结果是（　　）。

  A. ABCDEFG   B. AABBCCDDEEFFGG

  C. 非字母数字字符   D. 语句不能执行

9. 已有定义"int i, a=1; unsigned j;"，则下列语句执行时会出现无限循环的语句是（　　）。

  A. for(j=15; j>0; j-=2) a++;   B. for(j=0; j<15; j+=2) a++;

  C. for(i=0; i<15; i+=2) a++;   D. for(i=15; i>0; i-=2) a++;

10. 设有程序段：

    int k=10;
    while(k=0) k=k-1;

    则下面描述中正确的是（　　）。

    A. while 循环体执行 10 次   B. 循环是无限循环

    C. 循环体语句一次也不执行   D. 循环体语句执行一次

二、实训

(一) 实训目的

1. 掌握 while、do-while、for 语句的语法规则、执行流程及 3 种循环语句的异同。
2. 掌握实现循环的条件的表示方法。
3. 了解和掌握循环结构的嵌套和转向语句的使用。
4. 能够编写循环结构的程序。

(二) 实训内容

1. 阅读程序,写出运行结果。

(1)
```c
#include <stdio.h>
int main()
{ int i;
  for(i=1;i<6;i++)
    {if(i%2)
      printf("*");
    else
      printf("#");
    }
  return 0;
}
```

(2)
```c
#include <stdio.h>
int main()
{ int f,f1,f2,i;
  f1=1;f2=1;
  printf("%2d%2d",f1,f2);
  for(i=3;i<=5;i++)
  { f=f1+f2;
    printf("%2d",f);
    f1=f2;f2=f;
  }
  return 0;
}
```

(3)
```c
#include <stdio.h>
int main()
{ int x=10;
  while(x--);
  printf("x=%d\n",x);
  return 0;
}
```

(4)
```
#include <stdio.h>
int main()
{ int i,j,n=0;
  for(i=0;i<2;i++)
  { n++;
    for(j=0;j<=3;j++)
    { if(j%2) continue;
         n++;}
    n++;
  }
  printf("n=%d\n",n);
  return 0;
}
```

2. 程序填空题。

(1) 将输入的正整数按倒序输出。

```
#include <stdio.h>
int main()
{ int n,s;
  printf("Enter a number: ");
  scanf("%d",&n);
  printf("Output: ");
  do
  { s=n%10;
    printf("%d",s);
     ①   ;
  }while( ②  );
  return 0;
}
```

(2) 用 [2, 10] 之间的所有正整数验证定理：对于任意一个正整数都可以找到至少一串连续奇数，它们的和等于该正整数的立方。例如，$3^3 = 27 = 7+9+11$，$4^3 = 64 = 1+3+5+7+9+11+13+15$。

```
#include <stdio.h>
int main()
{ long n, i, k, j, p, sum;
  for(n=2;n<=10;n++)
  {k=n*n*n;
    for(i=1;i<k/2;i+=2)
    { for(j=i, sum=0; ③ ;j+=2)
        sum+=j;
      if(sum==k)
      { printf("\n%ld*%ld*%ld=%ld=", n, n, n, sum);
        for(p=i;p< ④ ;p+=2) printf("%ld+", p);
```

```
                printf("%1d", p);
                break;
            }
        }
        if(i>=k/2) printf("\n error! ");
    }
    return 0;
}
```

(3) 查找满足下列条件的 m、n 的值。给定正整数 k, 0 < m ≤ k, 0 < n ≤ k, 求使 (n^2 − mn − m^2)^2 = 1 且使 n^2 + m^2 的值达到最大的 m、n 的值。

```
#include <stdio.h>
int main()
{   long m, n, k, s, flag=0;
    printf("input k:");
    scanf("%ld", &k);
    n=k;
    do
    {   m= ⑤ ;
        do
        {   s=n*(n-m) - m*m;
            if (s*s==1) ⑥ ;
            else m--;
        }while (m>0&&! flag);
        if(m==0) ⑦ ;
    }while(n>0&&! flag);
    printf("m=%ld, n=%ld", m, n);
    return 0;
}
```

(4) 本程序的功能是求 2 ~ 100 之间的守形数。所谓守形数是指该数的平方的低位数与该数相同。例如，25^2 = 625, 其低位数为 25, 25 是守形数。

```
#include <stdio.h>
int main()
{   int n,prod,t,dw,k;
    for(n=2;n<=100;n++)
        {   t=prod=n*n;
            k= ⑧ ;
            while(t!=0)
                { k*=10;
                  ⑨ ;}
            k/=10;
            dw=prod-prod/k*k;
            if( ⑩ 
                printf("%4d %8d\n",n,prod);
        }
    return 0;
}
```

3. 编写程序。

(1) 打印输出九九乘法表。

(2) 输出 1000 之内的全部"完数",要求每行输出 5 个,并统计完数的个数。所谓完数就是一个数恰好等于它的因子之和的数。

(3) 编写程序,判断由 1、2、3、4 四个数字能组成多少个互不相同且无重复数字的三位数,输出这些数。

(4) 输出菱形图形,由 7 行"＊"组成。

(5) 求 $sinx = x - x^3/3! + x^5/5! - x^7/7! + \cdots$ 的近似值,误差为 1×10^{-8}。

(6) 搬砖问题:36 块砖要求 36 人搬。其中每次男人搬 4 块、女人搬 3 块、两个小孩抬 1 块,要求一次全搬完,给出男人、女人、小孩各多少人的全部方案。

单元 7 数组

在前面各单元中，我们所使用的变量均是简单变量，处理的数据都是基本类型（整型、实型、字符型），因而也只能处理一些简单问题。但在实际生活中，存在很多复杂的、特殊的问题，例如，学生的学籍、档案、成绩管理，教职工的人事档案管理等。仅用基本的数据类型、简单变量来处理这些问题是非常麻烦的。除了基本类型的数据外，C 语言还提供了构造类型的数据，它们是数组类型、结构类型等。

数组是数目固定、类型相同的若干变量的有序集合。数组中的每一个数（变量）称为数组元素，数组中的所有元素都属于同一种数据类型。数组类型有两个特点：一是数组元素的个数必须是确定的，不允许为变量；二是数组元素的类型一致，在内存中占有连续的存储空间。数组类型在数据处理和数值计算中有十分重要的作用，许多算法不用数组这种数据结构就难以实施。例如，1000 个数的排序问题，用一维数组存放这 1000 个数，用冒泡法或选择法就能完成排序。数组与循环结合，使很多问题的算法可以简单地表述及高效地实现。

7.1 一维数组

在 C 语言中，数组属于构造数据类型。数组中的每一个元素都是按序排列的，排列的位置用下标来表示。带有一个下标的称为一维数组，带有两个下标的称为二维数组，带有多个下标的称为多维数组，常用的是一维数组和二维数组。

一维数组

一个数组可以分解为多个数组元素，这些数组元素可以是基本数据类型或是构造类型。因此按数组元素的类型不同，数组又可分为数值数组、字符数组、指针数组、结构数组等。

7.1.1 一维数组定义

一维数组通常是指由一个下标来确定数组元素的数组，一般格式为：

数据类型名 数组名[常量表达式]；

其中，数据类型名用于指明数组分量（又称数组元素）的数据类型。数组每一个分量的类型必须相同。基本类型均可作为数组分量的类型。其他类型也可作为数组分量的类型，以后一一讨论。

数组名是命名数组的标识符，其值是一个常量地址，即数组第一个分量的地址，称数组首地址。

常量表达式用于指明数组元素的个数,即数组长度。一般,常量表达式是一个整型常量表达式,只允许是常量,不允许变量出现。

例如,定义一个一维数组(见图7-1):

  int a[5];

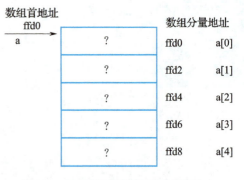

图7-1 一维数组的内存分配和地址

其中,a是数组名,有5个分量,每一个分量都是整型。编译时,要为变量分配内存,同样也要为数组分配内存。对于数组,要分配一片连续内存空间。因此,要为数组a分配5个int内存单元,大小为10字节,可用sizeof(a)测试。

数组类型说明应注意以下几点:

1) 数组的类型实际上是指数组元素的取值类型。对于同一个数组,其中所有元素的数据类型都是相同的。

2) 数组名的命名规则和变量名相同,遵循标识符命名规则。

3) 数组名不能与其他变量名相同,例如下面的说明方式是错误的:

```
int main()
{   int a;
    float a[10];
    …
}
```

4) 方括号中常量表达式表示数组元素的个数,例如,a[5]表示数组a有5个元素,但是下标从0开始计算,因此5个元素分别为a[0]、a[1]、a[2]、a[3]、a[4]。

5) 不能在方括号中用变量来表示元素的个数,但是可以是符号常数或常量表达式。

例如:

```
#define FD 5
int main()
{   int a[3+2],b[7+FD];
    …
}
```

是合法的。但是下述说明方式是错误的。

```
int main()
{   int n=5;
    int a[n];
    …
}
```

6) 允许在同一个类型说明中,说明多个数组和多个变量。

例如:

```
int a,b,c,d,k1[10],k2[20];
```

7.1.2 一维数组元素引用

数组必须先定义，然后使用。数组分量又称数组元素，表示格式如下：
　　数组名［下标］
下标可以是整型表达式或整型常量。它确定了数组元素的顺序，其值从 0～(N-1) (N为数组长度)。在下标表达式中允许变量出现。例如：

```
a[5]      /*表示引用数组a中第6个元素*/
a[i+j]    /*表示引用数组a中第i+j+1个元素*/
a[i++]    /*表示引用数组a中第i+1个元素*/
```

都是合法的数组元素。

C语言规定只能逐个引用数组元素而不能一次引用整个数组。例如，输出有10个元素的数组必须使用循环语句逐个输出各数组元素。

```
for(i=0;i<10;i++)    printf("%d",a[i]);
```

而不能用一个语句输出整个数组。下面的写法是错误的：

```
printf("%d",a);
```

例7-1　定义一个有10个元素的数组，为每个元素赋值并输出。

```
int main()
{   int i,a[10];
    for(i=0;i<=9;i++)   a[i]=i;
        for(i=9;i>=0;i--)   printf("%d",a[i]);
}
```

另一种写法为：

```
int main()
{   int i,a[10];
     for(i=0;i<10;)     a[i++]=i;
        for(i=9;i>=0;i--)    printf("%d",a[i]);
}
```

运行结果如下：

```
9 8 7 6 5 4 3 2 1 0
```

例7-1说明程序执行了两次循环，第一次循环为数组a的10个元素赋值；第二次循环从后往前依次输出各元素的值。

7.1.3 一维数组初始化

数组赋值的方法除了用赋值语句对数组元素逐个赋值外，还可采用初始化赋值和动态赋值的方法。一维数组初始化是将元素值表中的数据值按顺序一一初始化数组元素。

一维数组在定义时可初始化，其一般格式如下：

类型名　数组名［常量表达式］=｛元素值表｝；

例如：初始化全部元素 float x[5] = {1.0,2.0,3.0,4.0,5.0}; float x[ ] = {1.0,2.0,3.0,4.0,5.0};

C 语言对数组的初始化赋值有以下几点规定：

1）在定义数组时对数组元素赋予初值。

例如：int a[10] = {0,1,2,3,4,5,6,7,8,9}；

将数组元素值的初值一次放在一对花括号内。经过上面的定义和初始化之后。

a[0]=0,a[1]=1,a[2]=2,a[3]=3,a[4]=4,a[5]=5,a[6]=6,a[7]=7,a[8]=8,a[9]=9

2）可以只给部分元素赋初值。

当{}中值的个数少于元素个数时，只给前面部分元素赋值。

例如：int a[10] = {0,1,2,3,4}；

表示只给 a[0]~a[4]5 个元素赋值，而后面 5 个元素自动赋 0 值。

3）只能给元素逐个赋值，不能数组整体赋值。

例如：给 10 个元素全部赋 1 值，只能写为：

　　int a[10] = {1,1,1,1,1,1,1,1,1,1}

而不能写为：

　　int　a[10] =1；

4）如果给全部元素赋值，由于数据的个数已经确定，则在数组说明中，可以不给出数组元素的个数。

例如：int a[5] = {1,2,3,4,5}；

可写为：

　　int a[ ] ={1,2,3,4,5}

在第二种写法中，花括号有 5 个数，系统就会据此自动定义 a 数组的长度为 5。如果数组长度与提供初值的个数不相同，则数组长度不能省略。

5）静态存储的数组在定义时如果没有初始化，系统自动给所有的数组元素赋 0，例如：

　　static int a[6];

相当于：static int a[6] = {0,0,0,0,0}；

6）初值表中只能为常量，不能是变量，即使已赋值的变量也不行。例如下面是错误的：

```
int n =10, a[2] ={n};
```

例7-2 数组a[5]的初始化。

```
#include <stdio.h>
  int main()
  {    int a[5] ={0};
       printf("数组首地址:% x\n",a);
       printf("数组占用的内存空间:% d 字节\n",sizeof(a));
       printf("数组 a[5] 各元素的地址和值:\n");
       for (int i =0;i <5;i ++)
           printf("  a[% d]:% x(地址)    % d(值)\n",i,&a[i],a[i]);
  }
```

运行结果：

```
数组首地址:ffd0
数组占用的内存空间:10 字节
数组 a[5] 各元素的地址和值:
a[0]:ffd0(地址)    0(值)
a[1]:ffd2(地址)    0(值)
a[2]:ffd4(地址)    0(值)
a[3]:ffd6(地址)    0(值)
a[4]:ffd8(地址)    0(值)
```

不同的机器运行结果不完全相同，但都是以首地址开头的10个字节。

内存地址是内存单元的编号，从0开始编号。但实际输出内存地址时，是以十六进制显示的。

7.1.4　一维数组应用举例

例7-3 查找最大值。

```
#include <stdio.h>
#define N 10
int main()
{   int i,max,a[N];
    printf("input % d numbers:\n",N);
    for(i =0;i <N;i ++)
    scanf("% d",&a[i]);           /* 用户任意输入10 个数给数组 */
    for(i =1;max =a[0];i <10,i ++)   /* 先把数组中第一个数作为最大的数 */
       if(a[i] >max)              /* 再循环把数组中的数和max 比较,把大的数送入max 中 */
          max =a[i];
printf("maxnum =% d\n",max);
}
```

运行结果：

```
input 10 numbers:
12 15 64 30 35 67 18 88 5 34↙
max=88
```

本例程序中第一个 for 语句用于将 10 个数逐个输入数组 a 中。然后把 a [0] 送到 max 中。在第二个 for 语句中，从 a [1]~a [9] 逐个与 max 中的内容比较，若比 max 的值大，则把该数组元素送到 max 中，因此 max 总是在已比较过的数组元素中的最大者。比较结束，输出 max 的值。

例 7-4 从键盘上任意输入 n 个整数，要求按从小到大的顺序在屏幕上显示出来。

排序的方法有很多，本例采用冒泡法。冒泡法的基本思想：通过相邻两个数之间的比较和交换，使排序码（数值）较小的数逐渐从底部移向顶部，排序码较大的数逐渐从顶部移向底部。就像水底的气泡一样逐渐向上冒，故而得名。

由 a[n]~a[1] 组成的 n 个数据，进行冒泡排序的过程可以描述为：

1）首先将相邻的 a [n] 与 a [n-1] 进行比较，如果 a [n] 的值小于 a [n-1] 的值，则交换两者的位置，使较小的上浮，较大的下沉；接着比较 a [n-1] 与 a [n-2]，同样使小的上浮，大的下沉。依此类推，直到比较完 a [2] 和 a [1] 后，a [1] 为具有最小排序码（数值）的元素，称第一趟排序结束。

2）然后在 a [n]~a [2] 区间内，进行第二趟排序，使剩余元素中排序码最小的元素上浮到 a [2]；重复进行 n-1 趟后，整个排序过程结束。代码示例如下：

```c
#include "stdio.h"
#define N 6 /*定义符号常量(数据个数6)*/
 int main()
   { int a[N];/*定义1个一维整型数组a*/
     int i,j,temp;/*定义循环变量和临时变量*/
     printf("Please input 6 numbers:\n");
    for(i=0; i<N; i++)
       scanf("% d",&a[i]);
    for(i=0; i<N-1; i++)      /*外循环:控制比较趟数*/
       for(j=N-1; j>i; j--)    /*内循环:进行每趟比较*/
          if( a[j]<a[j-1])    /*如果a[j]大于a[j-1],交换两者的位置*/
             { temp=a[j];
               a[j]=a[j-1];
               a[j-1]=temp;
             };
    /*输出排序后的数据*/
    printf("\nthe result of sort:\n");
    for(i=0; i<N; i++)
      printf("% 3d ",a[i]);
    getchar();          /*等待键盘输入任一字符,目的使程序暂停*/
   }
```

运行结果：

```
Please input 6 numbers:
12 34 56 78 9 7
the result of sort:
7 9 12 34 56 78
```

7.2 二维数组

二维数组

前面介绍的数组只有一个下标，称为一维数组，其数组元素也称为单下标变量。在实际问题中，有很多变量是二维的或多维的，相应地 C 语言也允许构造二维数组或多维数组。多维数组元素有多个下标，以标识它在数组中的位置，本节只介绍二维数组，二维数组的数据结构是一个二维表，相当于数学中的一个矩阵。

7.2.1 二维数组的定义

二维数组的元素也称为双下标变量，二维数组定义的一般格式是：

类型说明符　数组名[常量表达式1][常量表达式2];

其中，常量表达式1表示第一维下标的长度，常量表达式2表示第二维下标的长度。

例如，定义一个二维数组：short int a [2][3] = {{1,2,3},{4,5,6}};

其中，a 是二维数组名，它是一个 2 行 3 列的二维数组，共有 6 个数组元素，每一个数组元素都是短整型。二维数组 a 要分配 6 个 short int 内存单元，其大小为 12 字节。

```
a[0][0]   a[0][1]   a[0][2]
a[1][0]   a[1][1]   a[1][2]
```

二维数组在概念上是二维的，其下标在两个方向上变化，元素在数组中的位置也处于一个平面之中，而不是像一维数组只是一个向量。但是，实际的硬件存储器却是连续编址的，也就是说存储器单元是按一维线性排列的。在一维存储器中存放二维数组，可有两种方式：一种是按行排列，即放完一行之后顺次放入第二行。另一种是按列排列，即放完一列之后再顺次放入第二列。

图 7-2 举例说明了二维数组的内存分配和地址。

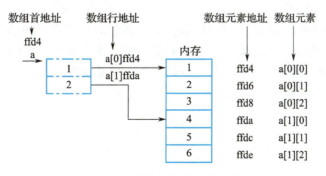

图 7-2　二维数组内存分配和地址

在 C 语言中，二维数组是按行排列的。即先存放 a[0]行，再存放 a[1]行。每行中的 3 个元素也是依次存放。由于数组 a 为 short int 类型，所以每个元素均占有两个字节。

例 7-5 通过按行顺序为一个 5×5 的二维数组 a 赋 1~25 的自然数，然后输出该数组的左下半角。

```
#include <stdio.h>
 int main()
{   int a[5][5],i,j,n=1;
    for(i=0;i<5;i++)       /*外循环:控制二维数组的行*/
      for(j=0;j<5;j++)     /*内循环:控制二维数组的列*/
       a[i][j]=n++;
    printf("The result is:\n");
       /*输出二维数组的左下半角*/
      for(i=0;i<5;i++)/*外循环:控制二维数组的行*/
      {  for(j=0;j<=i;j++)    /*内循环:控制二维数组的列*/
           printf("%4d",a[i][j]);
         printf("\n");
      }
}
```

运行结果：

```
The result is:
   1
   6   7
  11  12  13
  16  17  18  19
  21  22  23  24  25
```

7.2.2 二维数组引用

二维数组的一般引用格式为：

数组名［行下标表达式］［列下标表达式］；

其中，行下标表达式和列下标表达式都应是整型表达式或符号常量，且行下标表达式和列下标表达式的值都应在已定义数组大小的范围内。假设有数组 a[3][3]，则可用的行下标范围为 0~2，列下标范围为 0~2。对基本数据类型的变量所能进行的操作，也都适合于相同数据类型的二维数组元素。

下标变量和数组说明在形式中有些相似，但这两者具有完全不同的含义。数组说明的方括号中给出的是某一维的长度，即可取下标的最大值；而数组元素中的下标是该元素在数组中的位置标识。前者只能是常量，后者可以是常量、变量或表达式。

例 7-6 二维数组的输入和输出。

```
#include <stdio.h>
 int main()
{   int i,j,a[3][3];
    for(i=0;i<3;i++)
```

```
        for(j=0;j<3;j++)
            scanf("% d",&a[i][j]);
        for(i=0;i<3;i++)
            {  for(j=0;j<3;j++)
                printf("% d",a[i][j]);
                printf("\n");          }
    }
```

运行结果：

```
1 2 3 4 5 6 7 8 9↙
1 2 3
4 5 6
7 8 9
```

7.2.3 二维数组初始化

二维数组初始化也就是在类型说明时给各数组元素赋以初值。二维数组可按行分段赋值，也可按行连续赋值。二维数组按行赋初值的一般格式如下：

数据类型 数组名［行常量表达式］［列常量表达式］=｛｛第 0 行初值表｝，
｛第 1 行初值表｝，…，｛最后 1 行初值表｝｝；

赋值规则：将"第 0 行初值表"中的数据，依次赋给第 0 行中各元素；将"第 1 行初值表"中的数据，依次赋给第 1 行各元素；以此类推。如果对全部元素都赋初值，则"行数"可以省略。

例如，对数组 a［5］［3］来说：

1）按行分段赋值，可写为：

   int a[5][3]={{3,78,76},{7,87,43},{12,32,43},{45,64,24},{87,54,6}};

2）按数组元素排列的顺序赋值，可写为：

   int a[5][3]={3,78,76,7,87,43,12,32,43,45,64,24,87,54,6};

这两种赋初值的结果是完全相同的。

对于二维数组初始化赋值，还有以下几点说明：

1）可以只对部分元素赋初值，未赋初值的元素自动取 0 值。

例如：int a[3][3]={{1},{2},{3}};

是对每一行的第一列元素赋值，未赋值的元素取 0 值。赋值后各元素的值为：

```
1 0 0
2 0 0
3 0 0
```

2）在定义数组时，如对全部元素赋初值，第一维的长度即行数可以省略，但列数不能省略。

例如：int a[3][3] = {1,2,3,4,5,6,7,8,9};
可以写为

int a[ ][3] = {1,2,3,4,5,6,7,8,9};

数组是一种构造类型的数据。二维数组可以看作是由一维数组的嵌套而构成的。设一维数组的每个元素又都是一个数组，就组成了二维数组。当然，前提是各元素类型必须相同。根据这样的分析，一个二维数组也可以分解为多个一维数组。

例如二维数组a[3][4]，可分解为3个一维数组，其数组名分别为：a[0]、a[1]、a[2]。这3个一维数组都有4个元素，例如：一维数组a[0] 的元素为a[0][0]、a[0][1]、a[0][2]、a[0][3]。必须强调的是，a[0]、a[1]、a[2] 不能当作数组元素使用，它们是数组名，不是一个单纯的数组元素。

例7-7 初始化二维数组，然后输出该数组。

```c
#include <stdio.h>
int main()
{ int i,j,a[3][3]={{1,2,3},{4,5,6},{7,8,9}};
    for(i=0;i<=2;i++)
    {   for(j=0;j<=2;j++)
        printf("%3d",a[i][j]);
        printf("\n");}
    return 0;
}
```

运行结果：

1 2 3
4 5 6
7 8 9

7.2.4 二维数组应用举例

例7-8 求一个3×3矩阵左对角线元素之和。

```c
#include <stdio.h>
int main()
{   float a[3][3],sum=0; int i,j;
    printf("please input nine element:\n");
    for(i=0;i<3;i++)
        for(j=0;j<3;j++)
        {   scanf("%f",&a[i][j]);
            printf("%5.0f",sum);  }
    printf("\n");
    for(i=0;i<3;i++)  sum=sum+a[i][i];
    printf("%8.3f",sum);
}
```

运行结果:

```
please input nine element:
12  16  14  32  36  34  52  56  54↙
12  16  14
32  36  34
52  56  54
  102.000
```

例 7-9 已知二维数组 a[2][3]={{1,2,3},{4,5,6}},现要将 a 的行和列的元素值互换后存到另一个二维数组 b 中。

```
#include <stdio.h>
int main()
    { int a[2][3]={{1,2,3},{4,5,6}},b[3][2];
      int i,j;
      for(i=0;i<2;i++)/*外循环:控制二维数组的行*/
      for(j=0;j<3;j++)/*内循环:控制二维数组的列*/
        { b[j][i]=a[i][j];}
    printf("\n");
        /*输出二维数组 b*/
        for(i=0;i<3;i++)
          { for(j=0;j<2;j++)
              printf("%d\t",b[i][j]);
            printf("\n");      }
    }
```

运行结果:

```
1    4
2    5
3    6
```

例 7-10 应用数组构造 n 为 6 的杨辉三角形并输出,杨辉三角形如图 7-3 所示。从图 7-3 杨辉三角形可以找到其值的规律:

1) 即每一行的第一个和最后一个值都是 1;
2) 其余的元素是上一行当前列的元素和上一行前一列的元素之和。

如果用数组 y 来存储杨辉三角形,即:

```
1
1  1
1  2  1
1  3  3  1
1  4  6  4  1
1  5  10  10  5
```

图 7-3 杨辉三角形

y[i][j]=y[i-1][j]+y[i-1][j-1](当 1≤j≤i-1 时)。

程序如下:

```
#include <stdio.h>
int main()
{    int a[6][6]={1},i,j,k=1;
    for(i=0;i<6;i++)
    { for(j=0;j<=i;j++)
        { if(j==0)  a[i][j]=1;
          if(j>0&&j<i)  a[i][j]=a[i-1][j]+a[i-1][j-1];
          if(j==i)    a[i][j]=1;
```

```
          }
      }
      for(i = 0;i < 6;i ++)
        {   for(j = 0;j < = i;j ++)    printf("% 5d",a[i][j]);
          printf("\n");
        }
}
```

运行结果：

```
1
1    1
1    2    1
1    3    3    1
1    4    6    4    1
1    5    10   10   5    1
```

7.3 字符数组和字符串

字符串在 C 语言中没有专门的字符串变量，通常用一个字符数组来存放一个字符串。在数据类型中介绍字符串常量时，已说明字符串总是以 '\0' 作为串的结束符。因此当把一个字符串存入一个数组时，也把结束符 '\0' 存入数组，并以此作为该字符串结束的标志。

7.3.1 字符数组定义和引用

在字符数组中，每个元素为一个字符。例如，用一个一维的字符数组来存放字符串"I am a student"，字符串中的字符是逐个存放到数组元素中的。由于字符是以 ASCII 码的形式存储，因此理解了数值数组后，字符数组也就很容易理解。但是，处理字符串时，也有一些特殊的技巧。

1. 字符数组的定义

一维字符数组的定义格式如下：

char 数组名 [常量表达式]；

例如：char c[7]；

含义：定义一个名为 c 的长度为 7 的一维字符数组，c 的每个元素可存储一个字符，整个字符数组可存储一个字符个数小于 7 的字符串。

二维字符数组的定义格式如下：

char 数组名 [常量表达式][常量表达式]；

例如：char str[4][9]；

含义：定义一个名为 str 的 4 行 9 列的二维字符数组，每行可存储一个字符个数小于 9 的字符串，共可存储 4 个字符串。

二维字符数组元素存储的顺序与二维数值数组完全相同，在此不再赘述。

此外，也可用整型数组存储字符串，但会有一半的存储空间浪费掉。

2. 字符数组元素的引用

字符数组可以与数值型数组一样，按元素引用和赋值，此时的下标形式、取值范围也与数值数组相同。例如：char c[7]，str[4][9];

```
c[0]='B';        /*赋一个字符常量*/
c[1]=c[0]+32;    /* 一个元素经运算后将结果赋给另一个元素  */
if(c[i]=='*')    printf("% c",c[i]);   /*用在比较表达式和输出函数中*/
int i,j;
i=3,j=1;
str[i][j]=65;    /*给二维字符数组元素赋以整型常量*/
c[5]=str[i][j]+32;   /*二维字符数组元素参与运算后将结果赋给一维字符数组元素*/
```

字符数组与数值数组不同的是可以用数组名进行输入或输出，即对字符数组进行整体引用。
例如：char c[7];

```
scanf("% s",c);  /*输入字符串到字符数组 c */
printf("% s",c); /*输出字符数组 c */
```

注意：对字符数组进行整体输入或输出时，格式符为"% s"，而且输入项不加 &，这是因为数组名本身就代表该数组存放的起始地址。

7.3.2　字符数组初始化

为字符数组元素指定初值，称为字符数组的初始化。C 语言允许用字符串的方式对数组作初始化赋值。

例如：char c[7]=('H','e','l','l','o','!','\0');
c 的存储方式见表 7-1。

表 7-1　c 的存储方式

地　址	FFF0	FFF1	FFF2	FFF3	FFF4	FFF5	FFF6
元素名称	c[0]	c[1]	c[2]	c[3]	c[4]	c[5]	c[6]
存储内容	H	e	l	l	o	!	\0

又如：char ch [3][9] = {" hebei"," liaoning"," shandong"};
ch 的存储方式见表 7-2。

表 7-2　ch 的存储方式

地　址	FFF0	FFF1	FFF2	FFF3	FFF4	FFF5	FFF6	FFF7	FFF8
ch[0]	h	e	b	e	i	\0	\0	\0	\0
ch[1]	l	i	a	o	n	i	n	g	\0
ch[2]	s	h	a	n	d	o	n	g	\0
ch[][]	ch[][0]	ch[][1]	ch[][2]	ch[][3]	ch[][4]	ch[][5]	ch[][6]	ch[][7]	ch[][8]

说明：

1）初值可以是字符常量、0~255 之间的常整数或字符串。例如：

  char s[7]={"Hello!"};

  或

  char s[7]="Hello!";

所赋的初值为字符串时，系统会自动地在空余的单元内赋\0，即 ASCII 码为 0 字符，作为字符串的结束标志。注意，这是一个不可显示的字符，是与空格' '不同的字符，空格' '的 ASCII 码为 32，而且输出效果可见。

2）若初值个数大于数组长度，则编译时会出错。如：

  char s[4]="Hello!";

3）若初值的个数小于字符数组的长度，多余元素的初值为 "\0"。如：

  char s[10]="Hello!";

4）系统自动将静态存储类别的数组中各元素赋初值 "\0"。如：

  static char c[5]; /* 各元素自动地赋为\0 */

5）若初值表中初值的个数等于字符数组的长度，可以在定义时省略数组的长度，系统自动取初值个数为长度。如：

  char c[ ] = "How do you do.";

字符串的有效长度为 14，c 数组长度自动取值为 15，末尾一个单元为'\0'。'\0'是由 C 编译系统自动加上的，由于采用了'\0'的标志，所以在用字符串赋初值时，一般无须指定字符数组的长度，而由系统自行处理。

6）允许用字符串常量对字符数组进行初始化。

如下面的初始化语句是等价的：

  char str[5]={'C','h','i','n','a'};
  char str[ ]={'C','h','i','n','a'};
  char str[ ]={"China"};
  char str[ ] = "China";

但下面的用法都是错误的：

  char str[5]; str = "China";

或者：

  char str[5]; str[5] = "China";

不能在定义字符数组以后，对数组名赋值。

7.3.3 字符数组输入/输出

字符数组的输入/输出可以用%c和%s两种格式。

1）用%c格式输入/输出。

例7-11 用键盘输入一个学生姓名的全拼字母，并输出。

```c
int main()
{   char c[18];   /*这是个字符数组,不是字符串,不会自动生成结束符*/
    int i = 0;
    do
        {   scanf("%c",&c[i]);
            i++;
        } while(i<17&&c[i-1]! ='\n');
    c[i]='\0'   /*添加字符串结束符*/
    i = 0;   /*变量重新从0开始*/
    do
        {   printf("%c",c[i]);
            i++;
        } while(c[i-1]! ='\0');
}
```

运行结果1：

Wang↙
Wang

运行结果2：

Wang three↙
Wang three

2）用%s格式输入/输出。

字符数组的输入输出也可以用%s格式整体输入输出，在采用字符串方式后，字符数组的输入输出将变得简单方便。

例7-12 用%s格式改写例7-11的程序。

```c
int main()
{   char c[18];
    int i = 0;
    scanf("%s",c);
    printf("\n%s",c);   }
```

运行结果：

Wang three↙
Wang

当输入的字符串不含有空格时，例7-11和例7-12程序的功能才完全相同。当输入的字符串含有空格时，两段程序的功能有很大的区别：例 7-11 程序在允许的字符个数范围内，只要不回车，即使空格也可以接受，例如输入字符串 "wang three"，程序可以输出 "wang three"；用函数 scanf( ) 输入字符串时，字符串中不能含有空格，否则将以空格作为串的结束符，系统会自动将空格转换为一个 \ 0，例如输入字符串 "wang three"，系统只能接收到 "wang"，后面的字符都是无效的。从输出结果可以看出空格以后的字符都未能输出。为了避免这种情况，可多设几个字符数组分段存放含空格的串。例 7-12 的程序可改写如下：

```
#include <stdio.h>
int main()
{   char st1[8],st2[8];
    printf("input string:\n");
    scanf("%s%s",st1,st2);
    printf("%s  %s\n",st1,st2);
}
```

运行结果：

```
input string:
Wang three↙
Wang  three
```

上述程序中分别设了两个数组，输入的一行字符以空格分段分别装入两个数组。然后分别输出这两个数组中的字符串。

在前面介绍过 scanf 的各输入项必须以地址方式出现，例如 &a、&b 等。也可以数组名方式出现，这是由于在 C 语言中规定，数组名就代表了该数组的首地址。整个数组是以首地址开头的一块连续的内存单元，例如有字符数组 char c [10]，设数组 c 的首地址为 2000，也就是说 c [0] 单元地址为 2000。则数组名 c 就代表这个首地址，因此在 c 前面不能再加地址运算符 &，如 scanf ("%s"，&c)；是错误的。在执行函数 printf ("%s"，c) 时，按数组名 c 找到首地址，然后逐个输出数组中各个字符直到遇到字符串终止标志'\ 0 '为止。

例 7-13 输入一个小写的英文单词，转换为大写字母并输出。

```
#include "stdio.h"
int main()
{   int i;
    char w[20];
    scanf("%s",w);
    for(i=0;w[i]!='\0';i++)
        w[i]=(w[i]>='a'&&w[i]<='z')? w[i]:w[i]-32;
    printf("%s\n",w);
}
```

运行结果：

```
computer↙
COMPUTER
```

在执行函数 printf（"％s"，w）时，按数组名 w 找到首地址，然后逐个输出数组中各个字符直到遇到字符串终止标志 '\0' 为止。一个函数 printf() 可以输出多个字符串，输出后不会自动换行。

7.3.4 字符串处理函数

C 语言提供了丰富的字符串处理函数，大致可分为字符串的输入、输出、合并、修改、比较、转换、复制、搜索等几类。使用这些函数可减轻编程的负担。用于标准输入输出的字符串函数，在使用前应包含头文件 "stdio.h"；使用其他字符串操作函数则应包含头文件 "string.h"。下面介绍几个常用的字符串函数。

1. 字符串的输入输出函数

1）字符串输出函数 puts()。

函数 puts() 的功能是把字符数组中的字符串输出到显示器。

其调用格式为：

puts（s）；

其中，s 为字符串变量（字符串数组名或字符串指针）。puts 函数只能输出字符串，不能输出数值或进行格式变换，但可以将字符串直接写入函数 puts() 中。

例如：puts（"Hello, CodeBlocks"）；

例 7-14 用函数 puts() 输出字符串。

```
#include"stdio.h"
 int main()
{ static char c[]="BOY\ngril";
    puts(c);
}
```

运行结果：

```
BOY
gril
```

从程序中可以看出函数 puts() 中可以使用转义字符，转义字符 \n 使运行结果成为两行。一个函数 puts() 只能输出一个字符串，输出后会自动换行，其作用与 printf（"％s\n"，c）相同。

2）字符串输入函数 gets()。

函数 gets() 的功能是从标准输入设备（键盘）输入一个字符串。函数得到一个函数值，即该字符数组的首地址。

其调用格式为：

gets（s）；

其中，s 为字符串变量（字符串数组名或字符串指针）。从键盘读取字符串直到回车结束，但回车符不属于这个字符串。

gets(s) 与 scanf("％s"，&s) 相似，但不完全相同。使用 scanf("％s"，&s) 输入字符

串时存在一个问题,就是如果输入了空格会认为输入字符串结束,空格后的字符将作为下一个输入项处理,但 gets(s)将接收输入的整个字符串直到回车为止。

例 7-15 用函数 gets( )输入字符串。

```
#include "stdio.h"
 int main()
{ char st[15];
  printf("input string:\n");
  gets(st);
  puts(st);
}
```

运行结果:

```
input string:
HELLO Li↙
HELLO Li
```

可以看出当输入的字符串中含有空格时,输出仍为全部字符串。函数 gets( )只能输入一个字符串,遇回车符结束输入,且自动将回车符'\n'转换为'\0'。说明函数 gets( )并不以空格作为字符串输入结束的标志,而以回车作为输入结束。

2. 字符串连接函数 strcat( )

格式:strcat(字符数组名 1,字符数组名 2);

功能:把字符数组 2 中的字符串连接到字符数组 1 中字符串的后面,并删去字符串 1 后的串标志'\0'。本函数返回值是字符数组 1 的首地址。

例 7-16 字符串连接函数。

```
  #include "stdio.h"
 #include "string.h"
 int main()
{   static char st1[30] = "My name is ";
    int st2[10];
    printf("input your name:\n");
    gets(st2);
    strcat(st1,st2);
    puts(st1);
}
```

运行结果:

```
input your name:
Yu bo↙
My name is Yu bo
```

本程序把初始化赋值的字符数组与动态赋值的字符串连接起来。要注意的是,字符数组 st1 应定义足够的长度,才能装入全部被连接的字符串。

3. 字符串复制函数 strcpy( )

格式：strcpy（字符数组名1，字符数组名2）；

功能：把字符数组2中的字符串复制到字符数组1中。串结束标志'\0'也一同复制。字符数组2，也可以是一个字符串常量。这时相当于把一个字符串赋予一个字符数组。

例7-17 字符串复制函数。

```
#include "string.h"
 int main()
{   static char st1[15],st2[]="Cloud Computing";
    strcpy(st1,st2);
    puts(st1);printf("\n");
}
```

运行结果：

```
Cloud Computing
```

本函数要求字符数组1应有足够的长度，否则不能全部装入所复制的字符串。

4. 字符串比较函数 strcmp( )

格式：strcmp（字符数组名1，字符数组名2）；

功能：按照ASCII码顺序比较两个数组中的字符串，并由函数返回值返回比较结果。

字符串1 = 字符串2，返回值 = 0；
字符串1 > 字符串2，返回值 > 0；
字符串1 < 字符串2，返回值 < 0。

本函数也可用于比较两个字符串常量，或比较数组和字符串常量。

例7-18 字符串比较函数。

```
#include "string.h"
 int main()
{ int k;
    static char st1[15],st2[]="Cloud Computing";
    printf("input a string:\n");
    gets(st1);
    k=strcmp(st1,st2);
    if(k==0) printf("st1=st2\n");
    if(k>0) printf("st1>st2\n");
    if(k<0) printf("st1<st2\n");
}
```

运行结果：

```
input a string:
Date✓
st1>st2
input a string:
Bate✓
st1<st2
```

本程序中把输入的字符串和数组 st2 中的串比较，比较结果返回到 k 中，根据 k 值再输出结果提示串。当输入为 Date 时，由 ASCII 码可知"Date"大于"Cloud Computing"，故 k > 0，输出结果"st1 > st2"。

5. 测字符串长度函数 strlen( )

格式：strlen（字符数组名）；

功能：测字符串的实际长度（不含字符串结束标志'\0'），并作为函数返回值。

例 7-19　测字符串长度函数。

```
#include "string.h"
 int main()
{ int k;
   static char st[] = "C language";
   k = strlen(st);
   printf("The lenth of the string is % d\n",k);
}
```

运行结果：

```
The lenth of the string is 10
```

7.4　数组应用举例

例 7-20　从键盘输入若干整数（整数个数应少于 50），其值在 0~4 的范围内，用 -1 作为输入结束的标志。统计每个整数的个数。

```
#include <string.h>
#include <stdio.h>
#define M 50
 int main()
{  int a[M],c[5],i,n = 0,x;
   printf("Input 0 ~4 end -1\n");
   scanf("% d",&x);
   while(x! = -1)
   { if(x > = 0&&x < = 4)
       {  a[n] = x;  n ++;  }
     scanf("% d",&x);
   }
   for(i = 0;i < 5;i ++)    c[i] = 0;
   for(i = 0;i < n;i ++)    c[a[i]] ++;
   printf("The result is:\n");
   for(i = 0;i < = 4;i ++)
       printf("% d: % d\n",i,c[i]);
   printf("\n");
}
```

运行结果：

```
Input 0 ~4 end -1
3 4 2 1 0 2 4 4 1 1 1 0 -1↙
The result is:
0:2
1:4
2:2
3:1
4:3
```

例7-21 一个学习小组有5个人，每个人有3门课的考试成绩。求全组分科的平均成绩和各科总平均成绩。

课程	Math	C	English
张	79	75	92
王	62	65	78
李	64	63	75
赵	80	87	90
周	70	75	85

分析：可设一个二维数组a[5][3]存放5个人3门课的成绩。再设一个一维数组v[3]存放所求得各分科平均成绩，设变量l为全组各科总平均成绩。编程如下：

```c
#include <stdio.h>
int main()
{ int i,j,s=0,l,v[3],a[5][3];
    printf("input score\n");
    for(i=0;i<3;i++)
       { for(j=0;j<5;j++)
          { scanf("% d",&a[j][i]);
            printf("% d ",a[j][i]);
            s=s+a[j][i]; }
         v[i]=s/5;
         s=0;
         printf("\n");   }
    l=(v[0]+v[1]+v[2])/3;
    printf("Math:% d\nC language:% d\nEnglish:% d\n",v[0],v[1],v[2]);
    printf("total:% d\n",l);
}
```

运行结果：

```
input score
  79  75  92  62  65  78  64  63  75  80  87  90  70  75  85↙
  79  62  64  80  70
  75  65  63  87  75
  92  78  75  90  85
Math:71
C language:73
English:84
total:76
```

程序中首先用了一个双重循环。在内循环中依次读入某一门课程的各个学生的成绩，并把这些成绩累加起来，退出内循环后再把该累加成绩除以 5 送入 v[i] 之中，这就是该门课程的平均成绩。外循环共循环 3 次，分别求出 3 门课各自的平均成绩并存放在数组 v 之中。退出外循环之后，把 v[0]、v[1]、v[2] 相加除以 3 即得到各科总平均成绩。最后按题意输出各个成绩。

例 7-22　在二维数组 a 中选出各行最大的元素组成一个一维数组 b。

编程思路：在数组 a 的每一行中寻找最大的元素，找到之后把该值赋予数组 b 相应的元素即可。

```c
#include "stdio.h"
int main()
{   static int a[][4]={3,16,87,65,4,32,11,108,10,25,12,27};
    int b[3],i,j,k;
    for(i=0;i<=2;i++)
        { k=a[i][0];
          for(j=1;j<=3;j++)
              if(a[i][j]>k) k=a[i][j];
          b[i]=k;
        }
    printf("array a:\n");
    for(i=0;i<=2;i++)
        { for(j=0;j<=3;j++)
              printf("%5d",a[i][j]);
          printf("\n");
        }
    printf("array b:\n");
    for(i=0;i<=2;i++)  printf("%5d",b[i]);
    printf("\n");
}
```

运行结果：

```
array  a:
 3   16   87   65
 4   32   11  108
10   25   12   27
array  b:
87  108   27
```

程序中第一个 for 语句中又嵌套了一个 for 语句组成了双重循环。外循环控制逐行处理，并把每行的第 0 列元素赋予 k。进入内循环后，把 k 与后面各列元素比较，并把比 k 大者赋予 k。内循环结束时 k 即为该行最大的元素，然后把 k 值赋予 b[i]。等外循环全部完成时，数组 b 中已装入了 a 各行中的最大值。后面的两个 for 语句分别输出数组 a 和数组 b。

例 7-23　输入五个国家的名称，按字母顺序排列输出。

编程思路：五个国家名应由一个二维字符数组来处理。然而 C 语言规定可以把一个二维数组当成多个一维数组处理。因此本题又可以按五个一维数组处理，而每一个一维数组就是一个国家名字符串。用字符串比较函数比较各个一维数组的大小，并排序，输出结果即可。

```
#include"stdio.h"
#include"string.h"
 int main()
{    char st[20],cs[5][20];  int i,j,p;
     printf("input country's name:\n");
     for(i=0;i<5;i++)  gets(cs[i]);
     printf("\n");
     for(i=0;i<5;i++)
     { p=i;strcpy(st,cs[i]);
         for(j=i+1;j<5;j++)
             if(strcmp(cs[j],st)<0) {  p=j;  strcpy(st,cs[j]); }
         if(p!=i)
             { strcpy(st,cs[i]);
                 strcpy(cs[i],cs[p]);
                 strcpy(cs[p],st);
             }
             puts(cs[i]);
     }
     printf("\n");
}
```

运行结果：

```
Input   country's  name:
China↙
Japan↙
America↙
India↙
England↙
America
China
England
India
Japan
```

程序的第一个 for 语句中，用函数 gets() 输入五个国家名字符串。上面说过 C 语言允许把一个二维数组按多个一维数组处理，本程序说明 cs[5][20] 为二维字符数组，可分为五个一维数组 cs[0]、cs[1]、cs[2]、cs[3]、cs[4]。因此在函数 gets() 中使用 cs[i] 是合法的。在第二个 for 语句中又嵌套了一个 for 语句组成双重循环。这个双重循环完成按字母顺序排序的工作。在外层循环中把字符数组 cs[i] 中的国名字符串复制到数组 st 中，并把下标 i 赋予 p。进入内层循环后，把 st 与 cs[i] 以后的各字符串作比较，若有比 st 小者则把该字符串复制到 st 中，并把其下标赋予 p。内循环完成后如 p 不等于 i 说明有比 cs[i] 更小的字符串出现，因此交换 cs[i] 和 st 的内容。至此已确定了数组 cs 的第 i 号元素的排序值。然后输出该字符串。在外循环全部完成之后即完成全部排序和输出。

本单元小结

数组是构造类型中最简单的一种。它是一组相同类型的数据的集合，特点是利用下标来区分同一类型的不同数据。所有数组元素按顺序存放在一段连续的内存单元中。数组元素可以是整型、实型、字符型，也可以是后面将要学习的结构类型、指针类型等。由于数组具有在内存中紧密且有序排列的特性，可以通过改变数组下标的方法来依次引用数组中的每一个元素，因此在解决实际问题时常常采用数组这种数据结构。

根据下标个数，数组可分为一维数组和多维数组。最常用的是一维数组和二维数组。二维数组可以看成是特殊的一维数组。定义数组时，数组的长度必须是整型常量或常量表达式。数组初始化时，初值个数不得多于数组元素的个数；引用时，数组的下标从 0 开始，数组的最大下标值为数组长度减 1，注意不能越界。字符数组一般用于处理字符串常量，C 的库函数提供了专门处理字符串的函数。

习题与实训

一、习题

1. 已有定义 "int a[ ] = {5,4,3,2,1},i =4;"，下列对 a 数组元素的引用中错误的是（　　）。
   A. a[--i]　　　　B. a[a[0]]　　　　C. a[2*2]　　　　D. a[a[i]]
2. 下面数组声明语句中正确的是（　　）。
   A. int n, a[n];　　　　　　　　　　B. int a[ ];
   C. int a[2][3] = {{2},{1},{3}};　　D. int a[ ][3] = {{2},{1},{3}};
3. 已有定义语句 "int a[10], b[3][3];"，则以下对数组元素赋值操作中不会出现越界访问的是（　　）。
   A. a[-1] =0　　　B. a[10] =0　　　C. b[3][0] =0　　　D. b[0][3] =0
4. 以下叙述正确的是（　　）。
   A. 数组名的规定与变量名不相同
   B. 数组名后面的常量表达式用一对小括号括起来
   C. 数组下标的数据类型为整型常量或整型表达式
   D. 在 C 语言中，一个数组的数组元素的下标从 1 开始
5. 已有定义 "int a[2][3]"，下面选项中（　　）正确地引用了数组 a 中的基本元素。
   A. a[1>2][!1]　　　B. a[2][0]　　　C. a[1]　　　D. a
6. 已有定义 "int a[3][4] = {0};"，则下面正确的叙述是（　　）。
   A. 只有元素 a[0][0] 可得到初值
   B. 此说明语句不正确

C. 数组 a 中各元素都可得到初值，但其值不一定为 0

D. 数组 a 中每个元素均可得到初值 0

7. 已有定义 "int a[3][2] = {1,2,3,4,5,6};"，数组元素（　　）的值为 6。

　　A. a[3][2]　　　　B. a[2][1]　　　　C. a[1][2]　　　　D. a[2][3]

8. 下面对字符数组不正确的初始化方式是（　　）。

　　A. char ch[ ] = "string";　　　　　B. char ch[7] = {'s','t','r','i','n','g'};

　　C. char ch[10]; ch = "string";　　D. char ch[7] = {'s','t','r','i','n','g','\0'};

9. 已有定义 "int a[5] = {1,3,5};"，则 a[3] 的值为（　　）。

　　A. 5　　　　　　B. 0　　　　　　C. 不确定　　　　D. 初始化格式有错误

10. 已有定义 "char ch1[10] = {0}, ch2[10] = "books";"，则能将字符串 "books" 赋给数组 ch1 保存的表达式是（　　）。

　　A. ch1 = "books";　　　　　　　B. strcpy(ch2, ch1);

　　C. ch1 = ch2;　　　　　　　　　D. strcat(ch1, ch2);

11. C 语言中，数组元素的下标下限为_____。

12. 数组在内存中占一片_____的存储区，由_____代表它的首地址。

13. 若二维数组 a 有 n 列，则在存储该数组时，a[i][j] 之前有_____个数组元素。

14. 已有定义 "char ch[10] = "adjust";"，执行 "puts(ch+2);" 后的输出结果是_____。

15. 已有定义 "int a[ ][4] = {1,2,3,4,5,6,7,8,9};"，则数组 a 第一维的大小是_____。

16. 执行程序段 "char ch[ ] = "Hello!"; int num; num = sizeof(ch);" 后，num 的值是_____。

17. 程序中已有定义 "int n; char ch[50] = "123456";"，执行语句 "strcpy(ch+4, "123456"); n = strlen(ch);" 后，变量 n 的值是_____。

二、实训

（一）实训目的

1. 掌握一维、二维数组的基本概念和初始化等基本操作。
2. 掌握一维、二维数组应用。
3. 掌握与数组有关的算法。
4. 掌握字符数组的基本概念、字符数组和字符串的关系，会用字符串初始化字符数组。
5. 了解常用字符串处理函数的使用方法。

（二）实训内容

1. 合并两个已经按照升序排列的一维数组，合并后的数组仍升序排列。例如合并前数组 a[10] = {1,3,5,7,9}，b[5] = {2,4,8,16,32}，合并后 a[10] = {1,2,3,4,5,7,8,9,16,32}。

2. 以每行 4 个输出 100~400 之间的所有回文数。所谓回文数是指其各位数字左右对称的整数。例如 121、313 都是回文数。

3. n 个人围坐成一圈，从编号为 1 的人开始报数，凡报到数 3 的人出列，输出依次出列人的编号。

4. 将 a 数组中不超过 4 位的正整数逐个做加密处理，并将加密后的正整数保存到 b 数组中。加密方法如下：1）将正整数的每一位用该位数字加该位数字的序号值替换。若结果大于 9，则用该数除以 10 的余数替换。2）交换最高位和最低位。

5. 设计一个程序统计某个班全体学生 3 门课的考试成绩。要求能输入学生人数，并按编号从小到大的顺序依次输入学生的成绩，再统计出每门课程的全班总分、平均分及每个考生所有考试的总分和平均分。

6. 输出二维数组的鞍点，鞍点的元素值在该行上最大，在该列上最小，若没有鞍点则输出"No"。

7. 对 a 数组 a[0]~a[n-1] 中存储的 n 个整数从小到大排序。排序算法是：第一趟通过比较将 n 个整数中的最小值放在 a[0] 中，最大值放在 a[n-1] 中；第二趟通过比较将 n 个整数中的次小值放在 a[1] 中，次大值放在 a[n-2] 中；……，以此类推，直到待排序序列为递增序列。

8. 将一个字符串（串长不超过 50）中连续的空格符值保留一个。例如若字符串为"I　am　a　student."，处理后为"I am a student."。

单元 8 函数

函数是 C 语言程序的基本组成单位,所有 C 语言程序都是由一个或多个函数构成的,所以 C 语言也称为函数式语言。当一个 C 语言程序的规模很小时,可以用一个源文件来实现。当一个 C 语言程序的规模较大时,可以由多个源文件组成,但其中只有一个源文件含有主函数 main(),而其他源文件不能含有主函数。

人们在求解一个复杂问题时,通常采用的是逐步分解、分而治之的方法,也就是把一个大问题分解成若干个比较容易求解的小问题,然后分别求解。程序员在设计一个复杂的应用程序时,往往也是把整个程序划分为若干功能较为单一的程序模块,然后分别予以实现,最后再把所有的程序模块像搭积木一样装配起来,这种在程序设计中分而治之的策略,被称为模块化程序设计方法。

函数是 C 语言源程序的基本模块,通过对函数模块的调用实现其功能。C 语言中的函数相当于其他高级语言的子程序。C 语言不仅提供了极为丰富的库函数,还允许用户建立自己定义的函数。用户可把自己的算法编成一个个相对独立的函数模块,然后用调用的方法来使用函数,提高了程序的易读性和可维护性,还可以把程序中普遍用到的一些计算或操作编成通用的函数,以供随时调用,这样可以大大地减轻程序员的工作量。

例 8-1 用函数求两个数的平方差。

```
#include <stdio.h>
 int main()
{    int a,b,c;
    scanf("% d,% d",&a,&b);
    c = fun(a,b);
    printf("fun is % d",c);
}
int fun(int x,int y)
{ int z;
  z = x * x - y * y;
  return(z);
}
```

运行结果：

10,5↙
fun is 75

例 8-1 程序中，包含两个函数，函数 main( ) 为主函数，函数 fun( ) 用来求出 x 和 y 的平方差。

1) 从用户使用角度看，函数有两种，标准函数和自定义函数。

①标准函数，即库函数。这是由系统提供的，用户无须定义，也不必在程序中作类型说明，只需在程序前包含有该函数原型的头文件即可在程序中直接调用。

②自定义函数，用户自己定义的函数，以解决用户的专门需要。

2) 从函数的形式看，函数分两类，无参函数和有参函数。

①无参函数。在调用无参函数时，主调函数并不将数据传送给被调用函数，一般用来执行指定的一组操作。无参函数可以带回也可以不带回函数值，但一般以不带回函数值居多。

②有参函数。在调用函数时，在主调函数和被调函数之间有参数传递，也就是说，主调函数可以将数据传给被调函数使用，被调用函数中的数据也可以带回来供主调函数使用。

8.1 函数的定义

应用计算机求解复杂的实际问题，总是把一个任务按功能分成若干个子任务，每个子任务还可再细分。一个子任务称为一个功能块，用函数实现。应用这种策略组织程序，主函数 main( ) 和其他函数构成程序的层次结构，如图 8-1 所示。

图 8-1 程序的层次结构

在 C 语言中，所有的函数定义，包括主函数 main( ) 定义在内，都是平行的。也就是说，在一个函数的函数体内，不能再定义另一个函数，即不能嵌套定义。

函数的定义是解决"怎么做"问题，C 语言中函数是独立的，并且函数只能定义一次，一个 C 语言源程序有且只有一个主函数 main( )，不包含主函数 main( ) 的函数源程序文件能独立编译，但不能独立运行，只能在被调用时才能运行。

1. 无参函数的一般形式

类型说明符 函数名 ( )
{ 类型说明；
 语句；
}

其中，类型说明符指明了本函数的类型，函数的类型实际上是函数返回值的类型。在很多情况下无参函数不要求有返回值，此时函数类型符可以写为 void。该类型说明符与前面单元介绍的各种说明符相同。函数名是由用户自定义的标识符，函数名后有一个空括号，其中可无参数，但括号不可少。{ } 中的内容称为函数体。在函数体中可有类型说明，这是对函数体内部所用到的变量的类型说明。

定义一个无参函数：

```
void Hello()
{   printf("Hello,world! \n");
}
```

这是一个名字为 Hello 的函数，函数 Hello( ) 是一个无参函数，当被其他函数调用时，输出"Hello，world!"字符串。

2. 有参函数的一般形式

类型说明符 函数名（形式参数表列）

```
{   类型说明；
    语句；
}
```

有参函数比无参函数多了两个内容，一是形式参数表，二是形式参数类型说明。在形参表中给出的参数称为形式参数，它们可以是各种类型的变量，各参数之间用逗号间隔。在进行函数调用时，主调函数将赋予这些形式参数实际的值。

例如，定义一个函数，用于求两个数中的较小数，可写为：

```
int min(int a,int b)
{   if(b>a) return a;
    else return b;
}
```

第一行说明函数 min( ) 是一个整型函数，其返回的函数值是一个整数。形参 a、b 均为整型量，a、b 的具体值是由主调函数在调用时传送过来的。在 { } 中的函数体内，除形参外没有使用其他变量，因此只有语句而没有变量类型说明。

函数定义时，给出了形式参数及其类型，在编译时易于对它们进行查错，从而保证了函数说明和定义的一致性。在函数 min( ) 中的 return 语句是把 a（或 b）的值作为函数的值返回给主调函数，有返回值函数中至少应有一个 return 语句。

在 C 程序中，一个函数的定义可以放在任意位置，既可放在主函数 main( ) 之前，也可放在主函数 main( ) 之后。

3. 空函数的定义

空函数定义的一般格式：

类型标识符 函数名( )

{ }

例如：fun(){ }

调用此函数时，什么也不做。在主调函数中写上函数 fun()；表明这里需要调用一个函数，而现在这个函数还没有完成，等以后扩充函数功能时补充上。在程序设计中往往根据需要确定若干模块，分别由函数来实现。而在最初阶段只设计最基本的模块，其他模块以后完成。这些函数未编写好，可以先占一个位置，表明以后在此要调用此函数完成相应的功能。这样可以使程序的结构清晰，可读性好，以后扩充功能更方便。空函数在程序设计中常常用到。

说明：

1）一个源程序文件由一个或多个函数组成。一个源程序文件是一个编译单位，即以源文件为单位进行编译，而不是以函数为单位进行编译。

2）一个 C 语言程序由一个或多个源程序文件组成。对于较大的程序，一般不希望全放在一个文件中，而是将函数和其他内容（如预编译命令）分别放到若干个源文件中，再由若干个源文件组成一个 C 语言程序。这样可以分别编写、分别编译，提高调试效率。一个源文件可以为多个 C 语言程序共用。

3）C 语言程序的执行从函数 main() 开始，调用其他函数后流程回到函数 main()，在函数 main() 中结束整个程序的运行。

4）所有函数都是平行的，即在定义函数时是相互独立的，一个函数并不从属于另一个函数，即函数不能嵌套定义，但可以相互调用，甚至嵌套调用、递归调用（不能调用函数 main()）。

8.2 函数的参数和返回值

8.2.1 形式参数和实际参数

在定义函数时，函数名后面括号中的参数称为形式参数，简称形参，形参是变量名。在调用函数时，函数名后面括号中的参数称为实际参数，简称实参。常量、变量、函数调用和表达式都可作为实参。实参若是表达式，必须有确定的值。

形参出现在函数定义中，在整个函数体内都可以使用，离开该函数则不能使用。实参出现在主调函数中，进入被调函数后，实参变量也不能使用。形参和实参的功能是进行数据传送。发生函数调用时，主调函数把实参的值传送给被调函数的形参从而实现主调函数向被调函数的数据传送。

C 语言的参数传递是传值。传值是单向的，即在函数调用时，将实参的值复制给对应的形参，而不能将形参的值反传给实参，参数传递结束，实参与形参就无任何联系了。因此，形参的变化不会影响实参。图 8-2 形象地描述了传值特性。

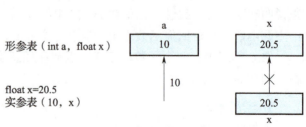

图 8-2 函数传值特性

实参传递给形参，必须满足类型匹配、个数相同和顺序一致的规则。类型匹配的含义是：对于基本类型，遵守赋值类型转化规则；对于其他类型，必须类型相同。

例 8-2 求两个整数中的较大值。

```c
#include <stdio.h>
int max(int a,int b);
int main()
{   int a,b,Max;
    printf("输入两整数:");
    scanf("%d%d",&a,&b);
    Max=max(a,b);           /* 调用函数max(),在表达式中出现 */
    printf("\n两整数中的较大值是%d\n",Max);
}
int max(int a,int b)        /* 求两整数中的较大值 函数定义 */
{   if(a>b) return a;
    else    return b;
}
```

运行结果：

输入两整数:10 20↙
两整数中的较大值是 20

例 8-2 中编程求两个整数中较大值的比较过程及内存的变化，如图 8-3 所示。

程序运行从主函数 main() 开始，分配内存，如图 8-3a 所示。

当程序运行到 Max=max(a,b) 语句时，调用函数 max()，分配内存，将实参值传递给对应形参，程序控制转移到函数 max() 继续执行，如图 8-3b 和图 8-3c 所示。参数传递结束，实参与形参就没有任何联系了，如图 8-3c 所示。

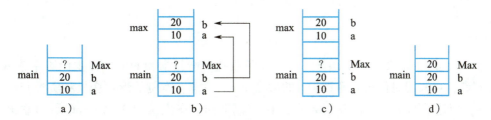

图 8-3 两个整数的比较过程

当程序运行到 return a 或 return b 时，函数返回值存入临时内存单元，退出函数 max()。函数 max() 的内存自动撤销，如图 8-3d 所示。程序控制转移到主函数 main() 继续执行，函数返回值存入 Max。

程序运行结束，撤销主函数 main() 的内存。

函数的形参和实参具有以下特点：

1）形参变量只有在被调用时才分配内存单元，在调用结束时，即刻释放所分配的内存单元。因此，形参只有在函数内部有效。函数调用结束返回主调函数后则不能再使用该形参变量。

2）实参可以是常量、变量、表达式、函数等，无论实参是何种类型的量，在进行函数调用时，它们都必须具有确定的值，以便把这些值传送给形参。因此应预先用赋值、输入等办法使实参获得确定值。

3）实参和形参在数量、类型和顺序上应严格一致，否则会发生"类型不匹配"的错误。

4）函数调用中发生的数据传送是单向的。即只能把实参的值传送给形参，而不能把形参的值反向地传送给实参。因此在函数调用过程中，形参的值发生改变，而实参中的值不会变化。

例8-3 求 n 个数的和。

```
#include <stdio.h>
 int main()
{  int n;
    void s(long n);
    printf("input number\n");
    scanf("%d",&n);
    s(n);
    printf("n=%d\n",n);
}
void s(long n)
{  int i;
    for(i=n-1;i>=1;i--)   n=n+i;
    printf("n=%ld\n",n);
}
```

运行结果：

```
input number
99↙
n=4950
n=99
```

例8-3 程序中定义了一个函数 s()，该函数的功能是求和的值。在主函数中输入 n 值，并作为实参，在调用时传送给函数 s() 的形参量 n。注意：本例的形参变量和实参变量的标识符都为 n，但这是两个不同的量，各自的作用域不同。在主函数中用 printf 语句输出一次 n 值，这个 n 值是实参 n 的值。在函数 s 中也用 printf 语句输出了一次 n 值，这个 n 值是形参最后取得的 n 值。

从运行情况看，输入 n 值为 99，即实参 n 的值为 99。把此值传给函数 s() 时，形参 n 的初值也为 99，在执行函数过程中，形参 n 的值变为 4950。返回主函数之后，输出实参 n 的值仍为 99，可见实参的值不随形参的变化而变化。

8.2.2 函数返回值

函数的值是指函数被调用之后，执行函数的程序段所取得的并返回给主调函数的值，这就是函数的返回值。对函数的值（或称函数返回值）有以下一些说明：

1）函数的值通过 return 返回。函数的值只能通过 return 语句返回到主调函数。

return 语句的一般格式为：

return 表达式；

或为
return（表达式）；

或为
return；

该语句的功能是计算表达式的值，并返回给主调函数。在函数中允许有多个 return 语句，但每次调用只能有一个 return 语句被执行，因此只能返回一个函数值。

2）函数值的类型和函数说明中函数的类型应保持一致。如果两者不一致，则以函数说明的类型为准，自动进行类型转换。

例如：int max（int i，int y）；
　　　char letter（char c1，char c2）；
　　　float f（float x）；
　　　double min（double x，double y）；

3）C 语言还规定，凡是不加类型声明的函数，一律自动按整型处理。如果函数值为整型，在函数定义时可以省去类型说明。

4）不返回函数值的函数，可以明确定义为"空类型"，类型说明符为"void"。

```
void s(int n)
{ …
}
```

一旦函数被定义为空类型后，就不能在主调函数中使用被调函数的函数值了。例如，在定义函数 s( ) 为空类型后，在主函数中写 "sum = s(n)；" 就是错误的。为了使程序有良好的可读性并减少出错，不要求返回值的函数都应定义为空类型。

函数说明是指在主调函数中调用某函数之前应对该被调函数进行说明，这与使用变量之前要先进行变量说明是一样的。在主调函数中对被调函数进行说明的目的是使编译系统知道被调函数返回值的类型，以便在主调函数中按此种类型对返回值作相应的处理。

例 8-4 计算 a 与 b 的和。

```
#include <stdio.h>
int main( )
{   int a=1,b=2,c;  /*①开辟3个存储单元a、b、c,并分别存放1、2*/
    c=sum(a,b);    /*②调用函数。a、b、c是实参,将它们的值1、2、0分别传给形参*/
    printf("c=%d\n",c);  /*⑥输出c中的值,因为通过函数返回值给c,c的值改变*/
}
int sum(int x,int y)  /*③为形参x,y分别从实参得到1、2,函数值的类型为整型*/
{   int z;      /*④在函数内使用变量*/
    z=x+y;
    return z;   /*⑤结束调用,x,y,z被释放,将z的值作为函数返回值*/
}
```

运行结果：

c=3

程序中注释的①~⑥，表示例 8-4 程序的执行过程。从以上执行过程分析可知，通过这种调用方式可以将函数的返回值赋值给主函数中的变量 c。

8.3 函数调用

程序由多个函数构成时，主函数 main() 可调用其他函数，但其他函数不能调用主函数 main()。但其他函数之间可以互相调用，也允许嵌套调用。同一个函数可以被一个或多个函数调用任意多次。习惯上把调用者称为主调函数。函数还可以自己调用自己，称为递归调用。

定义函数的目的就是为了重复使用，因此只有在程序中调用函数时才能实现函数的功能。C 语言程序从主函数 main() 开始执行，而自定义函数的执行是通过对自定义函数的调用来实现的。当自定义函数结束时，从自定义函数结束的位置返回到主函数中继续执行，直到主函数结束。

函数调用是解决"做什么"问题，可多次声明和多次调用，在函数调用时，一般都有传入和传出数据。库函数已预定义，在编程时加入包含文件预处理命令，它就可直接被调用。用户自定义函数必须先定义，然后才能被调用。

在一个完整的 C 语言程序中，各函数之间的逻辑联系是通过函数调用实现的。使用 C 语言的库函数就是函数简单调用的方法。

例如：int main()
　　　　{　　printf("＊＊＊＊＊＊\n");
　　　　}

上述程序在函数 main() 中调用输出函数 printf() 来输出一行星号。

8.3.1 调用方式

函数调用的一般形式为：

被调用函数名（[参数表达式 1，参数表达式 2，…，参数表达式 n]）；

其中，参数表达式是实参，实参前不加数据类型说明，实参表中的参数可以是常数、变量或其他构造类型数据及表达式，各实参之间用逗号分隔。实参表示式的个数与该函数定义时形式参数的个数、数据类型都应该匹配，否则会出现预料不到的结果。如果被调用函数是无参函数，则无实际参数表，但函数名后面的括号不能省略。

函数调用过程：为调用位置分配内存空间；保护调用函数的运行状态和返回地址；传递参数，计算实参，将实参值传递给对应的形参（传值）。传递参数应满足类型匹配、个数相同和顺序一致规则；将程序控制转移到被调用函数继续执行，遇到 return 语句，返回函数值，或遇到函数的最外层的右括号"}"，依据返回地址返回到调用函数继续运行。退出被调用函数时，该函数的栈内存空间自动释放（撤销）。

函数在程序中的调用方式有：函数表达式、函数语句和函数参数 3 种方式。

(1) 函数表达式

函数作为表达式中的一项出现在表达式中，以函数返回值参与表达式的运算。这种方式要求函数有返回值。例如："z = max(x, y) * 8;"中，函数 max() 是赋值表达式的一部分，把 max 的返回值乘 8 后赋予变量 z。

（2）函数语句

函数调用的一般形式加上分号即可构成函数语句。例如："printf("%d"，m);""max(x，y);"都是以函数语句的方式调用函数。

（3）函数实参

函数作为另一个函数调用的实际参数出现。这种情况是把该函数的返回值作为实参传递给调用函数，因此要求该函数必须有返回值。例如："printf("%d"，max(m，n));"把函数max()的返回值作为函数 printf() 的实参来使用。

在函数调用中还应该注意的一个问题是求值顺序的问题。所谓求值顺序是指对实参表中各量是自左至右使用，还是自右至左使用。对此，各系统的规定不一定相同。

例如：

```
int main()
{   int i=8;
    printf("%4d%4d%4d%4d",++i,--i,i++,i--);
}
```

按照从右至左的顺序求值。运行结果应为：

8 7 7 8

对 printf 语句中的 ++i、--i、i++、i-- 从左至右求值，运行结果应为：

9 8 8 9

应特别注意，无论是从左至右求值，还是从右至左求值，输出顺序都是不变的，即输出顺序总是和实参表中实参的顺序相同。按照 C 语言规定是从右至左求值，所以结果为 8、7、7、8。

例 8-5　编写一个程序，计算 x^n。

分析：根据指数运算的如下定义用一个函数实现该运算：

$$x^n = \begin{cases} 1/x^{-n} & n < 0 \\ 1 & n = 0 \\ x^n & n > 0 \end{cases}$$

主函数的功能就是调用进行指数运算的函数。

```
#include <stdio.h>
double power(double,int);  /* 函数声明 */
int main()
{   double y;  int m;
    printf("\n 输入底数:");
    scanf("%f",&y);
    printf("\n 输入指数:");
```

```
        scanf("%d",&m);
        printf("\n%f 的%d 次方是:%f",y,m,power(y,m));/*函数调用*/
        return(0);
    }
    /*下面是函数定义*/
    double power(double x,int n)
    {   double z;
        z=x;
        if(n==0)    return(1.0);
        else  if (n<0)
              while(n++)    return(1/(z*=x));
            else
              while(n--)    return(z*=x);
    }
```

运行结果:

输入底数:5✓
输入指数:3✓
5 的 3 次方是:125

例 8-5 中使用了函数 power(),将可以写在主函数中的语句单独组成另一个模块。这样做的好处有两点:一是各个模块可以独立地设置自己的变量,不需要考虑这些变量在其他模块中是否已经用过;二是每个模块可以独立地编辑为一个文件,并单独编译。

例题中第 9 行是函数 power() 的调用语句。函数调用时通过调用表达式进行。程序中的实参就是 y=5 和 m=3。系统执行一次调用语句,就是执行一次函数的语句。这时把实参的值传给函数定义中的形参。即把 y 的值(5)传给参数 x,把 m 的值(3)传给参数 n。

8.3.2 函数说明

函数的调用也同变量一样,遵循"先声明,后使用"的原则。在调用某函数之前,需先对被调函数进行说明。

在程序中,使用调用函数之前,必须让编译器知道函数的基本信息,就好像要去找一个人办事,必须知道该人的基本信息一样,这样编译器就可以根据这些信息找对应的函数定义了。因此,在函数调用时,需要对被调用函数进行说明。

对函数进行说明时需要注意:

1) 被调用的函数必须是已经存在的函数,如库函数或用户自己定义的函数。

2) 在调用系统库函数时,需要用文件包含命令#include "头文件名.h",将定义系统函数的库文件包含在本程序中。

函数说明的位置一般在主函数的函数体开头的数据说明语句中。被调用函数有两种说明格式:

一种格式为: 函数类型 被调函数名(形参类型 [形参名],…);

        或   函数类型 被调函数名(形参类型,…);

格式的括号内给出了形参的类型、个数和形参名，或只给出形参类型和个数。这便于编译系统进行检错，以防止可能出现的错误。

另一种格式为：　　　　　　　类型说明符 被调函数名();

格式只给出函数返回值的类型，被调函数名及一个空括号。由于这种格式在括号中没有任何参数信息，因此不便于编译系统进行错误检查，容易发生错误。

例 8-6　输出 1~50 之间的素数。

分析：编一个函数 pr()，实现循环结构单元的例 6-10 程序中的判别 n 是否是素数的功能，n 作为函数 pr() 的形参。函数 pr() 要有一个返回值，用来确定 n 是素数或不是素数。定义函数 pr() 为 int 型，返回值为 1 表示 n 是素数，0 表示 n 不是素数。

定义函数要从分析函数功能着手，解决数据结构和算法，确定函数的形参和函数返回值的类型。函数说明是一条语句，必须以分号结束。它由函数返回值类型、函数名和形参表构成。

在主函数 main() 中只需用一个函数 pr() 调用就解决了"做什么"问题。"怎么做"问题交给函数 pr() 实现。函数 pr() 的函数体就是实现"如何判别 n 是素数"算法的有关语句，最后加一条 return 语句。

```
#include <stdio.h>
#include <math.h>
int pr(int n);      /* 判别素数  函数说明 */
int main()
    { int n,count=0;
      for ( n=2;n<100;n==2? n++:(n+=2) )
      if (pr(n))      /* 函数调用,解决"做什么" */
         { printf("%4d",n);
           count++;
           if (count%5==0)    printf("\n");
         }
      printf("\n");
    }
int pr(int n)       /* 判别素数  函数定义,解决"怎么做" */
{ int j,found=1;
    for (j=2;j<=sqrt(n) && found;j==2? j++:(j+=2))
    if (n%j==0) found=0;
    return found;
}
```

运行结果：

```
  2   3   5   7  11
 13  17  19  23  29
 31  37  41  43  47
```

在例 8-6 程序中的第 3 行，主函数 main() 前面的一行语句："int pr（int n);"就是对被调用函数 pr() 的说明。

C 语言中规定在以下几种情况时可以省去主调函数中对被调函数的函数说明。

1) 如果被调函数的返回值是整型或字符型时,可以不对被调函数作说明,而直接调用。这时,系统将自动对被调函数返回值按整型处理。

2) 当被调函数的函数定义出现在主调函数之前时,在主调函数中也可以不对被调函数再作说明而直接调用。

3) 如在所有函数定义之前,在函数外预先说明了各个函数的类型,则在以后的各主调函数中,可不再对被调函数作说明。

例如:

```
char str(int a);
float f1(float b);
 int main()
 {  …
 }
char str(int a)
 {  …
 }
float f1(float b)
 {  …
 }
```

其中第 1、第 2 行对函数 str( ) 和函数 f1( ) 预先进行了说明。因此在以后各函数中无须对函数 str( ) 和函数 f1( ) 再作说明就可直接调用。

4) 对库函数的调用不需要再作说明,但必须把该函数的头文件用 include 命令包含在源文件前部。

8.3.3 函数的嵌套调用

C 语言中函数的定义是独立的,不允许嵌套的。各函数之间是平行的,函数不存在上一级和下一级的问题。但是 C 语言允许在一个函数中出现对另一个函数的调用,这样就出现了函数的嵌套调用,即在被调函数中又调用其他函数。这与其他语言的子程序嵌套的情形是类似的,函数嵌套调用关系如图 8-4 所示。

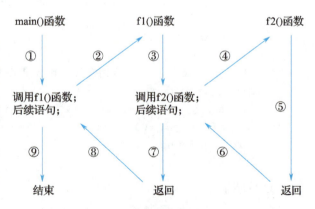

图 8-4 函数嵌套调用关系

其执行过程是:执行函数 main( ) 中调用函数 f1( ) 的语句时,即转去执行函数 f1( ),在函数 f1( ) 中调用函数 f2( ) 时,又转去执行函数 f2( ),函数 f2( ) 执行完毕返回函数 f1( ) 的断点继续执行,函数 f1( ) 执行完毕返回函数 main( ) 的断点继续执行。

例8-7 计算 $s = 1^k + 2^k + 3^k + \cdots + N^k$。

```c
#include <stdio.h>
#define K 4
#define N 5
long  f1(int n,int k)    /*计算n的k次方*/
      { long power = n;
        int i;
        for(i =1;i <k;i ++)  power * =n;
        return power;
      }
long  f2(int n,int k)    /*计算1到n的k次方的累加和*/
      { long sum = 0;
        int i;
        for(i =1;i < =n;i ++)  sum + = f1(i, k);
        return sum;
      }
int main()
      { printf("Sum of % d powers of integers from 1 to % d = ",K,N);
        printf("% d\n",f2(N,K));
        getch();
      }
```

运行结果：

```
Sum of 4 powers of integers from 1 to 5 =979
```

例8-8 求函数 f(x) 的定积分。

求函数 f(x) 的定积分的几何意义是求函数 f(x) 在 a、b 区间内、与 x 轴所围成的图形面积，求函数 f(x) 的定积分有3种方法：矩形法、梯形法、抛物线法。这里介绍变步长梯形法，它是一种算法较简单而且误差较小的方法。

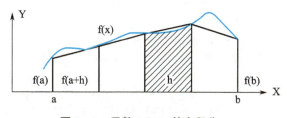

图8-5 函数 f(x) 的定积分

将区间 a、b 分成 n 等分，则区间长度 h = (b-a)/n, n = 2, 4, 8, 16, …, 如图8-5所示。

n = 4 时，其面积为：

$$\frac{(f(a) +f(a+h))h}{2} + \frac{(f(a+h) +f(a+2h))h}{2} + \frac{(f(a+2h) +f(a+3h))h}{2} + \frac{(f(a+3h) +f(b))h}{2}$$

整理后，推广到 n 等分，得到变步长梯形法求函数 f(x) 的定积分（面积）公式：

$$\frac{f(a) +2(f(a+h) +f(a+2h) +f(a+3h) + \cdots +f(a+(n-1)h)) +f(b)}{2}$$

当前后两次计算面积的差值小于要求的误差，则最后一次计算出的面积是该函数 f(x) 的定积分。该程序由主函数 main()、求函数定积分函数 Integral() 和求被积函数值函数 fvalue() 组成，应用函数嵌套调用实现。例如，求 $f(x) = x^2 - x + 1$ 在 [1, 10] 区间的定积分,在主函数 main( )需输入函数定积分的下限 a 和上限 b。

求 f(x)函数定积分的函数 Integral( )原型:

double Integral(double a, double b);

求被积函数值的函数 fvalue( )原型:

double fvalue(double x);

求函数定积分的变步长梯形法是迭代法,迭代法公式为:

$$\frac{f(a)+2(f(a+h)+f(a+2h)+f(a+3h)+\cdots+f(a+(n-1)h))+f(b)}{2}$$

下面的程序为求 $f(x)=x^2-x+1$ 在 [1, 10] 区间的定积分,误差为 1×10^{-8}。

```
#include <stdio.h>
#include <math.h>
#define EPS 1e-8
/* 求函数值  函数说明 */
double fvalue(double x);
/* 求函数定积分  函数说明 */
double Integral(double a,double b);
int main()
{ double a,b;   /* 函数定积分的下限和上限 */
  printf("输入 a、b:");
  scanf("%1f%1f",&a,&b);
  printf("函数定积分值:%0.7f\n",Integral(a,b));    /* 函数调用 */
}
/* 求函数值  函数定义 */
double fvalue(double x)
{ return x*x-x+1;
}
/* 求函数定积分 函数定义 */
double Integral(double a,double b)
{
  int n=1,i;double h,DInt0,DInt1;
  DInt1=(fvalue(a)+fvalue(b))*(b-a)/2;
    do
      { n=n*2;  h=(b-a)/n;DInt0=DInt1;
        DInt1=fvalue(a)+fvalue(b);
        for (i=1;i<n;i++)
            DInt1=DInt1+2*fvalue(a+i*h);
        DInt1=DInt1*h/2;
      } while (fabs(DInt0-DInt1)>EPS);
  return DInt1;
}
```

运行结果:

输入 a、b:1 10↙
函数定积分值:292.5000000

8.3.4 函数的递归调用

一个函数在它的函数体内调用它自身称为递归调用。这种特殊的函数称为递归函数。C 语言允许函数的递归调用。在递归调用中，主调函数又是被调函数。执行递归函数将反复调用其自身。每调用一次就进入新的一层。

递归调用有两种：直接递归调用和间接递归调用。直接递归调用是函数自己调用自己，如图 8-6a 所示。间接递归调用是函数间接调用自己，如图 8-6b 所示。

将求解问题抽象成一个递归算法，基本思路是将一个问题求解转化为一个新问题，而求解新问题的方法与求解原问题的方法相同。求解新问

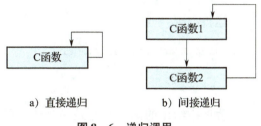

a) 直接递归　　　　b) 间接递归

图 8-6　递归调用

题往往是求解原问题的一小步，但可通过这种转化过程最终达到求解原问题的目标。递归算法必须有结束递归的条件，否则会产生死循环现象。

有些数学函数是用递归定义的，构造这类问题求解的递归算法比较简单。有些数据结构本身具有递归特性，如二叉树等。构造这类问题求解的递归算法难度不大。还有一类问题，本身不具有明显的递归特性，如 Hanoi 塔问题、八皇后问题等。构造这类问题求解的递归算法难度较大，为了叙述方便，将第一类问题称为数值处理，后两类问题称为非数值处理。

递归算法简洁，但占用内存空间较大，效率较低。虽然递归算法存在上述缺点，但现代计算机的内存大、速度高，弥补了上述缺点，递归算法还是受欢迎的。

例如有函数 f( )：

```
int f (int x)
{   int y;
    z = f(y);
    return z;
}
```

这个函数是一个递归函数。但是运行该函数将无休止地调用自身，这当然是不正确的。为了防止递归调用无终止地进行，必须在函数内有终止递归调用的手段。常用的办法是加条件判断，满足某种条件后就不再作递归调用，然后逐层返回。

例 8-9　用递归法计算 n！。

```
#include <stdio.h>
long ff(int n)
{    long f;
    if(n<0)   printf("n<0,input error");
    else   if(n==0||n==1)    f=1;
          else f=ff(n-1)*n;
    return(f);
}
```

```
    int main()
    {   int n;  long y;
        printf("\nInput an integer number:\n");
        scanf("% d",&n);
        y = ff(n);
        printf("% d! = % ld",n,y);
    }
```

运行结果:

```
Input an integer number:
5✓
5! =120
```

程序中给出的函数 ff( ) 是一个递归函数。主函数调用函数 ff( ) 后即进入函数 ff( ) 执行,如果 n<0,n==0 或 n==1 时都将结束函数的执行,否则就递归调用函数 ff( ) 自身。由于每次递归调用的实参为 n-1,即把 n-1 的值赋予形参 n,最后当 n-1 的值为 1 时再作递归调用,形参 n 的值也为 1,将使递归终止。然后可逐层退回。

下面具体说明该过程,设执行本程序时输入为 5,即求 5!。在主函数中的调用语句即为 y = ff(5),进入函数 ff( ) 后,由于 n = 5,不等于 0 或 1,故应执行 f = ff(n-1)*n,即 f = ff(5-1)*5。该语句对 ff 函数作递归调用即 ff(4)。进行 4 次递归调用后,函数 ff( ) 形参取得的值变为 1,故不再继续递归调用而开始逐层返回主调函数。ff(1) 的函数返回值为 1,ff(2) 的返回值为 1*2 = 2,ff(3) 的返回值为 2*3 = 6,ff(4) 的返回值为 6*4 = 24,最后返回值 ff(5) 为 24*5 = 120。

也可以不用递归的方法来完成。例如可以用递推法,即从 1 开始乘以 2,再乘以 3,…,直到 n。递推法比递归法更容易理解和实现,但是有些问题比如典型的问题是 Hanoi 塔问题,则只能用递归算法才能实现。

例 8-10 Hanoi 塔问题。

一块板上有 3 根针 A、B、C。A 针上套有 64 个大小不等的圆盘,大的在下,小的在上。要把这 64 个圆盘从 A 针移动到 C 针上,每次只能移动一个圆盘,移动可以借助 B 针进行。但在任何时候,任何针上的圆盘都必须保持大盘在下,小盘在上。求移动的步骤。

本题算法分析如下,设 A 上有 n 个盘子。

如果 n = 1,则将圆盘从 A 直接移动到 C。

如果 n = 2,则:

1) 将 A 上的 n-1 (等于1) 个圆盘移到 B 上;

2) 再将 A 上的一个圆盘移到 C 上;

3) 最后将 B 上的 n-1 (等于1) 个圆盘移到 C 上。

如果 n = 3,则:

1) 将 A 上的 n-1 (等于2,令其为 n') 个圆盘移到 B (借助于 C),步骤如下:

①将 A 上的 n'-1 (等于1) 个圆盘移到 C 上。

②将 A 上的一个圆盘移到 B。

③将 C 上的 n'-1 (等于1) 个圆盘移到 B 上。

2) 将 A 上的一个圆盘移到 C。

3）将 B 上的 n－1（等于2，令其为 n'）个圆盘移到 C（借助 A），步骤如下：
①将 B 上的 n'－1（等于1）个圆盘移到 A。
②将 B 上的一个盘子移到 C。
③将 A 上的 n'－1（等于1）个圆盘移到 C。
到此，完成了3个圆盘的移动过程。

从上面分析可以看出，当 n 大于等于2时，移动的过程可分解为3个步骤：第一步，把 A 上的 n－1 个圆盘移到 B 上；第二步，把 A 上的一个圆盘移到 C 上；第三步，把 B 上的 n－1 个圆盘移到 C 上；其中第一步和第三步是类同的。

当 n＝3时，第一步和第三步又分解为类同的三步，即把 n'－1 个圆盘从一个针移到另一个针上，这里的 n'＝n－1。显然这是一个递归过程，据此算法可编程如下：

```c
#include <stdio.h>
void move(int n,int x,int y,int z)
{  if(n==1)  printf("%c→%c\n",x,z);
    else {
         move(n-1,x,z,y);
         printf("%c→%c\n",x,z);
         move(n-1,y,x,z);
         }
}
int main()
{  int h;
   printf("\ninput number:\n");
   scanf("%d",&h);
   printf("the step to move %2d disks:\n",h);
   move(h,'a','b','c');
}
```

运行结果：

```
input number:
4
the step to move 4 disks:
a→b
a→c
b→c
a→b
c→a
c→b
a→b
a→c
b→c
b→a
c→a
b→c
a→b
a→c
b→c
```

从程序中可以看出,函数 move( )是一个递归函数,它有 4 个形参 n、x、y、z。n 表示圆盘数,x、y、z 分别表示 3 根针。函数 move( )的功能是把 x 上的 n 个圆盘移动到 z 上。当 n==1 时,直接把 x 上的圆盘移至 z 上,输出 x→z。例如 n!=1 则分为三步:递归调用函数 move( ),把 n-1 个圆盘从 x 移到 y;输出 x→z;递归调用函数 move( ),把 n-1 个圆盘从 y 移到 z。在递归调用过程中 n=n-1,故 n 的值逐次递减,最后 n=1 时,终止递归,逐层返回。

8.4 数组作为函数参数

数组名可以作为函数的参数使用,进行数据传送。数组用作函数参数有两种形式,一种是把数组元素(下标变量)作为实参使用;另一种是把数组名作为函数的形参和实参使用。

1. 数组元素作为实参

数组元素就是下标变量,它与普通变量并无区别。因此它作为函数实参使用与普通变量是完全相同的,在发生函数调用时,把作为实参的数组元素的值传送给形参,实现单向的值传送。例 8-11 说明了这种情况。

例 8-11 判别一个由 3 位整数组成的数组中的升序数。输出这些升序数。

```
#include <stdio.h>
int sx(int x)
{   int a,b,c;
    a = x/100;
    b = x/10%10;
    c = x%10;
    if(a < b&&b < c)   return 1;
    else   return 0;
}
int main()
{   int a[10] = {613,145,335,358,167,212,536,368,547,567},i;
    for(i = 0;i < 10;i ++)
      if(sx(a[i]))   printf("% d ",a[i]);
    printf("\n");
    return 0;
}
```

运行结果:

145 358 167 368 567

本程序中数组 a[10]的每个数组元素 a[i]都作为实参调用一次函数 sx( ),即把实参 a[i]的值传送给形参 x,供函数 sx( )使用判断。

例 8-12 判别一个整数数组中各元素的值,若大于 0,则输出该值;若小于等于 0,则输出 0 值。

```
#include <stdio.h>
void nzp(int v)
  {   if(v>0)   printf("% d ",v);
      else    printf("% d ",0);
  }
  int main()
  {   int a[5],i;
      printf("input 5 numbers\n");
      for(i=0;i<5;i++)
        {   scanf("% d",&a[i]);
            nzp(a[i]);
        }
  }
```

运行结果：

```
input 5 numbers
5  10   -3   -4   7↙
5  10   0    0    7
```

本程序中首先定义一个无返回值函数 nzp()，并说明其形参 v 为整型变量。在函数体中根据 v 值输出相应的结果。在函数 main() 中用一个 for 语句输入数组各元素，每输入一个就以该元素作实参调用一次函数 nzp()，即把 a[i] 的值传送给形参 v，供函数 nzp() 使用。

2. 数组名作为函数参数

用数组名作为函数参数与用数组元素作实参有几点不同：

1) 用数组元素作实参时，只要数组类型和函数的形参变量的类型一致，那么作为下标变量的数组元素的类型也和函数形参变量的类型是一致的。因此，并不要求函数的形参也是下标变量。换句话说，对数组元素的处理是按普通变量对待的。用数组名作函数参数时，则要求形参和相对应的实参都必须是类型相同的数组，都必须有明确的数组说明。当形参和实参二者不一致时，即会发生错误。

2) 在普通变量或下标变量作函数参数时，形参变量和实参变量是由编译系统分配的两个不同的内存单元。在函数调用时发生的值传送是把实参变量的值赋予形参变量。在用数组名作函数参数时，不是进行值的传送，即不是把实参数组的每一个元素的值都赋予形参数组的各个元素。因为实际上形参数组并不存在，编译系统不为形参数组分配内存。那么，数据的传送是如何实现的呢？在我们曾介绍过，数组名就是数组的首地址。因此在数组名作函数参数时所进行的传送只是地址的传送，也就是说把实参数组的首地址赋予形参数组名。形参数组名取得该首地址之后，也就等于有了实在的数组。实际上是形参数组和实参数组为同一数组，共同拥有一段内存空间，如图 8-7 所示。

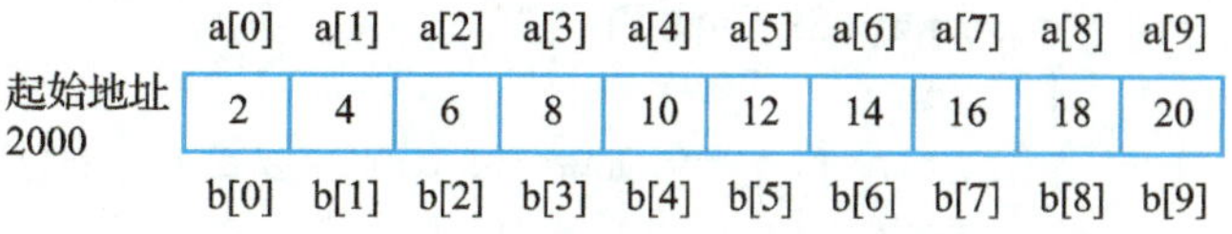

图 8-7 中，设 a 为实参数组，类型为整型。a 占有以 2000 为首地址的一块内存区。b 为形参数组名。当发生

	a[0]	a[1]	a[2]	a[3]	a[4]	a[5]	a[6]	a[7]	a[8]	a[9]
起始地址 2000	2	4	6	8	10	12	14	16	18	20
	b[0]	b[1]	b[2]	b[3]	b[4]	b[5]	b[6]	b[7]	b[8]	b[9]

图 8-7 数组名作为函数参数数组元素值与地址

函数调用时，进行地址传送，把实参数组 a 的首地址传送给形参数组名 b，于是 b 也取得该地址 2000。于是 a、b 两数组共同占有以 2000 为首地址的一段连续内存单元。从图 8-7 中还可以看出 a 和 b 下标相同的元素实际上也占相同的两个内存单元（整型数组每个元素占 2 字节）。例如 a[0] 和 b[0] 都占用 2000 和 2001 单元，当然 a[0] 等于 b[0]。类推则有 a[i] 等于 b[i]。

例 8-13 数组 a 中存放了一个学生 6 门课程的成绩，求平均成绩。

```
float aver(float a[6])
{   int i;
    float av,s = a[0];
    for(i = 1;i < 6;i ++)    s = s + a[i];
    av = s/6;
    return av;
}
int main()
{   float sco[6],av;
    int i;
    printf("\ninput 6 scores:\n");
    for(i = 0;i < 6;i ++)    scanf("%f",&sco[i]);
    av = aver(sco);
    printf("average score is %5.2f",av);
}
```

运行结果：

```
input 6 scores:
82 72 69 88 91 78↙
average score is 80.00
```

本程序首先定义了一个实型函数 aver()，有一个形参为实型数组 a，长度为 6。在函数 aver() 中，把各元素值相加求出平均值，返回给主函数。主函数 main() 中首先完成数组 sco 的输入，然后以 sco 作为实参调用函数 aver()，函数返回值送 av，最后输出 av 值。从运行情况可以看出，程序实现了所要求的功能。

3）前面已经讨论过，在变量作函数参数时，所进行的值传送是单向的。即只能从实参传向形参，不能从形参传回实参。形参的初值和实参相同，而形参的值发生改变后，实参并不变化，两者的终值是不同的。而当用数组名作函数参数时，情况则不同。由于实际上形参和实参为同一数组，因此当形参数组发生变化时，实参数组也随之变化。当然这种情况不能理解为发生了"双向"的值传递。但从实际情况来看，调用函数之后实参数组的值将由于形参数组值的变化而变化。为了说明这种情况，把例 8-12 改为例 8-14 的形式。

例 8-14 改用数组名作函数参数编写例 8-12。

```
void nzp(int a[5])
{   int i;
    printf("\nvalues of array a are:\n");
    for(i = 0;i < 5;i ++)
    {   if(a[i] < 0) a[i] = 0;
```

```
        printf("% d ",a[i]);
    }
}
int main()
{   int b[5],i;
    printf("\ninput 5 numbers:\n");
    for(i=0;i<5;i++)    scanf("% d",&b[i]);
    printf("initial values of array b are:\n");
    for(i=0;i<5;i++)    printf("% d ",b[i]);
    nzp(b);
    printf("\nlast values of array b are:\n");
    for(i=0;i<5;i++)    printf("% d ",b[i]);
}
```

运行结果：

```
input 5 numbers:
5  10  -3  -4  7
initial values of array b are:
5  10  -3  -4  7
values of array a are:
5  10  0  0  7
last values of array b are:
5  10  0  0  7
```

本程序中函数 nzp() 的形参为整数组 a，长度为 5。主函数中实参数组 b 也为整型，长度也为 5。在主函数中首先输入数组 b 的值，然后输出数组 b 的初始值。然后以数组名 b 为实参调用函数 nzp()。在函数 nzp() 中，按要求把负值单元清 0，并输出形参数组 a 的值。返回主函数之后，再次输出数组 b 的值。从运行结果可以看出，数组 b 的初值和终值是不同的，数组 b 的终值和数组 a 是相同的。这说明实参形参为同一数组，它们的值同时得以改变。

用数组名作为函数参数时还应注意以下几点：

①形参数组和实参数组的类型必须一致，否则将引起错误。

②形参数组和实参数组的长度可以不相同，因为在调用时，只传送首地址而不检查形参数组的长度。当形参数组的长度与实参数组不一致时，虽不至于出现语法错误（编译能通过），但程序执行结果将与实际不符，这是应予以注意的。

例 8-15 把例 8-14 修改为例 8-15，如下：

```
void nzp(int a[8])
{   int i;
    printf("\nvalues of array a are:\n");
    for(i=0;i<8;i++)
        { if(a[i]<0)a[i]=0;
          printf("% d ",a[i]);
        }
}
```

```
int main()
{   int b[5],i;
    printf("\ninput 5 numbers:\n");
    for(i=0;i<5;i++)   scanf("%d",&b[i]);
    printf("initial values of array b are:\n");
    for(i=0;i<5;i++)   printf("%d ",b[i]);
    nzp(b);
    printf("\nlast values of array b are:\n");
    for(i=0;i<5;i++)   printf("%d ",b[i]);
}
```

运行结果：

```
input 5 numbers:
5  10  -3  -4  7
initial values of array b are:
5  10  -3  -4  7
values of array a are:
5  10  0   0   7
last values of array b are:
5  10  0   0   7
```

例 8-15 与例 8-14 程序相比较，函数 nzp() 的形参数组长度改为 8，函数体中，for 语句的循环条件也改为 i<8。因此，形参数组 a 和实参数组 b 的长度不一致。编译能够通过，但从结果看，数组 a 的元素 a[5]、a[6]、a[7] 显然是无意义的。

③在函数形参表中，允许不给出形参数组的长度，或用一个变量来表示数组元素的个数。如，可以写为：

```
void nzp(int a[])
```

或写为：

```
void nzp(int a[],int n)
```

其中形参数组 a 没有给出长度，而由 n 值动态地表示数组的长度。n 的值由主调函数的实参进行传送。

例 8-16 例 8-15 又可改为例 8-16 的形式，如下：

```
void nzp(int a[],int n)
{   int i;
    printf("\nvalues of array a are:\n");
    for(i=0;i<n;i++)
      {   if(a[i]<0) a[i]=0;
          printf("%d ",a[i]);
      }
}
```

```
int main()
{ int b[5],i;
  printf("\ninput 5 numbers:\n");
  for(i=0;i<5;i++)    scanf("%d",&b[i]);
  printf("initial values of array b are:\n");
  for(i=0;i<5;i++)    printf("%d ",b[i]);
  nzp(b,5);
  printf("\nlast values of array b are:\n");
  for(i=0;i<5;i++)    printf("%d ",b[i]);
}
```

运行结果:

```
input 5 numbers:
5  10  -3  -4  7
initial values of array b are:
5  10  -3  -4  7
values of array a are:
5  10  0  0  7
last values of array b are:
5  10  0  0  7
```

本程序函数 nzp() 中形参数组 a 没有给出长度,由 n 动态确定该长度。在函数 main() 中,函数调用语句为 nzp (b, 5),其中实参 5 将赋予形参 n 作为形参数组的长度。

④多维数组也可以作为函数的参数。在函数定义时对形参数组可以指定每一维的长度,也可省去第一维的长度。因此,以下写法都是合法的。

```
int MA(int a[3][10])
```

或

```
int MA(int a[][10])。
```

8.5 局部变量和全局变量

在讨论函数的形参变量时曾经提到,形参变量只在被调用期间才分配内存单元,调用结束立即释放。这一点表明形参变量只有在函数内才是有效的,离开该函数就不能再使用了。这种变量有效性的范围称为变量的作用域。不仅对于形参变量,C 语言中所有的量都有自己的作用域。变量说明的方式不同,其作用域也不同。C 语言中的变量,按作用域范围可分为两种,即局部变量和全局变量。

8.5.1 局部变量

局部变量也称为内部变量。局部变量是在函数内作定义说明的。它只在该函数范围内有效。也就是说，只有在包含变量说明的函数内部，才能使用被说明的变量，在此函数之外就不能使用这些变量了，离开该函数后再使用这种变量是非法的。例如：

```
int f1(int a) /*函数 f1()*/
{  int b,c;
……
}/*a、b、c 作用域*/
int f2(int x) /*函数 f2()*/
{  int y,z;
}/*x、y、z 作用域*/
int main()
{  int m,n;
}/*m、n 作用域*/
```

在函数 f1()内定义了3个变量，a 为形参，b、c 为一般变量。在函数 f1()的范围内 a、b、c 有效，或者说 a、b、c 变量的作用域限于函数 f1()内。同理 x、y、z 的作用域限于函数 f2()内。m、n 的作用域限于主函数 main()内。

关于局部变量的作用域还要说明以下几点：

1）主函数 main()中定义的变量，也只能在主函数中使用，其他函数不能使用。同时，主函数中也不能使用其他函数中定义的变量。因为主函数也是一个函数，与其他函数是平行关系。这一点是与其他语言不同的，应予以注意。

2）形参变量也是内部变量，属于被调用函数；实参变量，则是调用函数的内部变量。

3）允许在不同的函数中使用相同的变量名，它们代表不同的对象，分配不同的单元，互不干扰，也不会发生混淆。

4）在复合语句中也可定义变量，其作用域只在复合语句范围内。

例 8-17 定义变量的作用域。

```
#include <stdio.h>
int main()
{ int i=2,j=3,k;
    k=i+j;
    {  int k=8;
       if(i==3) printf("%d\n",k);  }
    printf("%d\n%d\n",i,k);
}
```

运行结果：

8
3
5

例 8-17 程序在 main 中定义了 i、j、k 三个变量，其中 k 未赋初值。而在复合语句内又定义了一个变量 k，并赋初值为 8。应该注意这两个 k 不是同一个变量。在复合语句外由 main 定义的 k 起作用，而在复合语句内则由在复合语句内定义的 k 起作用。因此程序第 3 行的 k

为 main 所定义，其值应为 5。第 6 行输出 k 值，该行在复合语句内，由复合语句内定义的 k 起作用，其初值为 8，故输出值为 8，第 7 行输出 i、k 值。i 是在整个程序中有效，第 7 行对 i 赋值为 3，故输出也为 3。而第 7 行已在复合语句之外，输出的 k 应为 main 所定义的 k，此 k 值由第 4 行已获得为 5，故输出也为 5。

8.5.2 全局变量

全局变量也称为外部变量，它是在函数体外部定义的变量。它不属于哪一个函数，而属于一个源程序文件。其作用域是从外部变量的定义位置开始，到本文件结束为止。在函数中使用全局变量，一般应作全局变量说明，只有在函数内经过说明的全局变量才能使用。

全局变量的说明符为 extern。但在一个函数之前定义的全局变量，在该函数内使用可不再加以说明。如：

```
int a,b; /*外部变量*/
void f1() /*函数 f1()*/
{ ……
}
float x,y; /*外部变量*/
int fz() /*函数 fz()*/
{ ……
}
main() /*主函数*/
{ ……
}/*全局变量 x、y 作用域,全局变量 a、b 作用域*/
```

从上例可以看出 a、b、x、y 都是在函数外部定义的外部变量，都是全局变量。但 x、y 定义在函数 f1() 之后，而在函数 f1() 内又无对 x、y 的说明，所以它们在函数 f1() 内无效。a、b 定义在源程序最前面，因此在函数 f1()、函数 f2() 及主函数 main() 内不加说明也可使用。

例 8-18 输入立方体的长宽高 l、w、h。求体积及 3 个面 x×y、x×z、y×z 的面积。

```
#include <stdio.h>
int s1,s2,s3;
int vs( int a,int b,int c)
{ int v;
    v=a*b*c;
    s1=a*b;
    s2=b*c;
    s3=a*c;
    return v;
}
  int main()
{ int v,l,w,h;
    printf("\ninput length,width and height:\n");
    scanf("%d,%d,%d",&l,&w,&h);
    v=vs(l,w,h);
    printf("v=%d, s1=%d, s2=%d, s3=%d\n",v,s1,s2,s3);
}
```

运行结果：

```
input length,width and height:
5,4,3↙
v=60,s1=20,s2=12,s3=15
```

例 8-18 程序中定义了三个外部变量 s1、s2、s3，用来存放三个面积，其作用域为整个程序。函数 vs()用来求立方体体积和三个面积，函数的返回值为体积 v。由主函数完成长宽高的输入及结果输出。由于 C 语言规定函数返回值只有一个，当需要增加函数的返回数据时，用外部变量是一种很好的方式。在例 8-18 中，如果不使用外部变量，在主函数中就不可能取得 v、s1、s2、s3 四个值。而采用了外部变量，在函数 vs()中求得的 s1、s2、s3 值在主函数 main()中仍然有效。因此外部变量是实现函数之间数据传送的有效手段。

在定义变量时，如果未指明存储类别，该变量的存储类别默认为 extern。外部变量在执行主函数 main()之前初始化；未初始化，其值为 0。

对于全局变量还有以下几点说明：

1）外部变量可加强函数模块之间的数据联系，但降低这些函数的独立性。

2）在同一源文件中，允许外部变量和内部变量同名。在内部变量的作用域内，外部变量将被屏蔽而不起作用。

3）外部变量的作用域是从定义点到本文件结束。如果定义点之前的函数需要引用这些外部变量时，需要在函数内对被引用的外部变量进行说明。

外部变量说明的一般格式为：extern 数据类型 外部变量［，外部变量 2，…］；

注意：外部变量的定义和外部变量的说明是两回事。外部变量的定义，必须在所有的函数之外，且只能定义一次。而外部变量的说明，出现在要使用该外部变量的函数内，而且可以出现多次。

8.6 存储类型

在 C 语言中，对变量的存储类型说明有以下 4 种：自动变量（auto）、寄存器变量（register）、外部变量（extern）、静态变量（static）。自动变量和寄存器变量属于动态存储方式，外部变量和静态内部变量属于静态存储方式。在介绍了变量的存储类型之后，可以知道对一个变量的说明不仅应说明其数据类型，还应说明其存储类型。

存储类型确定了变量的存储区域。它影响变量的存在时间，即变量的生存期。变量的确定的作用域，即变量能被访问的程序范围，由变量定义位置确定。

变量说明的完整格式应为：

存储类型 数据类型 变量名 1，变量名 2，…；

例如：

```
static int a,b;                    /*说明 a、b 为静态类型变量*/
auto char c1,c2;                   /*说明 c1、c2 为自动字符变量*/
static int a[5]={1,2,3,4,5};       /*说明 a 为静态整型数组*/
extern int x,y;                    /*说明 x、y 为外部整型变量*/
```

一个程序将操作系统分配的内存空间分为 4 个区域，如图 8-8 所示。这 4 个区域的用途和性能是不同的。

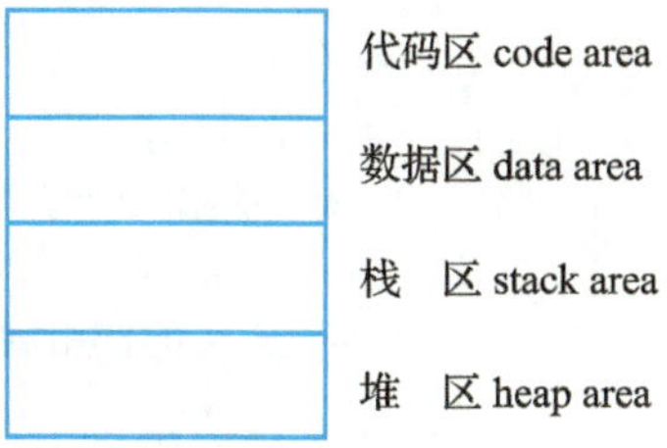

代码区：存放程序的全部函数代码。在程序运行期间，该内存始终被占用。

数据区：存放全局变量和静态局部变量。在程序运行期间，该内存始终被占用。

栈区：存放局部变量。在函数调用期间，该内存临时被占用，当函数调用结束，该内存自动释放（撤销）。

堆区：存放动态数据。该内存空间是在程序运行时开辟的，也可在程序运行时释放。

图 8-8 内存空间

8.6.1 auto 存储类型

自动变量的类型说明符为 auto。这种存储类型是 C 语言程序中使用最广泛的一种类型。C 语言规定，函数内凡未加存储类型说明的变量均视为自动变量，也就是说自动变量可省去说明符 auto。在前面各单元的程序中所定义的变量凡未加存储类型说明符的都是自动变量。

例 8-19 测试自动类型局部变量的特性。

```c
#include <stdio.h>
void testauto();
int main()
{   int i;
    for(i=0;i<4;i++)   testauto();
    printf("\n");
}
/* 测试自动类局部变量的特性 */
void testauto()
{   auto int va=0;   /* 或 int va=0; */
    printf("%d\n",va);
    va++;   /* 值不保留 */
}
```

运行结果：

0
0
0
0

va 是自动类局部变量，每次调用函数 testauto() 时都要置为 0，所以总是输出 0。

自动变量具有以下特点：

1）自动变量的作用域仅限于定义该变量的区域内。在函数中定义的自动变量，只在该函数内有效。在复合语句中定义的自动变量只在该复合语句中有效。

例如：

```
int kv(int a)
{   auto int x,y;
    {  auto char c; }    /*c 的作用域*/
    ......
}   /*a、x、y 的作用域*/
```

2）自动变量属于动态存储方式，只有在使用它，即定义该变量的函数被调用时才给它分配存储单元，开始它的生存期。函数调用结束，释放存储单元，结束生存期。因此函数调用结束之后，自动变量的值不能保留。在复合语句中定义的自动变量，在退出复合语句后也不能再使用，否则将引起错误。

例 8-20 变量的作用域——自动变量。

```
#include <stdio.h>
int main()
{ ①auto int a,s,p;              ②/* auto int a;*/
  printf("\ninput a number:\n");
  scanf("%d",&a);
  if(a>0)
  { auto s,p;
    s=a+a;
    p=a*a; }
  printf("s=%d p=%d\n",s,p);
}
```

在不同作用域中输出变量，如果采用右边②注释内的定义，就是在复合语句内定义自动变量 s、p，只能在该复合语句内有效。而程序的第 9 行却是退出复合语句之后用 printf 语句输出 s、p 的值，这显然会引起错误。

3）由于自动变量的作用域和生存期都局限于定义它的个体内（函数或复合语句内），因此不同的个体中允许使用同名的变量而不会混淆。即使在函数内定义的自动变量也可与该函数内部的复合语句中定义的自动变量同名。

8.6.2 extern 存储类型

外部变量的类型说明符为 extern。在前面介绍全局变量时已介绍过外部变量。这里再补充说明外部变量的几个特点：

1）外部变量和全局变量是对同一类变量的两种不同角度的提法。全局变量是从它的作用域提出的，外部变量是从它的存储方式提出的，表示了它的生存期。

2）当一个源程序由若干个源文件组成时，在一个源文件中定义的外部变量在其他的源文件中也有效。

例如，有一个源程序由源文件 F1.C 和 F2.C 组成。

F1.C 文件如下：

```
int a,b; /*外部变量定义*/
char c; /*外部变量定义*/
int main()
{ ……
}
```

F2. C 文件如下：

```
extern int a,b; /*外部变量说明*/
extern char c; /*外部变量说明*/
func (int x,y)
{ ……
}
```

在 F1. C 和 F2. C 两个文件中都要使用 a、b、c 三个变量。在 F1. C 文件中把 a、b、c 都定义为外部变量。在 F2. C 文件中用 extern 把 3 个变量说明为外部变量，表示这些变量已在其他文件中定义，并列出这些变量的类型和变量名，编译系统不再为它们分配内存空间。对构造类型的外部变量，例如数组等可以在说明时作初始化赋值，若不赋初值，则系统自动定义它们的初值为 0。

8.6.3 register 存储类型

上述各类变量都存放在存储器内，因此当对一个变量频繁读写时，必须要反复访问内存储器，从而花费大量的存取时间。为此，C 语言提供了另一种变量，即寄存器变量。这种变量存放在 CPU 的寄存器中，使用时，不需要访问内存，而直接从寄存器中读写，这样可提高效率。寄存器变量的说明符是 register。对于循环次数较多的循环控制变量及循环体内反复使用的变量均可定义为寄存器变量。

例 8-21 变量的作用域——寄存器变量。

```
#include <stdio.h>
int main()
{ register i,s = 0;
    for(i = 1;i < = 200;i ++)   s = s + i;
    printf("s = % d\n",s);
}
```

本程序循环 200 次，i 和 s 都将频繁使用，因此可定义为寄存器变量。

对寄存器变量还要说明以下几点：

1) 只有局部自动变量和形式参数才可以定义为寄存器变量。因为寄存器变量属于动态存储方式。凡需要采用静态存储方式的量不能定义为寄存器变量。

2) 在计算机上的各种程序编译器中使用 C 语言时，实际上是把寄存器变量当成自动变量处理的。因此速度并不能提高。而在程序中允许使用寄存器变量只是为了与标准 C 保持一致。

3) 即使能真正使用寄存器变量的机器，由于 CPU 中寄存器的个数是有限的，因此使用寄存器变量的个数也是有限的。

8.6.4　static 存储类型

静态变量的类型说明符是 static。静态变量属于静态存储方式，但是属于静态存储方式的量不一定就是静态变量。例如，外部变量虽属于静态存储方式，但不一定是静态变量，必须由 static 定义后才能成为静态外部变量，或称静态全局变量。对于自动变量，前面已经介绍它属于动态存储方式，但是也可以用 static 定义它为静态自动变量，或称静态局部变量，从而成为静态存储方式。一个变量可由 static 进行再说明，并改变其原有的存储方式。

1．静态局部变量

在局部变量的说明前再加上 static 说明符就构成静态局部变量。

例如：static int a,b;
　　　　static float array[5] = {1,2,3,4,5};

静态局部变量属于静态存储方式，它具有以下特点：

1）静态局部变量在函数内定义，但不像自动变量那样，当调用时就存在，退出函数时就消失。静态局部变量始终存在着，也就是说它的生存期为整个源程序。

2）静态局部变量的生存期虽然为整个源程序，但是其作用域仍与自动变量相同，即只能在定义该变量的函数内使用该变量。退出该函数后，尽管该变量还继续存在，但不能使用它。

3）允许对构造类静态局部量赋初值。在单元 7 中，介绍数组初始化时已作过说明。若未赋以初值，则由系统自动赋以 0 值。

4）对基本类型的静态局部变量若在说明时未赋以初值，则系统自动赋予 0 值。而对自动变量不赋初值，则其值是不定的。根据静态局部变量的特点，可以看出它是一种生存期为整个源程序的量。虽然离开定义它的函数后不能使用，但如果再次调用定义它的函数时，它又可以继续使用，而且保存了前次被调用后留下的值。因此，当多次调用一个函数且要求在调用之间保留某些变量的值时，可考虑采用静态局部变量。

例 8-22　静态局部变量的作用域。

```
#include <stdio.h>
int main()
{   int i;
    void f();  /*函数说明*/
    for(i=1;i<=5;i++)
    f();  /*函数调用*/
}
void f()  /*函数定义*/
{   auto int j=0;
    ++j;
    printf("%d\n",j);
}
```

运行结果：

　　1
　　1
　　1
　　1
　　1

程序中定义了函数 f()，其中的变量 j 说明为自动变量并赋予初始值为 0。当 main 中多次调用 f 时，j 均赋初值为 0，故每次输出值均为 1。现在把 j 改为静态局部变量，程序如下：

```
#include <stdio.h>
int main()
 {    int i;
      void f(); /* 函数说明 */
      for(i =1;i <=5;i ++)
      f(); /* 函数调用 */
 }
void f() /* 函数定义 */
 {    static int j;
      ++j;
      printf("% d\n",j);
 }
```

运行结果：

```
1
2
3
4
5
```

由于 j 为静态变量，能在每次调用后保留其值并在下一次调用时继续使用，所以输出值为累加的结果。

2. 静态外部变量

在全局变量（外部变量）的说明之前再冠以 static 就构成了静态的全局变量。全局变量本身就是静态存储方式，静态全局变量当然也是静态存储方式。这两者在存储方式上并无不同。这两者的区别在于非静态全局变量的作用域是整个源程序，当一个源程序由多个源文件组成时，非静态的全局变量在各个源文件中都是有效的。而静态全局变量则限制了其作用域，即只在定义该变量的源文件内有效，在同一源程序的其他源文件中不能使用。由于静态全局变量的作用域局限于一个源文件内，只能为该源文件内的函数公用，因此可以避免在其他源文件中引起错误。从以上分析可以看出，把局部变量改变为静态变量后是改变了它的存储方式即改变了它的生存期。把全局变量改变为静态变量后是改变了它的作用域，限制了它的使用范围。因此 static 这个说明符在不同的地方所起的作用是不同的。

在函数外部定义变量时，用 static 修饰的变量是静态类全局变量。它分配在数据区，作用范围也是从定义点开始到该文件结束，或称为文件作用域；但只限于该源文件，不能被其他源文件引用。静态类全局变量在执行 main 之前初始化；未初始化，其值为 0。

例 8-23　变量的作用域——静态全局变量。

```
#include <stdio.h>
static int a =100;  /* 定义静态全局变量 */
void test();
int main()
```

```
    int i;
    for(i=0;i<4;i++)
        test();
    printf("\n");
}
/* 静态全局变量 */
void test()
{   int b=0;
    printf("%d ",a);
    a++;
}
```

运行结果：

```
100  101  102  103
```

如果外部变量与函数的局部变量同名，全局变量在该函数中被屏蔽，即访问不到全局变量。

8.7 内部函数和外部函数

当一个源程序由多个源文件组成时，C语言根据函数能否被其他源文件中的函数调用，将函数分为内部函数和外部函数。

1. 内部函数（又称静态函数）

如果在一个源文件中定义的函数，只能被本文件中的函数调用，而不能被同一程序其他文件中的函数调用，这种函数称为内部函数。定义内部函数的一般格式是：

static 类型说明符 函数名（形参表）；

例如：

```
static int f(int a,int b);
```

关键字 "static"，译成中文就是 "静态的"，所以内部函数又称静态函数。但此处 "static" 的含义不是指存储方式，而是指对函数的作用域仅局限于本文件。使用内部函数的好处是：不同的人编写不同的函数时，不用担心自己定义的函数是否会与其他文件中的函数同名，因为同名也没有关系。

2. 外部函数（又称全局函数）

外部函数在整个源程序中都有效。其定义的一般格式为：

extern 类型说明符 函数名（形参表）；

例如：

```
extern int fun(int a ,float x);
```

在函数定义中没有说明 extern 或 static，则隐含为 extern。因此，前面所见到的函数都是外部函数。外部函数允许被其他源程序文件调用，但必须先声名。

例如：

extern int f (int a,int b);

在一个源文件的函数中调用其他源文件中定义的外部函数时，应用 extern 说明被调函数为外部函数。例如，源文件 F1. C 如下：

```
int main()
{   extern int f1(int i); /*外部函数说明,表示 f1 函数在其他源文件中*/
    …
}
```

源文件 F2. C 如下：

```
extern int f1(int i) /*外部函数定义*/
{ …
}
```

本单元小结

C 语言不仅提供了极为丰富的库函数，还允许用户建立自己定义的函数。函数的参数分为形参和实参两种，形参出现在函数定义中，实参出现在函数调用中，发生函数调用时，可把实参的值传送给形参，函数的值就是指函数的返回值，它在函数中由 return 语句返回。

函数定义和函数调用是一个问题的两个方面。函数定义是解决"怎么做"问题，而函数调用是解决"做什么"问题。函数只能定义一次，但可多次声明和多次调用，在函数调用时，一般都要传入和传出数据。

所有的函数定义，包括主函数 main ( ) 在内，都是独立的。也就是说，在一个函数体内，不能再定义另一个函数，即不能嵌套定义。但是函数之间允许相互调用，也允许嵌套调用。习惯上把调用者称为主调函数，函数还可以自己调用自己，称为递归调用。

习题与实训

一、习题

1. 下面说法正确的是（   ）。
   A. C 程序总是从第一个函数开始执行
   B. 在 C 程序中，要调用的函数必须在主函数前定义
   C. C 程序总是从主函数 main ( ) 开始执行
   D. C 程序中的主函数必须放在程序的最前面
2. 关于函数返回值，下面叙述中正确的是（   ）。
   A. 函数返回值的类型由函数体内 return 语句包含的表达式的类型决定

B. 若函数体内没有 return 语句，则函数没有返回值

C. 定义成 void 类型的函数中可以有带返回值的 return 语句

D. 函数返回值的类型由函数头部定义的函数类型决定

3. 下面关于 C 语言函数的叙述中，错误的是（　　）。

  A. 一个完整的 C 程序由多个函数组成，其中有且只能有一个主函数 main( )

  B. 当一个 C 程序包含多个函数时，先定义的函数先执行

  C. 函数可以嵌套调用

  D. 函数不可以嵌套定义

4. 在 C 程序中，若对函数类型未加说明，则函数的隐含类型为（　　）。

  A. int   B. double   C. void   D. Char

5. 下面叙述中正确的是（　　）。

  A. C 语言处理系统以函数为单位编译源程序

  B. 函数 main( ) 必须放在程序开始

  C. 用户定义的函数可以被一个或多个函数调用任意多次

  D. 在一个函数体内可以定义另外一个函数

6. 下面跳转语句中，可以选择不唯一的跳转目的地的是（　　）。

  A. continue; B. break; C. goto 标识符； D. return;

7. 下面不正确的说法为（　　）。

  A. 在不同函数中可以使用相同名字的变量

  B. 形参是局部变量

  C. 在函数内定义的变量只在本函数范围内有效

  D. 在函数内的复合语句中定义的变量在本函数范围内有效

8. 下面叙述中错误的是（　　）。

  A. 函数内声明的变量是局部变量

  B. 函数外声明的变量是全局变量

  C. 局部变量的生存期总是与程序运行的时间相同

  D. 形参的生存期与所在函数被调用执行的时间相同

9. 在一个被调用函数中，关于 return 语句使用的描述，错误的是（　　）。

  A. 被调用函数中可以不用 return 语句

  B. 被调用函数中可以使用多个 return 语句

  C. 被调用函数中，如果有返回值，就一定要有 return 语句

  D. 被调用函数中，一个 return 语句可返回多个值给调用函数

10. 关于函数调用，以下错误的描述是（　　）。

  A. 出现在执行语句中   B. 出现在一个表达式中

  C. 作为一个函数的实参   D. 作为一个函数的形参

11. 当一个函数无返回值时，定义时函数的类型应是（　　）。

  A. 任意   B. int   C. void   D. 无

12. 数组名作为函数调用的实参，传递给形参的是（　　）。
    A. 数组首地址　　　　　　　　B. 数组的第一个元素值
    C. 数组中全部元素的值　　　　D. 数组元素的个数
13. 阅读程序，写出运行结果。

(1) ```
#include <stdio.h>
long fun(int n)
    {   static long t;
        if(n==1)return t=2;
        else return ++t;}
int main()
    {   long i, sum=0;
        for(i=0; i<4; i++) sum+=fun(i);
        printf("%ld", sum);
    }
```

(2) ```
#include <stdio.h>
int sum( int n)
{   static int x=0;
    return   x+=n;  }
int main()
{   int s, i;
    for(i=1; i<=5; i++)   s=sum(i);
    printf("%d\n", s);
    return 0;
}
```

(3) ```
#include <stdio.h>
void f (int n)
  {   if(n/2>0) f(n/2);
      printf("%d", n%2); }
int main()
{   f(20);
    putchar('\n');
    return 0;}
```

(4) ```
#include <stdio.h>
int myf(int m, int n)
    {  if(n==1)  return m;
    else  return m+myf(m, n-1);  }
int main()
    {  int x=5, y=3;
       printf("%d\n", myf(x, y));
       return 0;}
```

(5)
```
#include <stdio.h>
  int f(int m,int n);
  int main()
  { printf("%d\n", f(21,35));  return 0;}
  int f(int m, int n)
    {   if(m==n)    return m;
        else if(m>n)    return f(m-n, n);
        else    return f(m, n-m);
    }
```

二、实训

(一) 实训目的

1. 掌握函数的基本概念、函数的定义方法和调用自定义函数的语法规则。
2. 掌握函数形参和实参的赋值操作，掌握函数声明的方法和规则。
3. 掌握函数调用、返回值，递归调用的方法和规则。
4. 了解局部变量、全局变量的作用域和生存周期。
5. 了解变量的存储类别。
6. 了解外部函数和内部函数。

(二) 实训内容

1. 输出 100~1000 范围内的回文素数，编写函数判断回文素数。回文素数是指既是回文数同时也是素数的整数。例如，131 既是回文数又是素数，因此 131 是回文素数。
2. 验证哥德巴赫猜想：任何一个大于 6 的偶数均可表示为两个素数之和。编写函数：要求将 6~100 之间的偶数都表示成两个素数之和。素数指只能被 1 和自身整除的正整数，1 不是素数，2 是素数。
3. 编写函数，求数组中前 4 个元素之和及后 6 个元素之和。
4. 编写函数求一个圆柱体的表面积和体积。
5. 编写函数 prime（m）判断 m 是否为素数，当 m 为素数时返回 1，否则返回 0。
6. 输入一个整数，将它逆序输出。要求定义并调用函数 reverse（number），它的功能是返回 number 的逆序数。例如，reverse（12345）的返回值是 54321。

单元 9 编译预处理

C 语言提供编译预处理功能,这是它与其他高级语言的一个重要区别。"编译预处理"是 C 语言编译系统的一个组成部分。所谓编译预处理是指,在对源程序进行编译之前,先对源程序中的编译预处理命令进行处理,然后将处理的结果和源程序一起进行编译,以得到目标代码。

C 语言提供的预处理功能有宏定义、文件包含、条件编译 3 种,分别用宏定义#define 命令、文件包含#include 命令、条件编译#if 命令来实现。需要注意的是预处理命令不是 C 语言的组成部分,更不是 C 语句。编译预处理命令均以字符"#"开头,一行只能写一条,无分号";",而且不允许任何其他成分出现,但允许有注释行。

9.1 宏定义

在 C 语言中,"宏"分为无参数的宏(简称无参宏)和有参数的宏(简称有参宏)两种。通过宏定义实现宏替换。

9.1.1 无参数宏定义

1. 无参数宏定义一般格式

无参数宏定义用一个指定的标识符(即名字)来代表一个字符串,其一般格式如下:

#define 标识符 字符串

其中,"define"为宏定义命令;"标识符"为所定义的宏名,通常用大写字母表示,以便与变量区别;"字符串"可以是常数、表达式、格式串等。

与其配对使用的是#undef,表示结束标识符的定义,例如:

```
#define PI 3.1416
int main()
{
……                    PI 的有效范围
}
#undef PI
void f()
{……}
```

2. 使用宏定义的优点

1）可提高源程序的可维护性。
2）可提高源程序的可移植性。
3）减少源程序中重复书写字符串的工作量。

例 9-1 宏定义应用。

```
#include <stdio.h>
#define PR 10
 int main()
{int  i = 6;
  printf("i + PR = % d\n",i + PR);
  #undef PR
  #define  PR  50
  printf("i + PR = % d\n",i + PR);
}
```

运行结果：

i + PR = 16
i + PR = 56

可以看出，PR 在不同的范围内被代换成不同的宏值。一个函数中定义的宏名只要没有对应它的取消命令，就可以用到在它后面定义的函数体中，该函数体中使用的宏名是作用范围直到文件尾的宏名，而不是由 undef 截止范围内的宏名。

3. 说明

1）宏名一般用大写字母表示，用来与变量区别。但这并非是规定。
2）宏定义不是 C 语句，所以不能在行尾加分号。否则，宏展开时，会将分号作为字符串的一个字符，用于替换宏名。
3）在宏展开时，预处理程序仅以按宏定义简单替换宏名，而不作任何检查。如果有错误，只能由编译程序在编译宏展开后的源程序时发现。
4）宏定义命令#define 出现在函数的外部，宏名的有效范围是：从定义命令之后，到本文件结束。通常，宏定义命令放在文件开头处。
5）在进行宏定义时，可以引用已定义的宏名 。
6）对双引号括起来的字符串内的字符，即使与宏名同名，也不进行宏展开。
7）宏名常用在以下两方面：
①用一个有意义的名字去代替含义不清的一串数字，比如用 PI 代表圆周率，用 PAGE_SIZE 代表每页打印的行数等，例如：

```
#define  PI  3.14159265358979
#define  PA  66
```

这样在程序中使用 PI 和 PA 比用 3.14159265358979 和 66 的含义明确多了，既简单又清楚，既便于修改又可避免出错。

②用一个短的名字去代替较长的名字。例如：

```
#define  STU  struct student
STU stud1,stud2;
```

即等价于

```
struct student stud1,stud2;
```

8）程序设计中常见的错误是宏定义时在宏值的后面加分号。如：

```
#define  PI 3.14159;
```

则对"s=2*PI*r;"，会替换成"s=2*3.14159;*r;"，这会产生编译错误。

例9-2 无参数的宏定义。

```
#include <stdio.h>
#define  R 3.0
#define  PI 3.1415926
#define  L 2*PI*R
#define  S PI*R*R
int main()
{
  printf("L=%f\n S=%f\n",L,S);
}
```

9.1.2 带参数宏定义

1. 带参数宏的一般格式

带参数的宏定义不是进行简单的字符串替换，还要进行参数替换，其一般格式如下：

#define 宏名（参数表）替换串

2. 带参数宏的调用和宏展开

调用格式：宏名（实参表）；

宏展开：用宏调用提供的实参字符串，直接置换宏定义命令行中相应形参字符串，非形参字符保持不变。

3. 说明

1）定义有参宏时，宏名与左圆括号之间不能留有空格。否则，C编译系统将空格以后的所有字符均作为替代字符串，而将该宏视为无参宏。

2）有参宏的展开，只是将实参作为字符串，简单地置换形参字符串，而不做任何语法检查。在定义有参宏时，在所有形参外和整个字符串外，均加一对圆括号。宏值中间的参数要用圆括号括起来。

例如，定义一个求圆面积的带参数的宏：

```
#define    PI    3.14159
#define    CIR_A(x)   (PI*(x)*(x))
```

如果有语句：

```
area = CIR_A(4);
```

则会被预处理程序展开成：

```
area = (3.14159*(4)*(4));
```

因为表达式只由常量组成，所以在编译时就能计算出该表达式的值并赋给 area。

3）虽然有参宏与有参函数确实有相似之处，但不同之处更多，主要有以下几个方面：

①调用有参函数时，是先求出实参的值，然后复制一份给形参。而展开有参宏时，只是将实参简单地置换形参。

②在有参函数中，形参是有类型的，所以要求实参的类型与其一致；而在有参宏中，形参是没有类型信息的，因此用于置换的实参，什么类型都可以。有时，可利用有参宏的这一特性，实现通用函数功能。

③使用有参函数，无论调用多少次，都不会使目标程序变长，但每次调用都要占用系统时间进行调用现场保护和现场恢复；而使用有参宏，由于宏展开是在编译时进行的，所以不占运行时间，但是每引用 1 次，都会使目标程序增大 1 次。

④参数表中的参数和字符序列中的参数必须一一对应，即参数表中的参数必须全部在字符序列中出现；反过来，字符序列中的参数也都必须出现在参数表中。如：

```
#define    s(a,b)   5*a+8
#define    s(a)   2+a*b          都是错误的。
```

⑤有副作用的表达式（如修改变量的值）不应该传递给宏，因为宏的参数可能会被计算多次而产生意想不到的结果。例如：

```
#define    QUA(a)   a*a
```

如果 i=3，以 ++i 代替参数 a，则被展开成 ++i* ++i，本来想求 4 的平方 (16)，结果却得到 20。

⑥用带参的宏可以代替某些简单的带参函数。例如，可以用：

```
#define    CIR_A(x)   (PI*(x)*(x))
```

去代替函数：

```
float circlearea(float x)
{   return   3.14159*x*x ; }
```

例 9-3 带参数宏的应用。

```
#include <stdio.h>
#define PI 3.1415926      /* 宏定义   定义符号常量圆周率 PI */
```

```
#define S(r) PI*r*r      /* 宏定义  定义计算圆面积           */
int main()
{
    double R,area1,area2;
    printf("输入圆半径:");
    scanf("%lf",&R);
    area1 = S(R);
    area2 = S(R+4);
    printf("圆面积(r=%0.1f):%0.4f\n",R,area1);
    printf("圆面积(r=%0.1f+4):%0.4f\n",R,area2);
}
```

运行结果：

输入圆半径:7↙
圆面积(r=7.0):153.9380
圆面积(r=7.0+4):53.9911

分析一下运行结果，一眼就看出 r=7.0+4，圆面积是错误的。查看宏展开后的结果，就会找出错误原因了。

area2 = S(7.0+4) 展开后为 area2 = 3.141592×7.0+4×7.0+4，

而不是：area2 = 3.141592×(7.0+4)×(7.0+4)。

所以结果是错误的。因此，应用带参数宏是很不安全的；VC++就不提倡应用带参数宏，而用内联函数。

替换串加括号，可消除这种错误。圆面积的宏定义为：

```
#define S(r) ((PI)*(r)*(r))
```

area2 = S(7.0+4)的展开式为((3.141592)*(7.0+4)*(7.0+4))。

```
#include <stdio.h>
#define PI 3.1415926       /* 宏定义  定义符号常量圆周率 PI */
#define S(r) ((PI)*(r)*(r))    /* 宏定义  定义计算圆面积           */
int main()
{
    double R,area1,area2;
    printf("输入圆半径:");
    scanf("%lf",&R);
    area1 = S(R);
    area2 = S(R+4);
    printf("圆面积(r=%0.1f):%0.4f\n",R,area1);
    printf("圆面积(r=%0.1f+4):%0.4f\n",R,area2);
}
```

运行结果：

输入圆半径:7↙
圆面积(r=7.0):153.9380
圆面积(r=7.0+4):380.1327

9.2 文件包含

文件包含命令#include 是指示预处理器将#include 指定的一个源文件插入该点处。文件包含是指一个源文件可以将另一个源文件的全部内容包含进来，如图 9-1 所示。

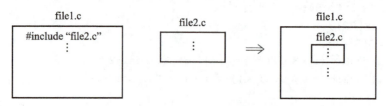

图 9-1　文件包含的语义

一般格式：

    #include <文件名>

或

    #include "文件名"

执行预编译命令时，用被包含文件的内容取代该预处理命令，再对"包含"后的文件作为一个源文件进行编译。插入文件，允许带路径，可从当前目录或按给定的路径查找指定的文件。

两种格式的区别仅在于：

1) 使用双引号：系统首先到当前目录下查找被包含文件，如果没找到，再到系统指定的"包含文件目录"（由用户在配置环境时设置）去查找。

2) 使用尖括号：直接到系统指定的"包含文件目录"去查找。一般地说，使用双引号比较保险。

文件包含的优点：一个大程序，通常分为多个模块，并由多个程序员分别编程。有了文件包含处理功能，就可以将多个模块共用的数据（如符号常量和数据结构）或函数，集中到一个单独的文件中。这样，如果需要使用其中的数据或调用其中的函数，只要使用文件包含处理功能，将所需文件包含进来即可，不必再重复定义它们，从而减少重复劳动。

如：file1. c 把 file2. c 的复制文件包含到自己的内部，成为一个大文件，然后再一块编译，所以被包含文件 file2. c 应是源文件，不是目标（. obj）文件。被包含的头文件不能单独编译，它只能和 C 源程序文件一起进行编译。

例 9-4　建立头文件。

1) 创建文件 format. h。

```
#define PR printf
#define NL "\n"
#define D "%d"
#define D1 D NL
#define D2 D D NL
```

```
#define D3 D D D NL
#define D4 D D D D NL
#define S "% s"
```

2）建立源文件 file1.c。

```
#include"stdio.h"
#include"format.h"
int main()
{   int a,b,c,d;
    char string[] = "CHINA";
    a = 1;
    b = 2;
    c = 3;
    d = 4;
    PR(D1,a);
    PR(D2,a,b);
    PR(D3,a,b,c);
    PR(D4,a,b,c,d);
    PR(S,string);
}
```

使用文件包含指令时应注意几个问题：

1）一个#include 指令只能包含一个文件，要包含多个文件就要用多个#include 指令。

2）文件包含可以嵌套，比如文件 file1 中含有指令：

```
#include "f2.c"
```

而在文件 f2.c 中又有：

```
#include <math.h>
#include "f3.c"
```

则 file1 也把 f2.c 中包含的文件全部包含进来。

3）被包含文件中的全局变量也是包含文件中的全局变量，因此在包含文件中对这些量不必再加 extern 说明即可加以引用。

4）被包含文件的扩展名一般用.h，表示是在文件开头加进来的，其内容可以是程序文件或数据文件，也可以是宏定义、全局变量声明等。这些数据有相对的独立性，可被多个文件使用，不必在多个文件中都去定义，而只在一个文件中定义，其他文件中包含这个定义文件即可。

9.3 条件编译

一般情况下，源程序中的所有行均参加编译。但是有时希望对其中一部分内容，只在满足一定条件才进行编译，也就是对一部分内容指定编译的条件，这就是"条件编译"。通常情况是，当满足某条件时对一组语句进行编译，而当条件不满足时则编译另一组语句。

条件编译可有效地提高程序的可移植性，并广泛地应用在商业软件中，为一个程序提供各种不同的版本。利用条件编译，还可使同一源程序既适合调试（进行程序跟踪、打印较多的状态或错误信息），又适合高效执行要求。

9.3.1 条件编译命令

条件编译命令常常应用在头文件中，防止标识符重定义。

条件编译命令有以下形式：

格式 1：

```
#ifdef 标识符
      程序段 1
#else
      程序段 2
#endif
```

或

```
#ifdef 标识符
      程序段 1
#endif
```

作用：如果标识符已经通过#define 定义，则执行程序段 1；否则，执行程序段 2，其中 else 和程序段 2 可以省略。

说明：这里的程序段可以是语句组，也可以是命令行。

格式 2：

```
#ifndef 标识符
      程序段 1
#else
      程序段 2
#endif
```

或

```
#ifndef 标识符
      程序段 1
#endif
```

作用：如果标识符未通过#define 定义，则执行程序段 1；否则，执行程序段 2。

说明：这种形式与第一种形式的作用相反。

格式 3：

```
#if 表达式
      程序段 1
#else
      程序段 2
#endif
```

或

```
#if 表达式
      程序段 1
  #endif
```

作用：当表达式值为非 0，则执行程序段 1；否则，执行程序段 2。可以事先给定一定条件，使程序在不同条件下执行不同的功能。

9.3.2 条件编译优点

采用条件编译，可以忽略程序的某一部分，减少被编译的语句，从而减少目标程序的长度，减少运行时间。当条件编译段比较多时，目标程序长度可以大大减少。我们在编程过程中，如果善于使用条件编译，可以帮助程序调试，其优越性是比较明显的。

1）提高了 C 语言源程序的通用性。

例如，一个 C 语言源程序在不同的计算机系统上运行，而不同的计算机又有一定的差异（比如有的机器以 16 位来存放一个整数，而有的则以 32 位存放一个整数），这样往往需要对源程序进行必要的修改，因而降低了程序的通用性。但如果采用条件编译，这个问题将不成问题。

用下面的条件编译：

```
#ifdef  IBM-PC
    #define INTEGER_SIZE 16    ①
#else
    #define INTEGER_SIZE 32    ②
#endif
```

即如果 IBM-PC 在前面已经定义过，则编译①；否则编译②。如果在这组条件编译命令之前曾出现以下命令行：

```
#define IBM-PC 0/*也可以是任何字符*/
```

则预编译后程序中的 INTEGER_SIZE 都用 16 代替，否则用 32 代替。这样，源程序不必做任何修改就可以用于不同类型的计算机系统。

2）使调试程序等过程变得灵活。

如果希望在调试程序中输出以下所需的信息，而在调试完成后不再输出这些信息，可以使用条件编译来实现。

例如，在源程序中插入以下条件编译段：

```
#define DEBUG 1    ①
...
#ifdef DEBUG
    printf("x=%d,y=%d,z=%d\n",x,y,z);
#endif
```

则在调试程序时可以输出 x、y、z 的值以方便调试。调试完成后将①删除即可。

使用条件编译处理这种问题，在小程序中作用也许不明显，但如果程序很大，需要输出的数据相当多，效果就明显了。

3）使用条件编译可以减少目标程序的长度。

使用条件编译命令的效果，有时候同直接用条件语句的效果是一致的。但条件语句的使用会造成编译语句过多,目标程序过长,而使用条件编译命令则没有这个问题。

例9-5 输入一行字母字符,根据需要设置条件编译,使之能将字母全改为大写字母输出,或全改为小写字母输出。

```
#define LETTER 1
int main()
{
  char str[20]="C Language",c;
  int i=0;
  while((c=str[i])!='\0')
  { i++;
    #if LETTER
      if(c>='a'&&c<='z') c=c-32;
    #else
      if(c>='A'&&c<='Z') c=c+32;
    #endif
    printf("%c",c); }
}
```

运行结果:

C LANGUGAGE

如果将程序中的第一句改为:

```
#define LETTER 0
```

运行结果:

c language

本单元小结

C 标准规定可以在 C 语言源程序中加入一些"预处理命令",以改进程序环境,提高编程效率。对于预处理命令,必须在程序编译之前,先对这些特殊命令进行"预处理"。经过预处理后程序不再包含预处理命令了。

预处理命令有宏定义、文件包含、条件编译 3 种,分别用宏定义命令、文件包含命令和条件编译命令来实现。为了与一般 C 语言语句相区别,这些命令以符号"#"开头,结束没有分号。

习题与实训

一、习题

1. C 语言有效的预处理命令总是以_____开头。
2. C 语言提供的预处理功能有_____、_____、_____三种。

3. 预处理命令不是 C 语句，其特点是_____。
4. 对程序中所有出现的宏名都用宏定义中的字符串去替换，这称为_____。
5. C 语言源程序中的命令#include 与#define 是在_____阶段被处理的。
6. 使用字符串操作函数前在程序中一定要包含_____头文件。
7. 以下关于预处理命令的叙述中错误的是（　　）。
    A. 预处理命令由预处理程序解释
    B. 程序中的预处理命令是以 "#" 开始的
    C. 若在程序的一行中出现多条预处理命令，这些命令都是有效的
    D. 预处理命令既可以出现在函数定义的外部，也可以出现在函数体内部
8. C 源程序中的命令#include 与#define 是在（　　）阶段被处理的。
    A. 预处理　　　　B. 编译　　　　C. 连接　　　　D. 执行
9. 下面叙述错误的是（　　）。
    A. 宏替换不占用程序运行时间　　B. 宏名无类型
    C. 宏名必须用大写字母表示　　　D. 宏替换只是字符替换
10. 在宏定义语句 "#define PI 3.1415926" 中，宏名 PI 代替（　　）。
    A. 一个字符串　　B. 一个单精度数　　C. 一个常量　　D. 一个双精度数
11. 下面关于宏的叙述正确的是（　　）。
    A. 宏定义没有数据类型限制
    B. 宏名必须用大写字母表示
    C. 宏定义必须位于源程序中所有语句之前
    D. 宏调用比函数调用耗费时间
12. 下面对宏定义的描述中，不正确的是（　　）。
    A. 宏替换不占用运行时间
    B. 宏不存在类型问题，宏名无类型，它的参数也无类型
    C. 宏替换只不过是字符替代而已
    D. 宏替换时先求出实参表达式的值，然后代入形参运算求值
13. C 语言编译系统对宏定义的处理是（　　）。
    A. 和其他 C 语句同时进行　　　B. 在对其他成分正式编译之前处理的
    C. 在程序执行时进行　　　　　D. 在程序连接时处理的
14. 下面叙述错误的是（　　）。
    A. 程序中凡是以 "#" 开始的语句行都是预处理命令行
    B. 预处理命令行的最后不能有分号
    C. #define MAX 是正确的宏定义命令
    D. C 程序对预处理命令行的处理是在程序执行过程中进行的
15. 以下说法中正确的是（　　）。
    A. #define 和 printf 都是 C 语句　　B. #define 是 C 语句，而 printf 不是
    C. printf 是 C 语句，但#define 不是　　D. #define 和 printf 都不是 C 语句

16. 设有以下宏定义：
    #define N 3
    #define Y(n) ((N+1)*n)
    则执行语句：z=2*(N+Y(5+1));后 z 的值为（   ）。
    A. 出错　　　　　　B. 42　　　　　　C. 48　　　　　　D. 54

二、实训

（一）实训目的

1. 掌握宏定义，包括无参数的宏定义和有参数的宏定义。
2. 能够正确应用"文件包含"预处理命令。
3. 了解条件编译的含义和用途。

（二）实训内容

1. 阅读程序题，输出结果。

(1)
```c
#include <stdio.h>
#define ADD(m,n) m+n
int main()
{
    int a=15,b=10,c=20,d=5;
    printf("%d\n",ADD(a,b)/ADD(c,d));
    return 0;
}
```

(2)
```c
#include <stdio.h>
#define EVEN(n) n%2==0?1:0
int main()
{
    if (EVEN(4+1))
        printf("Even");
    else
        printf("Odd");
    return 0;
}
```

(3)
```c
#include <stdio.h>
#define MIN(a,b) (a)<(b)?(a):(b)
int main()
{
    int m=20,n=25,k;
    k=10*MIN(m,n);
    printf("%d\n",k);
}
```

(4) ```
#include <stdio.h>
#define M 3
#define N M+1
#define NN N*N/2
int main()
{
    printf("% d\n", NN);
}
```

(5) ```
#include <stdio.h>
#define count(m)  ++m
int main()
{
    int a = -3, n = 7;
    while(count(a)) n--;
    printf("% d\n", n);
    return 0;
}
```

2. 编程题。

(1) 试定义一个宏 AP（c），用以判定 c 是否为字母字符，若是则返回结果 1，否则返回结果 0。

(2) 输入两个整数，求它们相除的余数。用带参数的宏来实现。

(3) 定义一个带参数的宏 SWAP（x, y），以实现两个整数之间的交换，并利用它将一维数组 a 和 b 的值进行交换。

单元 10

指针

指针是学习 C 语言中最重要的一环,指针的概念比较复杂,但使用比较灵活。指针是 C 语言中广泛使用的一种数据类型。运用指针编程是 C 语言最主要的风格之一。利用指针变量可以表示各种数据结构,能很方便地使用数组和字符串,并能像汇编语言一样处理内存地址,从而编出精练而高效的程序。指针极大地丰富了 C 语言的功能。

10.1 指针概念

在计算机中,所有的数据都是存放在存储器中的。一般把存储器中的一个字节称为一个内存单元,不同的数据类型所占用的内存单元数不等,例如整型量占 2 个单元,字符量占 1 个单元等,在前面单元中已有详细的介绍。为了正确地访问这些内存单元,必须为每个内存单元编号,内存单元的编号也叫作地址,根据内存单元的编号即地址就可以找到所需的内存单元,通常也把这个地址称为指针。内存单元的指针和内存单元的内容是两个不同的概念。对于一个内存单元来说,单元的地址即为指针,其中存放的数据才是该单元的内容。

凡在源程序中定义的变量,在编译系统时都给她们分配相应的存储单元,每个变量所占的存储单元都有确定的地址。具体的地址是在编译时分配的,在地址所标志的内存单元中存放数据,这相当于旅馆中各个房间中居住的旅客一样。"一个内存单元的地址"与"内存单元的内容"的区别,如图 10 - 1 所示。

假设程序已定义了 3 个整型变量 i、j、k,编译时内存用户数据区系统分配 2000 和 2001 两个字节给变量 i,2002 和 2003 给 j,2004 和 2005 给 k。注意,实际输出内存地址时,是以十六进制显示的。

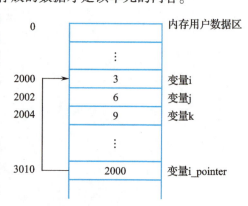

图 10 - 1 内存单元地址与内容

在程序中,一般是通过变量名来对内存单元进行存取操作的。程序经过编译后已经将变量名转换为变量的地址,对变量值的存取都通过地址进行。例如,printf("%d",i)的执行是根据变量名与地址的对应关系(这个对应关系是在编译时确定的),找到变量 i 的地址 2000,然后从由 2000 开始的两个字节中取出数据"3",

把它输出。输入时如果用 scanf（"%d"，&i），在执行时，把从键盘输入的值送到地址为 2000 开始的整型存储单元中。这种通过变量名或地址存取变量值的方式称为"直接访问"方式。

变量的"间接访问"方式就是把一个变量的地址放在另一个变量的存储单元中。按 C 语言的规定，可以在程序中定义整型变量、实型变量、字符变量等，也可以定义一种特殊的变量，它是存放地址的。假设定义了一个变量 i_pointer，用来存放整型变量的地址，它被分配为 3010 和 3011，可以通过下面语句将 i 的地址"2000"存放到 i_pointer 中：

```
i_pointer = &i;
```

i_pointer 的值就是 2000，即变量 i 所占用单元的起始地址。要存取变量 i 的值，也可以采用间接方式：先找到存放"i 的地址"的变量，从中取出 i 的地址"2000"，然后到 2000、2001 取出 i 的值"3"。

打个比方，为了开一个 A 抽屉，有两种办法，一种是将 A 的钥匙带在身上，需要时直接找出该钥匙打开抽屉，取出所需的东西，这就是"直接访问"。另一种办法是为了安全起见，将 A 的钥匙放到另一抽屉 B 中锁起来。如果需要打开 A 抽屉，就需要先找出 B 钥匙，打开 B 抽屉，取出 A 钥匙，再打开 A 抽屉，取出 A 抽屉中的东西，这就是"间接访问"。

由于通过地址能找到所需的变量单元，因此可以说，地址"指向"该变量单元（如同说房间号"指向"某一房间一样）。因此在 C 语言中，将地址形象化地称为"指针"。意思是通过它能找到以它为地址的内存单元（例如，根据地址 2000 就能找到变量 i 的存储单元，从而读取其中的值）。一个变量的地址称为该变量的"指针"。例如，地址 2000 是变量 i 的指针。如果有一个变量专门用来存放另一个变量的地址（即指针），则称它为"指针变量"。上述 i_pointer 就是一个指针变量。指针变量的值（即指针变量中存放的值）是地址（即指针）。请区分"指针"和"指针变量"这两个概念。例如，可以说变量 i 的指针是 2000，而不能说 i 的指针变量是 2000。指针是一个地址，而指针变量是存放地址的变量。

10.1.1 指针定义

指针定义的一般格式如下：

类型名 * 变量名；

字符"*"在这里是一个指针声明符号，表示其后的变量名是指针变量，能存放该"类型名"的对象（目标）的首地址，而不能存放常规的数据值。如：

```
int x = 10;           /* x 是整型变量,初值为 10 */
int *px = NULL;       /* px 是指针变量,初值为 NULL,不指向任何目标 */
```

编译时要为整型变量 x 分配内存，同样也要为指针变量 px 分配内存，如图 10-2 所示。

px 为 NULL，表示 px 不指向任何目标。通过指针变量的初始化，或将一个变量的地址赋给指针变量，就建立了指针变量与变量的联

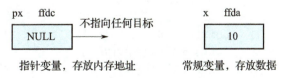

图 10-2　px 与 x 无关系

系,即指针指向该变量,或者说,该变量是指针所指向的对象(目标),如图 10 – 3 所示。

```
int x = 10, *px = &x;   /*指针变量的初始化*/
px = &x;   /* 将 x 的地址赋给 px;& 是取址运算符 */
```

建立了指针变量与变量的联系,就可以通过间接访问(引用)运算符 * 访问目标。表达式 *px 成为 x 的"别名"。

图 10 – 3 px 指向 x

10.1.2 指针变量的初始化

指针变量在定义的同时,也可以被赋予初值,称为指针变量的初始化。由于指针变量是存放地址的变量,所以初始化时赋予的初值必须是地址。

指针变量的初始化的一般格式为:

数据类型 *指针变量名 = 初始地址值;

例如:int * pa = &i;

在指针变量初始化中,通常用"& 变量名"来表示一个基本类型变量的地址。在定义指针变量 pa 的同时,把变量 i 的地址作为初值来初始化 pa。

应注意的是,初始化中的 " * pa = &i" 不是运算表达式,而是一个说明语句。在这里将变量 i 的地址值赋给指针变量 pa,而不是 * pa。

对于指针变量的初始化,还应注意以下几点问题:

1)指针目标变量的数据类型必须与指针的数据类型相一致。类型不一致将引起致命错误。例如,下面的初始化方式就是错误的,导致错误的原因就是类型不一致。

```
double a;
int *pa = &a;
```

2)当把一个变量的地址作为初值赋给指针变量时,这个变量必须在这个指针初始化之前定义过。也可以将一个类型相同的指针值赋给另一个指针变量。

3)可以把一个指针初始化为一个空指针。例如:

```
int *px = NULL;   /* px 是指针变量,初值为 NULL,不指向任何目标 */
```

例 10 – 1 输入 a 和 b 两个整数,按先大后小的顺序输出 a 和 b。

```c
#include <stdio.h>
int main( )
{  int  *p1, *p2, *p;
   scanf("%d,%d",&a1,&a2);
   p1 = &a1;
   p2 = &a2;
   if(a1 < a2)
    { p = p1;p1 = p2;p2 = p}
   printf("a1 = %d,a2 = %d\n",a1,a2);
   printf("max = %d,min = %d\n",*p1,*p2);
}
```

运行结果:

```
11,12↙
a1=11,a2=12
max=12,min=11
```

当输入 a1=11, a2=12 时,由于 a1<a2,将 p1 和 p2 交换。交换前情况见图 10-4a,交换后情况见图 10-4b。

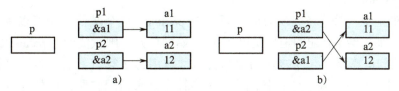

图 10-4 输入 a 和 b 两个整数,按先大后小的顺序输出 a 和 b

注意,a1 和 a2 并未交换,它们仍保持原值,但 p1 和 p2 的值改变了。p1 的值原为 &a1,后来变成 &a2,p2 的值原为 &a2,后来变成 &a1。这样在输出 *p1 和 *p2 时,实际上是输出变量 a2 和 a1 的值。这个算法不是交换整型变量的值,而是交换两个指针变量的值(即 a1 和 a2 的地址)。

指针变量同普通变量一样,使用之前不仅要定义说明,而且必须赋予具体的值。未经赋值的指针变量不能使用,否则将造成系统混乱。指针变量的赋值只能赋地址,决不能赋任何其他数据,否则将引起错误。

C 语言中提供了地址运算符 & 来表示变量的地址,其形式为:

& 变量名;

如 &a 表示变量 a 的地址,&b 表示变量 b 的地址。变量本身必须预先说明。设有指向整型变量的指针变量 p,如要把整型变量 a 的地址赋予 p,可以有以下两种方式。

1) 指针变量初始化的方法:

```
int a;
int *p=&a;
```

2) 赋值语句的方法:

```
int a;
int *p;
p=&a;
```

不允许把一个数赋予指针变量,故下面的赋值是错误的:

```
int *p;
p=2000;
```

被赋值的指针变量前不能再加 " * " 说明符,如写为 *p=&a 也是错误的。

10.1.3 指针的运算符

指针变量可以进行某些运算,但其运算的种类是有限的,它只能进行赋值运算和部分算术运算及关系运算。

在 C 语言中，有两个与指针有关的运算符。

1) 取地址运算符 &。取地址运算符 & 是单目运算符，其结合性为自右至左，其功能是取变量所占用的存储单元的首地址。在函数 scanf( ) 及前面介绍的指针变量赋值中，已经了解并使用了 & 运算符。

例如：int i，*i_pointer；

　　　i_pointer = &i；

将变量 i 的地址（注意不是 i 的值）赋给 i_pointer。这个赋值语句可以理解为 i_pointer 接受 i 的地址。如果给 i 分配的地址是以 2000 开始的单元，则赋值后 i_pointer 的值是 2000。

2) 间接访问运算符 *。间接访问运算符也称取内容运算符，取内容运算符 * 是单目运算符，其结合性为自右至左，它的作用是通过指针变量来访问它所指向的变量（存数据或取数据）。所以在 * 运算符之后跟的变量，必须是指针变量。例如：int main( ){ int a = 10，*p = &a；printf("%d"，*p)；}，表示指针变量 p 取得了整型变量 a 的地址。printf 语句表示输出变量 a 的值。

区分 i_pointer、*i_pointer 和 &i_pointer：i_pointer 是指针变量，其内容是地址量；*i_pointer 是指针变量的目标变量，其内容是数据；&i_pointer 是指针变量本身所占据的存储地址。

下面通过一个程序了解这两个运算符的意义。

例 10-2　"&" 和 "*" 运算符的意义。

```
#include <stdio.h>
int main( )
{
    int a =3,*pa;
    pa = &a;
    printf("%d,%d\n",a,*pa);
    printf("%x,%x\n",&a,pa);
    printf("%x,%d\n",&pa,sizeof(pa));
}
```

运行结果：

```
3,3
FF00,FF00
FF02,2
```

在程序中定义了两个变量 a 和 pa，假设编译时系统分配内存空间首地址分别为 "FF00" 和 "FF02"，如图 10-5 所示。其中变量 a 是 int 型的简单变量，并赋初值为 3。变量 pa 是指针变量，可以用来存放一个 int 型数据的地址。然后，将变量 a 的地址赋给指针变量 pa，即指针变量 pa 指向 a，如图 10-5 所示。注意，在给指针变量 pa 赋值时，不能写成错误形式：*pa = &a；。

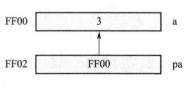

图 10-5　变量的地址表示

第一个 printf 语句输出的都是变量 a 的值。其中,"*pa"表示指针变量 pa 所指向的目标变量 a。

第二个 printf 语句输出的都是变量 a 的地址。其中,"&a"表示分配给变量 a 的存储单元首地址,而指针变量 pa 中存放的就是变量 a 的存储单元首地址。

第三个 printf 语句输出的是指针变量 pa 的地址和该地址的大小(字节数)。其中,"&pa"表示分配给指针变量 pa 的存储单元首地址,"sizeof(pa)"是求分配给指针变量 pa 的存储单元的字节数。

注意:在程序中出现了两处"pa",它们的含义是不同的,前者表示定义了一个指针型的变量 pa,后者表示指针变量 pa 所指向的目标变量,即变量 a。

10.2 指针变量运算

指针运算是以指针变量所存放的地址值为运算对象进行的运算,所以指针运算的实质是地址的运算。C 语言具有自己的一套适用于地址运算的方法,也是一种规则化的方法。指针运算在含义和种类上都和一般数据的运算不同,它的运算种类是有限的,只能进行赋值运算、算术运算和关系运算。

10.2.1 指针变量赋值运算

指针变量同普通变量一样,使用之前不仅要定义说明,而且必须赋予具体的值。未经赋值的指针变量不能使用,否则将造成系统混乱,甚至死机。指针变量的赋值只能赋予地址,决不能赋予任何其他数据,否则将引起错误。在 C 语言中,变量的地址是由编译系统分配的,对用户完全透明,用户不知道变量的具体地址。

指针是用来存放另一个变量的地址的变量,因此向指针变量赋的值必须是地址。常见的指针赋值运算有以下几种形式。

1)把一个变量的地址赋给指向相同数据类型的指针变量。如:

```
int a,*pa;
pa=&a;
```

2)相同数据类型的指针变量间可以相互赋值。如:

```
int *p,*q;
q=p;
```

3)把数组的地址赋给指向相同数据类型的指针变量。如:

```
double x[10],*pa,*pb;
pa=x;
pb=&x[0];
```

4)把数组的首地址赋予指向数组元素的指针变量。如:

```
int a[5],*pa;
pa=a;
```

数组名表示数组的首地址,故可赋予指向数组元素的指针变量 pa。也可写为:

```
pa = &a[0];    /* 数组第一个元素的地址也是整个数组的首地址,也可赋予 pa */
```

当然也可采取初始化赋值的方法:

```
int a[5], * pa = a;
```

5) 把字符串的首地址赋予指向字符类型的指针变量。如:

```
char * pc;
pc = "C Language";
```

或用初始化赋值的方法写为:

```
char * pc = "C Language";
```

这里应说明的是,并不是把整个字符串装入指针变量,而是把存放该字符串的字符数组的首地址装入指针变量。

6) 把函数的入口地址赋予指向函数的指针变量。例如:

```
int ( * pf)();
pf = f; /* f 为函数名 */
```

在使用赋值运算时,不要将一个整数(整数 0 除外)或其他类型的数据赋给指针变量。下面的赋值是不合法的。

```
int a, * p1;
float * p;
p1 = 100;
p1 = a;
```

赋值语句 p = p1;也是错误的。p 和 p1 虽然都是指针变量,但分别指向不同类型的目标变量。

7) 可以将整数 0 赋予一个指针变量,如:

```
pa = 0;
```

这时指针变量 pa 的值为 0,表示该指针为空指针。空指针并不是指针的存储空间为空,而是有着特定的值:0,它表示指针的一种状态,即该指针不指向任何目标变量。

注意:在程序中使用指针变量之前,一定要给该指针赋予确定的地址值。一个没有赋值的指针其指向是不定的。在使用指向不定的指针处理数据时,常常会破坏内存中其他领域的内容,严重时会造成系统失控。因此在程序中不要使用指向不定的指针。

例 10-3 指针变量的赋值运算。

```
#include <stdio.h>
int main()
{
    int a,b;
    int * ptr_1, * ptr_2;
```

```
    a=50;b=10;
    ptr_1=&a;
    ptr_2=&b;
    printf("%d,%d\n",a,b);
    printf("%d,%d\n",*ptr_1,*prt_2);
}
```

运行结果：

```
50,10
50,10
```

10.2.2 指针变量算术运算

指针变量的算术运算是按 C 语言地址计算规则进行的，运算结果与指针变量所指向目标变量的数据类型有关。

1. 指针变量加减运算

指针变量作为地址量加上或减去一个整数 n，表示指针变量当前位置前移或后移 n 个存储单元。由于指针变量可以指向不同数据类型，即数据长度不同的数据，所以这种运算的结果取决于指针变量指向的数据类型。

定义一个 float 型指针变量 p 并赋初值。例如：

```
float *p=0x0000;
```

计算 p+n=p+n×sizeof（float）=0x0000+n×4。float 是单精度实型，包含 4 个字节，"p+n"表示的是地址 0x0000+n×4。

2. 指针变量自增（++）、自减（--）运算

指针变量自增（++）和自减（--）运算也是地址运算，指针变量自增（++）运算后就指向内存中下一个数据位置，指针变量自减（--）运算后就指向内存中上一个数据位置。运算后指针变量地址值也取决于它所指向的数据类型。

例如，指针变量 p 指向 int 型数据（2个字节长），p 的值设为"FF02"，当执行 p++ 后，p 的值加 2，成为"FF04"，它是下一个数据的地址。而当执行 p-- 后（假设 p 值还是"FF02"），p 的值减 2，成为"FF00"，它是上一个数据的地址。指针变量 p 进行" ++ "" -- "运算前后的变化如图 10-6 所示。

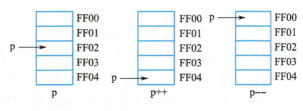

图 10-6 指针变量的 ++ 和 -- 运算

指针变量的" ++ "" -- "运算也分为前置运算和后置运算，当它们和其他运算符出现在一个表达式中的时候，要注意它们之间的结合规则和运算顺序。如：

```
y=*p++;
```

该表达式中有3个运算符：=、*和++。"*"和"++"的优先级高于"=","*"和"++"属于同级运算，但结合方式是自右至左。所以等价于：

　　y = *(p++);

这里是后置运算，因此该表达式的运算顺序是：先访问p当前所指向的目标变量，把目标变量的值赋给y，然后再执行"p+1"。指针变量p指向下一个目标变量。

如果表达式为：y = * ++p;

它等价于：y = *(++p); 这里是前置运算，因此该表达的运算顺序是：先执行"p+1"，指针变量P指向下一个目标变量，在进行"*"运算后，将当前所指目标变量的值赋给变量y。

如果表达式为：y = (*p) ++; 它是先把目标变量的值赋给y，然后该目标变量的值加1。这里指针变量p的值并不发生改变。

如果表达式为：y = ++(*p); 它是先将目标变量的值加1后再赋值给y，这里指针变量p的值并不发生改变。

例10-4　指针变量的++和--运算。

```
#include <stdio.h>
int main()
{   int  a[]={1,2,3,4,5},*p=a;
    printf("\n%d",*p);
    printf("\n%d",*p++);
    printf("\n%d",* ++p);
    printf("\n%d",(*p)++);
    printf("\n%d",++(*p));
}
```

运行结果：

1
1
3
3
5

程序中定义了一个数组a和一个指针变量p，数组a的元素赋予了相应的初值，并将数组a的首地址赋给指针变量p。当前p指向数组a的第一个元素，即a[0]。

第一个printf语句，进行"*"运算，输出p当前所指向数组元素的值，即a[0]的值"1"。第二个printf语句，先输出p当前所指向数组元素a[0]的值"1"，然后执行"p+1"。指针变量p指向了下一数组元素，即a[1]。第三个printf语句，先执行"p+1"，指针变量p指向下一数组元素，即a[2]，再进行"*"运算，输出的是数组元素a[2]的值"3"。第四个printf语句，进行"*"运算，输出的是数组元素a[2]的值"3"，然后该数组元素a[2]的值加1，变为4，这时指针变量p还是指向数组元素a[2]。第五个printf语句，进行"*"运算，将数组元素a[2]的值再加1，变为5，然后输出该值，这时指针变量p也还是指向数组元素a[2]。

指针变量自增（++）和自减（--）运算中还包含一类运算，就是（+=）和（-=）运算。（+=）运算后移指针指向内存中下几个数据位置，（-=）运算前移指针指向内存中上几个数据位置。如下列程序段：

```
int *ptr;
int ary[5]={2,4,6,8,10};
ptr=ary;
ptr+=3;
ptr--;
ptr-=2;
ptr++;
```

其中，程序段中定义了一个指针和一个数组，并将数组 ary 的首地址赋给指针变量 ptr。程序运行至"ptr+=3;"时，显示当前 ptr 指向数组的第 4 个元素，即 ary[3]。程序运行至"ptr-=2;"时，显示当前 ptr 指向数组的第一个元素，即 ary[0]。

3. 指针变量的相减运算

两个指针变量相减是地址计算，但结果值不是地址量，是按公式计算得到的一个整数。

设指针变量 p1 和 p2 指向同类型的数据，则"p2-p1"运算的结果是两个指针变量所指向的地址位置之间的数据个数。例如：

```
type *p1,*p2;
```

其中，type 是数据类型，可以是整型、实型或字符型等。

定义两个 float 型指针变量 p1、p2，假设 p1=1024、p2=2048，则：p2-p1=(p2-p1)/sizeof(float)=(2048-1024)/4=256，其中"sizeof(type)"是表示指针变量的数据类型所占的字节数。float 是单精度实型占 4 个字节，即 p2 和 p1 之间有 256 个 float 型的数据。在 C 语言中指针变量相加是没有实际意义的。

10.2.3 指针变量间关系运算

指向相同数据类型的指针变量之间可以进行各种关系运算。两个指针变量之间的关系运算表示它们的目标变量的地址位置之间的关系。假设数据在内存中的存储逻辑是由前向后，则指向后方的指针变量大于前方的指针变量。

假设指针变量 p 和 q 指向同类型的数据，关系表达式：p<q，则表示 p 指向的位置在 q 所指向位置的前方；若 p=q，则表示两个指针变量指向同一位置。

指向不同数据类型的指针变量之间的关系运算是没有意义的。指针变量与一般整数变量之间的关系运算也是没有意义的。但是指针变量可以和整数 0 之间进行等于或不等于的关系运算，用于判断指针变量是否为空指针，即无效指针。

10.3 指针和数组

指针与数组计算地址的方法是相同的。数组问题可用指针求解，有时更方便、简单，效率更高，例如对二维数组排序。研究指针与数组的关系，主要是建立等价表达式，分清左值和右值。指针可以指向一维数组的数组元素，也可以指向二维数组的数组元素，还可以指向一维数组。

10.3.1 数组指针变量

指向数组的指针变量称为数组指针变量。在讨论数组指针变量的说明和使用之前,先明确几个关系。

一个数组是由连续的一块内存单元组成的,数组名就是这块连续内存单元的首地址,一个数组是由各个数组元素(下标变量)组成的,每个数组元素按其类型不同占有几个连续的内存单元。一个数组元素的首地址也是指它所占有的内存单元的首地址。一个指针变量既可以指向一个数组,也可以指向一个数组元素,可把数组名或第一个元素的地址赋予它。如要使指针变量指向第 i 号元素,可以把 i 元素的首地址赋予它,或把数组名加 i 赋予它。

数组指针变量说明的一般格式为:

类型说明符 * 指针变量名;

其中,类型说明符表示所指数组的类型。指针变量 p 指向数组中的一个元素,则 p+1 指向同一数组中的下一个元素。例如,若 p 的初值为 &a[0],则:

1) p+i 和 a+i 就是 a[i] 的地址,或者说它们指向 a 数组的第 i 个元素。
2) *(p+i) 或 *(a+i) 就是 p+i 或 a+i 所指向的数组元素,即 a[i]。例如,*(p+5) 或 *(a+5) 就是 a[5]。
3) 指向数组的指针变量也可以带下标,如 p[i] 与 *(p+i) 等价。

从一般形式可以看出指向数组的指针变量和指向普通变量的指针变量的说明是相同的。

引入指针变量后,就可以用两种方法来访问数组元素了。

第一种方法为下标法,即用 a[i] 形式访问数组元素。在介绍数组时都是采用这种方法。

第二种方法为指针法,即采用 *(a+i) 或 *(p+i) 形式,用间接访问的方法来访问数组元素,其中 a 是数组名,p 是指向数组的指针变量,其初值 p=a。

例 10-5 用指针访问数组元素。

```
int main()
{ int a[10],i,*p;
    p=a;
    for(i=0;i<10;i++)
    { *p=i;
        p++;
    }
}
```

本例首先定义整型数组和指针,将指针 p 指向数组 a,循环将变量 i 的值赋给由指针 p 指向的 a[] 的数组单元,将指针 p 指向 a[] 的下一个单元。

数组指针变量可以实现本身的值的改变,例如 p++ 是合法的,而 a++ 是错误的。虽然定义数组时,指定它包含 n 个元素,但指针变量可以指到数组以后的内存单元,系统并不认为非法。对于 *p++,由于 ++ 和 * 同优先级,结合方向自右而左,其等价于 *(p++)。

*(p++) 与 *(++p) 作用不同,若 p 的初值为 a,则 *(p++) 等价于 a[0],而 *(++p) 等价于 a[1]。

(*p)++ 表示 p 所指向的元素值加 1。如果 p 当前指向 a 数组中的第 i 个元素,则 *(p--) 相当于 a[i--],*(++p) 相当于 a[++i],*(--p) 相当于 a[--i]。

10.3.2 指针与一维数组

指向一维数组的指针定义如下：

int a[4]={1,2,3,4}; int *p=a;/* p 是指向一维数组元素的指针 */

应用指针运算符"+""*""[ ]"建立指针与一维数组的关系，如图 10-7 所示。

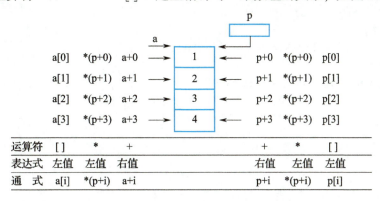

图 10-7 指针与一维数组的等价表达式

a[i]、*(a+i)、*(p+i)、p[i] 是等价表达式，均表示数组元素。a+i、p+i 也是等价表达式，均表示数组元素的地址。要特别注意，p[i] 表达式中的 p 不是数组名，是指针；这是一种下标表示法。

例 10-6 指针与一维数组的等价表达式。

```
#include <stdio.h>
#define N 3
 int main()
{       int a[N]={1,2,3},*p=a,i;
      printf("数组 a[%d]:\n",N);
      for(i=0;i<N;i++)
           printf("a[%d]:%x %5d %5d\n",i,(a+i),*(a+i),a[i]);
      printf("指针 p:\n");
      for(i=0;i<3;i++)
           printf("p[%d]:%x %5d %5d\n",i,(p+i),*(p+i),p[i]);
}
```

运行结果：

```
数组 a[3]:
a[0]:ffd6    1    1
a[1]:ffd8    2    2
a[2]:ffda    3    3
指针 p:
p[0]:ffd6    1    1
p[1]:ffd8    2    2
p[2]:ffda    3    3
```

10.3.3 指针与二维数组

在概念和使用上,二维数组的指针比一维数组的指针要复杂一些。

1. 指向二维数组元素的指针变量

例 10-7 用指针变量输出二维数组元素的值

```
#include <stdio.h>
int main()
{   int a[3][4]={1,2,3,4,5,6,7,8,9,10,11,12};
    int *p;
    for(p=a[0];p<a[0]+12;p++)
        {   if((p-a[0])%4==0) printf("\n");
            printf("%4d",*p);
        }
}
```

运行结果:

```
1   2   3   4
5   6   7   8
9  10  11  12
```

p 是一个指向整型变量的指针变量,它可以指向一般的整型变量,也可以指向整型的二维数组元素,每次使 p 值加 1,移向下一元素。如果要输出某个指定的数组元素,则应事先计算该元素相对数组起始位置的相对位移量。

元素 a[i][j] 在数组中的相对位置的计算公式为:i*m+j,其中 m 为二维数组的列数,i 是行下标,j 是列下标。

设二维数组和指针定义如下:

```
int a[2][3]={1,2,3,4,5,6};
int *p=&a[0][0];    /* p 是指向二维数组元素的指针 */
```

应用指针运算符"+""*""[]"扩大二维数组的表示形式。二维数组元素在内存中是以一维方式存储。应用指向二维数组元素的指针,可以很方便地对二维数组实现一维运算,如图 10-8 所示。

从图 10-8 可以看到有两个方向的控制:

1)a、a+i、&a[i] 控制的是行,或者说它们是行控制。

2)*(a+i)+j 或 a[i]+j 控制的是列,即列控制。

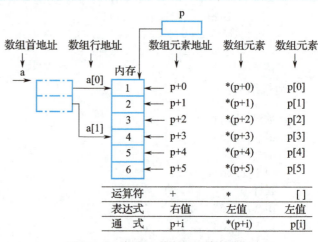

图 10-8 指向二维数组元素的指针

虽然 a+1 和 a[1] 的值相同，但含义（属性）是不一样的。a+1 指向 a[1]，是向纵向移动；a[1] 指向 a[1][0]，是向横向移动。

a[i] 和 *(a+i) 是等价表达式，均表示二维数组的第 i 行地址；a[i]+j 和 *(a+i)+j 是等价表达式，均表示二维数组的列地址，即数组元素的地址；*(a[i]+j)、*(*(a+i)+j) 和 a[i][j] 是等价表达式，均表示二维数组的数组元素。

2. 指向二维数组一个整体数组元素的指针变量

可以使指针变量 p 不指向整型变量，而指向一个包含 m 个元素的一维数组，这时，如果 p 先指向 a[0]（即 p=&a[0]），则 p+1 不是指向 a[0][1]，而是指向 a[1]，p 的增值以一维数组的长度为单位。

例 10-8　输出二维数组任一行任一列元素的值。

```
#include <stdio.h>
 int main()
{   int a[3][4]={1,2,3,4,5,6,7,8,9,10,11,12};
    int (*p)[4],i,j;
    p=a;
    scanf("i=%d,j=%d",&i,&j);
    printf("a[%d][%d]=%d\n",i,j,*(*(p+i)+j));
}
```

运行结果：

```
i=1,j=2↙
a[1][2]=7
```

例 10-8 中 "int(*)p[4]" 表示 p 是一个指向包含 4 个元素的一维数组的指针变量，注意 *p 两侧的括号不可缺少，如果写成 *p[4]，由于方括号优先级高，因此 p 先与 [4] 结合，是数组，再与前面 * 的结合，形成指针数组。

10.3.4　指针数组

数组的元素为指针类型的，称为指针数组。指针数组是一组有序的指针的集合。指针数组的所有元素都必须是具有相同存储类型和指向相同数据类型的指针变量。

1. 指针数组的定义

指针数组定义的一般格式如下：

类型 *数组名[常量表达式];

其中，类型说明符为指针值所指向的变量的类型。

例如："int *pa[3];" 表示 pa 是一个指针数组，它有 3 个数组元素，每个元素值都是一个指针，指向整型变量。通常可用一个指针数组来指向一个二维数组。指针数组中的每个元素被赋予二维数组中每一行的首地址，因此也可理解为指向一个一维数组。

指针数组存放二维数组的行地址。例如，p 是一维指针数组名，注意不是二维数组。一旦将二维数组的行地址 a[0] 赋给 p[0]，即 p[0]=a[0]；二维数组的行地址 a[1] 赋给

p[1]，即 p[1] = a[1]；指针数组和二维数组建立了联系，二维数组就成为指针数组的目标，其结构类似二维数组结构。因此，二维数组的等价表达式可用于指针数组，只需将 a 改为 p。

p[0]+0、*(p+0)+0 是等价表达式，均表示二维数组的第 0 行地址。p[1]+0、*(p+1)+0是等价表达式，均表示二维数组的第 1 行地址。p[i]+j、*(p+i)+j是等价表达式，均表示二维数组的列地址，即数组元素的地址。*(p[i]+j)、*(*(p+i)+j)、p[i][j]是等价表达式，均表示二维数组元素。

例 10-9 指针数组与数组元素的输出。

```
int a[3][3]={2,4,6,8,10,12,14,16,18};
int *pa[3]={a[0],a[1],a[2]};
int *p=a[0];
int main()
 { int i;
   for(i=0;i<3;i++)
     printf("%d,%d,%d\n",a[i][2-i],*a[i],*(*(a+i)+i));
   for(i=0;i<3;i++)
     printf("%d,%d,%d\n",*pa[i],p[i],*(p+i));
}
```

运行结果：

2,4,6
8,10,12
14,16,18
2,4,6
8,10,12
14,16,18

例 10-9 程序中，pa 是一个指针数组，三个元素分别指向二维数组 a 的各行。然后用循环语句输出指定的数组元素。其中 *a[i] 表示 i 行 0 列元素值；*(*(a+i)+1) 表示 i 行 1 列的元素值；*pa[i] 表示 i 行 0 列元素值；由于 p 与 a[0] 相同，故 p[i] +1 表示 i 行 1 列的值；*(p[i]+2) 表示 i 行 2 列的值。

2. 字符型指针数组

多个字符串可用字符型二维数组表示。例如，要描述"FORTRAN""BASIC""C++""Java""VB""C"，可以定义一个字符型二维数组表示：

```
char LnameA[6][8]={"FORTRAN","BASIC","C++","Java","VB","C"};
```

图 10-9 表示了字符型二维数组的结构。

从图 10-9 可以看出，每个字符串占用内存空间相等。要注意，各个字符串长度是不相等的。当处理的多个字符串的长度差异很大时，会浪费较多的内存空间。这种表示方法一般用于处理串长度不固定的多个字符串。

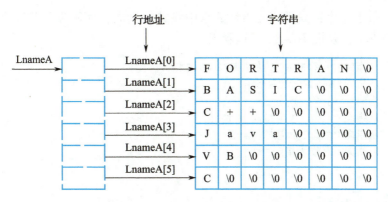

图 10-9　字符型二维数组的结构

处理多个字符串，还可以应用字符型指针数组表示。例如，描述上面的多个字符串，可定义一个字符型指针数组：

```
char * Lname[ ] = {"FORTRAN","BASIC","C ++ ","Java","VB","C"};
```

图 10-10 表示了字符型指针数组结构。

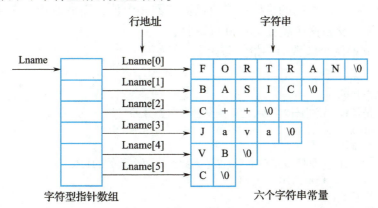

图 10-10　字符型指针数组结构

从图 10-10 可以看出，每个字符串占用内存空间不相等，没有浪费内存空间。这种表示方法一般适用于处理多个常量字符串。除节省内存外，而且处理且效率高。

下面以字符串排序为例，研究字符指针数组的应用。图 10-11 表示了字符型指针数组排序。

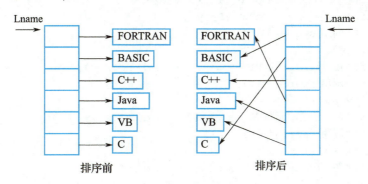

图 10-11　字符型指针数组排序

字符型指针数组排序，只需改变指针数组中指针的指向，而不需要移动字符串在内存中的位置，处理效率高。从图 10-11 可以看出：

Lname[0]从指向"FORTRAN"改为指向"BASIC"。
Lname[1]从指向"BASIC"改为指向"C"。
Lname[2]指向"C++"未变。
Lname[3]从指向"Java"改为指向"FORTRAN"。
Lname[4]从指向"VB"改为指向"Java"。
Lname[5]从指向"C"改为指向"VB"。

10.4 指针和函数

指针变量的值也是地址，数组指针变量的值即为数组的首地址，当然也可作为函数的参数使用。

10.4.1 指针作为函数参数

指针可作为函数的形参和函数的返回值类型。指针作为函数形参，可达到形参共享实参的目的。如果修改指针所指向的目标，能使函数带回多个值；而修改指针本身，不能使函数带回多个值。下面以交换两个整数为例进行说明。

例 10-10 交换两个整数——指针与函数。

```c
#include <stdio.h>
/* 交换两个整数 */
/* 形参不是指针,无法修改实参,达不到交换两个整数的目的 */
void swapa(int x,int y);
/* 交换两个整数 */
/* 形参是指针,由于是修改指针本身,也达不到交换两个整数的目的 */
void swapb(int *px,int *py);
/* 交换两个整数 */
/* 形参是指针,由于是修改指针所指向的目标,能达到交换两个整数的目的 */
void swapc(int *px,int *py);
 int main()
{int x=10,y=20;
    printf("源数据(地址和值):\n");
    printf("  x:%x    %d\n",&x,x);
    printf("  y:%x    %d\n",&y,y);
    printf("调用 swapa:\n");
    swapa(x,y);
    printf("在 main 函数内   x=%d  y=%d\n",x,y);
    printf("调用 swapb:\n");
    swapb(&x,&y);
    printf("在 main 函数内   x=%d  y=%d\n",x,y);
    printf("调用 swapc:\n");
    swapc(&x,&y);
    printf("在 main 函数内   x=%d  y=%d\n",x,y);
}
```

```c
/* 交换两个整数 -- 交换形参值 */
void swapa(int x,int y)
{   int temp;
    temp = x;   x = y;
    y = temp;
    printf("在 swapa 函数内   x = %d  y = %d\n",x,y);
}
/* 交换两个整数 -- 交换形参值(地址) */
void swapb(int *px,int *py)
{   int *temp;
    temp = px;   px = py;
    py = temp;
    printf("在 swapb 函数内   x = %d  y = %d\n",*px,*py);
}
/* 交换两个整数 -- 交换实参值 */
void swapc(int *px,int *py)
{   int temp;
    temp = *px;   *px = *py;   *py = temp;
    printf("在 swapc 函数内   x = %d  y = %d\n",*px,*py);
}
```

运行结果：

```
源数据(地址和值)：
 x:ffd0    10
 y:ffd2    20
调用 swapa:
在 swapa 函数内   x = 20   y = 10
在  main 函数内   x = 10   y = 20
调用 swapb:
在 swapb 函数内   x = 20   y = 10
在  main 函数内   x = 10   y = 20
调用 swapc:
在 swapc 函数内   x = 20   y = 10
在  main 函数内   x = 20   y = 10
```

从程序运行结果可以明显地看出，只有函数 swapc() 能实现交换两个整数的目的。下面结合函数 swap()，采用图示法进一步说明传值和传址这一重要的基本概念。

函数 swapa（传值）：传值是单向传递，即将实参的值传递给对应的形参，而不可能将形参的值反传递给实参。传递结束，实参和形参不存在任何联系，因此，形参值的修改不会影响实参值。如图 10 – 12 所示，形象显示出形参 x、y 的值进行了交换。但是，由于形参 x、y 的值不能修改实参 x、y 的值，所以实参 x、y 的值保持原值。

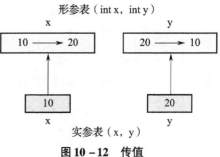

图 10 – 12　传值

函数 swapb（传址，修改指针）：传址（传地址值）是将实参的地址传递给对应的形参，实现了形参共享实参，即形参 x、y 指针所指向的目标就是实参 x、y 存储单元。图 10-13 显示出了形参共享实参概念。同时也显示出形参 x、y 的指针值进行了交换，即 x 指针改为指向实参 y，而 y 指针改为指向实参 x。但是，实参 x、y 值没有被修改，

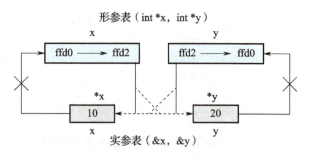

图 10-13 传址，修改指针

仍保持原值。在图 10-13 中有两处出现 *x、*y，它们的含义是不同的，要严格区分开。

函数 swapc（传址，修改目标）：传址（传地址值），实现了形参共享实参。在函数 swapc() 中的下列语句 "temp = *px； *px = *py； *py = temp；" 是交换 x、y 指针所指向的目标，即交换实参 x、y 的值，且向调用函数传回两个值，如图 10-14 所示。

从函数 swapc() 看出：通过指针类型的形参，且修改它所指向的目标，可以使函数带回多个值。数组名是常量地址。因此，一维数组名和指针可相互传递（注意，类型必须相同），如图 10-15 所示。但是，二维数组名和指针不可相互传递。

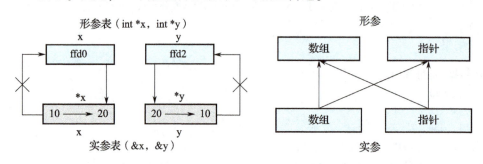

图 10-14 传址，修改目标　　　　　图 10-15 实参、形参

10.4.2 指针型函数

指针可作为函数的返回值类型，在处理动态数据结构时，经常遇到返回指针的函数。必须十分明确，数组不可作为函数的返回值类型。

函数类型是指函数返回值的类型，在 C 语言中允许一个函数的返回值是一个指针（即地址），这种指针类型的函数称为指针型函数。

指针型函数的一般格式如下：

　　类型名 *函数名(形参表);　　　　/*有参函数*/
　　类型名 *函数名();　　　　　　　/*无参函数*/

其中，在函数名之前加了"*"号表明这是一个指针型函数，即返回值是一个指针。类型说明符表示了返回的指针值所指向的数据类型。

如：int *ap(int x,int y)
　　{ …　/*函数体*/
　　}

其中，ap 是一个返回指针值的指针型函数，它要求函数的返回值是指针，即地址，该地址指向一个整型变量。

例 10 - 11 返回局部变量的地址。

```
#include <stdio.h>
int *g(); /* 指针函数 */
int main()
{  int *p;
   p=g();
   printf("p:%x(地址)    %d(随机值)\n",p,*p);
}
/* 返回局部变量的地址 */
int *g()
{  int value=50;/* 局部变量 */
   printf("value:%x(地址)    %d(值)\n",&value,value);
   return &value;  /* 警告错误！返回局部变量的地址 */
}
```

运行结果：

```
value:ffce(地址)    50(值)
p:ffce(地址)    28612(随机值)
```

在 return 语句中，返回局部变量的地址是不允许的。因为函数返回，局部变量自动撤销。动态变量的地址、全局变量的地址和静态变量的地址都可作为函数的返回值。

例 10 - 12 通过指针函数，输入一个 1~7 之间的整数，输出对应的星期几。

```
int main()
{int i;
 char *day_name(int n);
 printf("input Day No:\n");
 scanf("%d",&i);
 if(i<0) exit(1);
 printf("Day No:%2d→%s\n",i,day_name(i));
 }
char *day_name(int n)
{  static char *week[]={"Illegal day","Monday","Tuesday","Wednesday",
"Thursday","Friday","Saturday","Sunday"};
    return((n<1||n>7)?week[0]:week[n]);
 }
```

运行结果：

```
input Day No:
2↙
Day No:2→Tuesday
```

例 10-12 中定义了一个指针型函数 day_name( )，它的返回值指向一个字符串。该函数中定义了一个静态指针数组 name。name 数组初始化赋值为 8 个字符串，分别表示出错提示及 7 个星期名。形参 n 表示与星期名所对应的整数。在主函数中，把输入的整数 i 作为实参，在 printf 语句中调用函数 day_name( )并把 i 值传送给形参 n。函数 day_name( )中的 return 语句包含一个条件表达式，n 值若大于 7，或小于 1，则把 name[0] 指针返回主函数，输出出错提示字符串 "Illegal day"。否则返回主函数，输出对应的星期名。主函数中的第 6 行是个条件语句，其语义是，如输入为负数（i<0）则中止程序运行退出程序。exit 是一个库函数，exit(1) 表示发生错误后退出程序，exit(0) 表示正常退出。

10.4.3 函数指针变量

在 C 语言中规定，一个函数总是占用一段连续的内存区，而函数名就是该函数所占内存区的首地址。可以把这个函数的首地址（或称入口地址）赋予一个指针变量，使该指针变量指向该函数。然后通过指针变量就可以找到并调用这个函数。把这种指向函数的指针变量称为 "函数指针变量"。

指向函数的指针称为函数指针。函数指针是函数的入口地址，函数名的值。可用函数指针调用函数。函数指针也可作为函数的形参。

函数指针变量的一般定义格式如下：

```
类型名（*指针变量名）( )；           /* 无参数表 */
类型名（*指针变量名）(类型名表)；      /* 有参数表 */
```

其中，类型名是指函数返回值的类型。

调用函数的一般格式如下：

(*指针变量名)（实参表）；

其中，(*指针变量名) 表示 "*" 后面的变量是定义的指针变量。最后的如是空括号 "( )"，表示指针变量所指的是一个函数。

例如，"int(*pf)( )；" 表示 pf 是一个指向函数入口的指针变量，该函数的返回值（函数值）是整型。下面通过例子来说明用指针形式实现对函数调用的方法。

例 10-13 求 a 和 b 中较大者，用函数指针实现。

```
#include <stdio.h>
int max1(int a,int b)
   { if(a>b) return a;
     else return b;
   }
 int main()
{ int max1(int a,int b);
   int(*max2)();
   int x,y,z;
   max2=max1;
   printf("input two numbers:\n");
   scanf("%d,%d",&x,&y);
```

```
        z = ( * max2)(x,y);
        printf("maxnum = % d",z);
    }
```

运行结果：

```
input two numbers:
13,14↙
maxnum = 14
```

从上述程序可以看出，用函数指针变量形式调用函数的步骤如下：

1) 先定义函数指针变量，如"int(* max2)( );"定义了 max2 为函数指针变量。
2) 把被调函数的入口地址（函数名）赋予该函数指针变量，如"max2 = max1;"。
3) 用函数指针变量形式调用函数，如"z = (* max2)(x, y);"。

使用函数指针变量还应注意以下两点：函数指针变量不能进行算术运算，这是与数组指针变量不同的。数组指针变量加/减一个整数可使指针移动，指向后面/前面的数组元素，而函数指针的移动是毫无意义的；函数调用中"(* 指针变量名)"的两边的括号不可少，其中的 * 不应该理解为求值运算，在此处它只是一种表示符号。

在函数调用时，函数之间一般都需要传入和传出数据。传入数据指主调用函数向被调用函数传递数据。一般有两种途径：通过形参表和通过全局变量。传出数据指被调用函数向主调用函数传递数据。一般有三种途径：通过函数返回值、通过指针类型的形参和通过全局变量。选用全局变量传入和传出数据要慎重，因为这种数据传递方式破坏了函数的独立性。

应该特别注意的是函数指针变量和指针型函数这两者在写法和意义上的区别。如"int(* p)( );"和"int * p( );"是两个完全不同的量。"int(* p)( );"是一个变量说明，说明 p 是一个指向函数入口的指针变量，该函数的返回值是整型量，(* p) 的两边的括号不能少。"int * p( );"则是函数说明，说明 p 是一个指针型函数，其返回值是一个指向整型量的指针， * p 两边没有括号。作为函数说明，在括号内最好写入形式参数，这样便于与变量说明区别。

10.5 指针和字符串

在 C 语言中，字符串可以用字符型数组表示，也可以用字符型指针表示。

10.5.1 字符串表示方法

在定义字符型指针时，可以用字符串常量初始化。例如：char * strp = "VC ++ ";
字符串常量可以赋给字符型指针变量。例如：char * strp;　　strp = "VC ++ ";
上述两种表示法都不是将字符串常量"VC ++ "复制到 strp 中，而是将字符串常量"VC ++ "的第 1 个字符的地址赋给 strp，字符串常量"VC ++ "成为 strp 的目标，如图 10 - 16 所示。

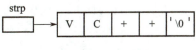

图 10 - 16　字符串

向字符指针变量读入一个字符串时，该指针必须已指向有足够内存空间的目标，否则会产生运行错误，如图 10-17 所示。

例如：char a[80], *str = a;
gets(str);

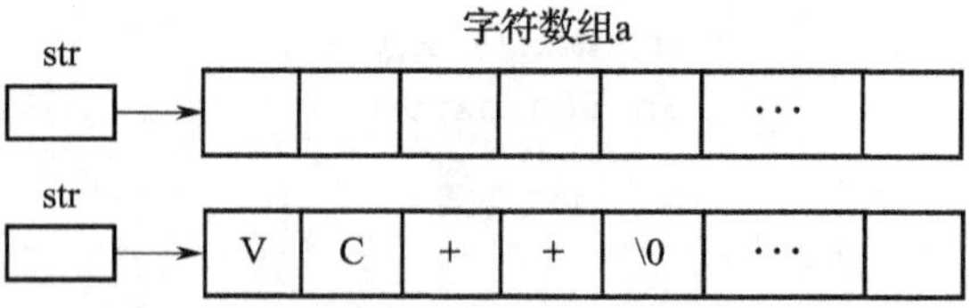

上面语句是正确的，而下面语句是错误的，往往会产生运行错误。因为读入的字符串无内存空间存放：

```
char *str;
gets(str);
```

图 10-17 空间不够

字符串指针变量的定义说明与指向字符变量的指针变量说明是相同的。只能按对指针变量的赋值不同来区别。对指向字符变量的指针变量应赋予该字符变量的地址。

例如，"char c, *p = &c;" 表示 p 是一个指向字符变量 c 的指针变量。"char * s = "C Language";" 表示 s 是一个指向字符串的指针变量，把字符串的首地址赋予 s。

例 10-14 通过字符指针输出一个字符串。

```
#include <stdio.h>
int main()
{   char *p;
    p = "cloud computing";
    printf("%s",p);
}
```

运行结果：

```
cloud computing
```

例 10-14 中，首先定义 p 是一个字符指针变量，然后把字符串的首地址赋予 p（应写出整个字符串，以便编译系统把该串装入连续的一块内存单元），并把首地址送入 p。程序中的 "char *p; p = " cloud computing ";" 等效于 "char *p = " cloud computing ";"，输出字符串中的所有字符。

例 10-15 在输入的字符串中查找有无 "x" 字符。

```
#include <stdio.h>
int main()
{ char st[30],*p;
  int i;
  printf("input a string:\n");
  p = st;
  scanf("%s",p);
  for(i=0;p[i]!='\0';i++)
    if(p[i]=='x')
    { printf("there is a 'x' in the string\n");
      break;
    }
  if(p[i]=='\0') printf("There is no 'x' in the string\n");
}
```

用字符数组和字符串指针变量都可实现字符串的存储和运算。但是两者是有区别的，在使用时应注意以下几个问题：

1）字符串指针变量本身是一个变量，用于存放字符串的首地址。而字符串本身是存放在以该首地址为首的一块连续的内存空间中并以"\0"作为串的结束。字符数组是由于若干个数组元素组成的，它可用来存放整个字符串。

2）对字符数组作初始化赋值，必须采用外部类型或静态类型，如"static char st[ ] = {"cloud computing"};"，而对字符串指针变量则无此限制，如"char *p ="cloud computing";"。

对字符串指针方式"char *p ="cloud computing";"，可以写为"char *p; p ="cloud computing";"而对数组方式"static char st[ ] = {"cloud computing"};"不能写为"char st[30]; st ={"cloud computing"};"，而只能对字符数组的各元素逐个赋值。

10.5.2 字符串处理函数

字符串处理库函数是用指针实现的。函数原型摘自头文件 string.h 中的声明。使用前必须加"#include <string.h>"，在函数原型的形参表中，字符型指针前用了关键字 const 修饰，该指针称为指向常量的指针。它的作用是阻止通过间接访问修改目标，即该指针所指向的字符串就不可能被修改，很安全。阅读下列函数，要特别注意指针作为函数形参和函数返回值类型，以及指针表达式的应用。

1. 求字符串长度

函数原型如下：

```
unsigned int strlen(const char *s)
{   int len = 0;
    while( *s ++ )   len ++ ;
      return len;
}
```

执行 *s ++ 表达式等价于先取 s 指针所指向的字符；s 指针再加 1，指向下一字符。

2. 字符串复制

函数原型如下：

```
char *strcpy(char *dest,const char *src)
{   char *temp = dest;/* 暂存目标串指针,用于返回目标串 */
    while( *dest ++ = *src ++);    ;
      return temp;  }
```

字符串复制是将原字符串 src 一个字符一个字符地复制到目标串 dest，包含'\0'字符。最后返回指针 temp，即返回 dest 原指针值。执行"*dest ++ = *src ++"表达式等价于"*dest = *src"，先将指针 src 指向的字符复制到指针 dest 指向的存储单元。

src ++ 表示 src 指针加 1,指向下一字符。
dest ++ 表示 des 指针加 1,指向下一字符。

注意，由于先执行赋值，然后 src 指针和 des 指针再加 1，所以"\0"字符能复制。

3. 字符串连接

函数原型如下：

```c
char *strcat(char *dest,const char *src)
{  char *temp=dest;
   while(*dest++)    /* 移到 dest 的'\0'位置 */
     …
   dest--;
   while(*dest++=*src++)    /* 复制 src 串到 dest 串 */
     …
   return temp;}
```

字符串连接是先将指针 dest 移到字符"\0"处，然后将 src 串复制到指针 dest 指向的存储单元。最后返回指针 temp，即返回 dest 原指针。

4. 字符串比较

函数原型如下：

```c
int strcmp(const char *s1,const char *s2)
    { for(;*s1==*s2;s1++,s2++)
        if(!*s1) return 0;/* 判别当前两个字符是否为'\0' */
      return *s1-*s2;}
```

两个字符串比较是对应字符一一比较。当两个字符不等或两个字符均为"\0"时，结束比较，返回 *s1-*s2。两个字符串的值决定了两个字符串比较关系与返回值：

*s1==*s2,*s1=='\0',*s2=='\0'	串1==串2	返回值为0
*s1>*s2	串1>串2	返回大于0
*s1<*s2	串1<串2	返回小于0

因此，函数 strcmp( )的返回值能决定了两个字符串比较关系。比较的两个字符不等，返回 *s1-*s2，如果两个字符均为"\0"，返回 0。

例 10-16 把一个字符串的内容复制到另一个字符串中，并且不能使用函数 strcpy( )。

```c
#include <stdio.h>
cpystr(char *pss,char *pds)
 /*函数 cprstr( )的形参为两个字符指针变量:pss 指向源字符串,pds 指向目标字符串。*/
{ while((*pds=*pss)!='\0')
    { pds++;
      pss++;}
}
int main()
{ char *p1=" the Internet of Things ",b[30],*p2;
  p2=b;
  cpystr(p1,p2);
  printf("string 1=%s\nstring 2=%s\n",p1,p2);}
```

在例 10-16 中，程序完成了两项工作：一是把 pss 指向的源字符复制到 pds 所指向的目标字符中，二是判断所复制的字符是否为 '\0'，若是则表明源字符串结束，不再循环。否则，pds 和 pss 都加 1，指向下一字符。在主函数中，以指针变量 p1、p2 为实参，分别取得确定值后调用函数 cprstr( )。由于采用的指针变量 p1 和 pss、p2 和 pds 均指向同一字符串，因此在主函数和函数 cprstr( )中均可使用这些字符串。也可以把函数 cprstr( )简化为以下形式：

```
cprstr(char *pss,char *pds) {while((*pds++ = *pss++)! ='\0');}
```

进一步分析还可发现"\0"的 ASCII 码为 0，对于 while 语句只看表达式的值为非 0 就循环，为 0 则结束循环，因此也可省去"! ='\0'"这一判断部分，而写为以下形式：

```
cprstr (char *pss,char *pds)
  {while(*pdss++ = *pss++);}
```

表达式的意义可解释为源字符向目标字符赋值，移动指针，若所赋值为非 0 则循环，否则结束循环。这样使程序更加简洁。

```
cpystr(char *pss,char *pds)
{while(*pds++ = *pss++);
}
int main()
{ char *p1 =" the Internet of Things ",b[30],*p2;
    p2 = b;
    cpystr(p1,p2);
    printf("string 1 =% s\nstring 2 =% s\n",p1,p2);
}
```

10.6 多重指针

10.6.1 指向指针的指针

指向指针的指针变量说明的一般形式为：

类型说明符 * * 指针变量名；

如，"int * * pp；"表示 pp 是一个指针变量，它指向另一个指针变量，而这个指针变量指向一个整型量。

一个指针变量的值是另一个指针变量的地址，称该指针为多级指针。下面举一个例子来说明这种关系，如图 10-18 所示。

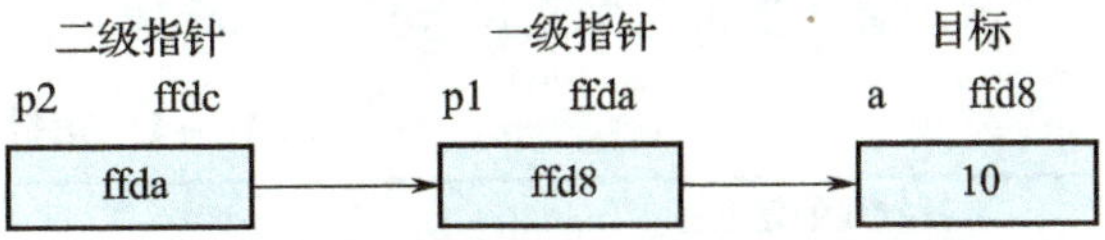

二级指针		一级指针		目标	
p2	ffdc	p1	ffda	a	ffd8
ffda	→	ffd8	→	10	

图 10-18 多级指针

```
short a =10; short *p1 =&a;  short * *p2 =&p1;  /* 建立指针链 */
```

建立指针链是程序设计的任务，它不能自动建立。访问变量 a，可以通过一级指针 p1 实现间接访问，也可以通过二级指针 p2 实现间接访问。

例 10 – 17 指向指针的指针变量。

```
#include <stdio.h>
 int main()
{ int x,*p,**q;
  x=20;
  p=&x;
  q=&p;
  printf("x=%d\n",**q);}
```

例 10 – 17 程序中 p 是一个指针变量，指向整型量 x；q 也是一个指针变量，它指向指针变量 p。通过 q 变量访问 x 的写法是 **q。程序最后输出 x 的值为 20。

10.6.2 命令行参数

在前面讲述的程序中，函数 main() 的第一行大部分写成了以下形式：

```
main()
```

括号中为空，表示没有参数，实际上函数 main() 是可以带参数的。其一般格式为：

```
main(int argc, char *argv[])
```

其中，argc 和 argv 是函数 main() 的形式参数，在操作系统下运行 C 程序时，可以以命令行参数形式，向函数 main() 传递参数。

命令行参数的一般形式是：

运行文件名　参数 1　参数 2　…参数 n

其中，运行文件名和参数之间、各个参数之间要用一个空格分隔。argc 表示命令行参数个数（包括运行文件名），argv 是指向命令行参数的指针数组。指针 argv[0] 指向的字符串是运行文件名，argv[1] 指向的字符串是命令行参数 1，argv[2] 指向的字符串是命令行参数 2，以此类推。

本单元小结

在 C 语言中，指针是一种表示能力极强又十分灵活的数据类型。它能有效地表示和处理复杂的数据结构，特别善于处理动态数据结构。

1. 指针变量定义及其含义（见表 10 – 1）

表 10 – 1 指针变量定义及其含义

指针变量定义	含义
int *p;	p 为指向整型数据的指针变量
int *p[n];	p 为指针数组，由 n 个指向整型数据的指针元素组成
int (*p)[n];	p 为指向含 n 个元素的一维数组的指针变量
int *p();	p 为返回整型指针的函数
int (*p)();	p 为指向返回整型值的函数指针
int **p;	p 为一个指向整型指针的指针变量

2. 指针变量赋值（见表 10-2）

表 10-2　指针变量赋值

赋值表达式	意义
p = &a;	将变量 a 的地址赋给 p
p = array;	将数组 array 的首地址赋给 p
p = &array［i］	将数组 array 第 i 个元素的地址赋给 p
p = max（max 为函数）	将 max() 函数的入口地址赋给 p
p = p1	将 p1 的值赋给 p
p = NULL	相当于 p = 0，将 NULL 值赋给 p，使 p 成为空指针。即 p 不指向任何有效地址

指针变量的值为存储地址，指针可以初始化为 0、NULL 或变量的地址。指针指向变量的数据类型必须与指针的基本类型相同。取地址运算符 & 返回操作数的地址，它的操作数必须是变量名或数组元素名，间接运算符 * 返回指针变量所指向的变量值，使用指针可以提高程序的运行效率。

数组名代表数组第一个元素的地址。指针的算术运算只能用于相邻的内存地址，如数组。一个数组中的所有元素在内存中是相邻存放的。函数指针是函数在内存中的地址。函数指针可以传递到函数、从函数中返回、存放在数组中，可以赋给其他的函数指针变量。

习题与实训

一、习题

1. 当把一个数组名传递给一个函数时，实际上传递的是_____。
2. 如果一个表达式的运算结果是指针，这个表达式称为_____。
3. 编译系统在编译时为程序中的函数分配一个唯一的地址，这个地址称为_____。
4. 设有定义"int a[3][4] = {1,2,3,4,5,6,7,8,9,10,11,12},(*p)[4] = a;"，表达式 p[2][1] 的结果为_____。
5. 若有声明"char a[3] = "AB"; char *p = a;"，执行语句"printf("%d",p[2]);"后输出结果是_____。
6. 已有定义"int a[3][2] = {{6,5},{4,3},{2,1}}, *p = a[1];"，则执行语句"printf("%d\n", *(p+2));"后的输出结果是_____。
7. 指针是一个特殊的变量，它里面存储的数值被解释为_____。
8. 已有定义"int a[10], *p = a+3;"，则数组 a 的最后一个元素是 p_____。
9. 已有定义"int b[10], *p = b, *q; q = &b[5];"，则表达式 q-p 的值是_____。
10. 设有定义"int a[3][4] = {1,2,3,4};"，表达式 *(&a[0][0]+2) 的结果为_____。
11. 如果有声明"int m, n = 5, *p = &m;"，与 m = n 等价的语句是（　　）。
　　A. m = *p;　　　　B. *p = *&n;　　　　C. m = &n;　　　　D. m = **p;

12. 已有定义"int c, *s, a[ ] = {1, 3, 5};",语法和语义都正确的赋值是（　　）。
    A. c = *s;   B. s[0] = a[0];   C. s = &a[1];   D. c = a;
13. 设变量定义为"int x, *p = &x;",则 &*p 相当于（　　）。
    A. p   B. *p   C. x   D. *&x
14. 已有声明"int a = 1, *p = &a;",下列正确的语句是（　　）。
    A. a = p;   B. p = 2 * p + 1;   C. p = 1000;   D. a + = *p;
15. 已有声明"int a[10] = {1, 2, 3, 4, 5, 6, 7, 8, 9, 10}, *p = &a[3], b = p[5];",则 b 的值是（　　）。
    A. 5   B. 6   C. 8   D. 9
16. 已有定义"char b[6], *p = b;",则正确的赋值表达式语句是（　　）。
    A. b = "China";   B. *b = "China";   C. p = "China";   D. *p = "China";
17. 已有函数"int fun(int *p){return *p;}",则调用该函数后，函数的返回值是（　　）。
    A. 不确定的值   B. 形参 p 中存放的值
    C. 形参 p 所指存储单元中的值   D. 形参 p 的地址值
18. 若有声明"char *p = " 123"; int c;",则执行语句"c = sizeof(p);"后, c 的值是（　　）。
    A. 1   B. 2   C. 3   D. 4
19. 已有定义"static char *p = "Apple";",则执行"puts(p+2);"时输出结果是（　　）。
    A. Apple   B. Cpple   C. pple   D. ple
20. 若有定义"int a[3][4], *p = a[0], (*q)[4] = a;",则下列叙述中错误的是（　　）。
    A. a[2][3] 与 q[2][3] 等价   B. a[2][3] 与 p[2][3] 等价
    C. a[2][3] 与 *(p+11) 等价   D. a[2][3] 与 p = p + 11, *p 等价
21. 若有定义"int **p[10];",则 p 是一个（　　）。
    A. 指针   B. 数组   C. 函数   D. 数组元素
22. 若有定义"int(*f)(int);",则下面叙述正确的是（　　）。
    A. f 是函数名, 该函数的返回值是类型为 int 类型的地址
    B. f 是指向函数的指针变量, 该函数具有一个 int 类型的形参
    C. f 是指向 int 类型一维数组的指针变量
    D. f 是类型为 int 的指针变量
23. 若有定义"int *p[3];",则下面叙述正确的是（　　）。
    A. 定义了一个指针数组 p, 该数组包含 3 个元素, 每个元素都是类型为 int 的指针
    B. 定义了一个类型为 int 的指针变量 p, 该变量具有 3 个指针
    C. 定义了一个名为 *p 的整型数组, 该数组包含 3 个类型为 int 的元素
    D. 定义了一个可指向一维数组的指针变量 p, 一维数组应具有 3 个类型为 int 的元素
24. main(argc, argv) 中形参 argv 的正确声明形式应当为（　　）。
    A. char *argv[ ]   B. char argv[ ]   C. char argv[ ][ ]   D. char *argv
25. 已知有程序段"char str[ ][8] = {"first", "second"}, *p = &str[0][0]; printf("%s\n", p+8);",则执行 printf 语句后输出为（　　）。
    A. second   B. first   C. ond   D. nd

二、实训

（一）实训目的

1. 掌握指针的基本概念、指针变量的定义及初始化。
2. 了解或掌握指针与数组的关系，指针与数组有关的算术运算、比较运算，能运用指针处理数组。
3. 学会使用字符串的指针和指向字符串的指针变量。
4. 学会使用指针数组来处理字符串数组。
5. 了解或掌握用指针作为函数参数。
6. 了解或掌握返回指针值的函数。

（二）实训内容

1. 阅读程序题，输出结果。

（1）
```
sub(int x,int y,int *z)
  {*z=y-x;}
main( )
{ int a,b,c;
   sub(10,5,&a);
   sub(7,a,&b);
   sub(a,b,&c);
   printf("%4d,%4d,%4d\n",a,b,c);
}
```

（2）
```
#include <stdio.h>
main()
{ static char a[ ]="Language",b[ ]="programe";
   char *p1,*p2;   int k;
   p1=a;p2=b;
   for(k=0;k<=7;k++)
   if(*(p1+k)==*(p2+k))
      printf("%c",*(p1+k));
}
```

2. 编写程序。

（1）sort( )的功能是把a、b指针数组中的数据从大到小有序合并到c数组中，m是数组a中元素的个数，n是数组b中元素的个数，函数返回合并后数组c的元素个数。

（2）用指针函数完成输入一个数n，输出n所对应月份的英文名。若输入错误，则输出"Error"。

（3）统计一个字符串中数字字符"0"到"9"各自出现的次数，统计结果保存在数组count中。

（4）用指针变量输入一个字符串，把该字符串的前3个字母移到最后，输出变换后的字符串。例如输入为"abcdef"，输出为"defabc"。

（5）用指针数组完成输入3个字符串，按由小到大顺序输出。

单元 11 结构和其他类型

在实际问题中，一组数据往往具有不同的数据类型。例如，在学生登记表中，姓名应为字符型；学号可为整型或字符型；年龄应为整型；性别应为字符型；成绩可为整型或实型。显然不能用一个数组来存放这一组数据，因为数组中各元素的类型和长度都必须一致。为了解决这个问题，C 语言中给出了另一种构造数据类型——结构，有时也称为结构体。

11.1 结构的概念

1. 结构的定义

结构是一种构造类型，它是由若干"成员"组成的。每一个成员可以是一个基本数据类型或者又是一个构造类型。结构是一种"构造"而成的数据类型，在说明和使用之前必须先定义它，也就是构造它，如同在说明和调用函数之前要先定义函数一样。

定义一个结构的一般格式为：

```
struct 结构名｛
        成员表列
        ｝；
```

struct 是关键字，成员表列由若干个成员组成，每个成员都是该结构的一个组成部分。对每个成员也必须作类型说明，其格式为：

类型说明符 成员名；

成员名的命名应符合标识符的书写规定。例如：

```
struct student
{   int num;
    char name[30];
    char sex;
    float score;  };
```

在这个结构定义中，结构名为 student，该结构由 4 个成员组成：第一个成员为 num，整型变量；第二个成员为 name，字符数组；第三个成员为 sex，字符变量；第四个成员为 score，实型变量。应注意在花括号后的分号是不可少的。结构定义之后，即可进行结构变量的说明。凡说明为结构 student 的变量都由上述 4 个成员组成。由此可见，结构是一种复杂的数据类型，是数目固定、类型不同的若干有序变量的集合。

2. 结构类型变量说明

说明结构变量有以下三种方法。以上面定义的 student 为例来加以说明。

1）先定义结构，再说明结构变量。例如：

```
struct student
  { int num;
    char name[20];
    char sex;
    float score;
  };
struct student boy1,boy2;
```

说明了两个变量 boy1 和 boy2 为 student 结构类型。也可以用宏定义使用一个符号常量来表示一个结构类型，例如：

```
#define STU struct student
STU
{int num;
char name[20];
char sex;
float score;
};
STU boy1,boy2;
```

2）在定义结构类型的同时说明结构变量。例如：

```
struct student
  { int num;
    char name[20];
    char sex;
    float score;
  }boy1,boy2;
```

其中，变量 boy1 前的花括号后不加分号。

3）直接说明结构变量。例如：

```
struct
  { int num;
    char name[20];
    char sex;
    float score;
  }boy1,boy2;
```

第三种方法与第二种方法的区别在于第三种方法中省去了结构名，而直接给出结构变量。说明了 boy1、boy2 变量为 student 类型后，即可向这两个变量中的各个成员赋值。在上述 student 结构定义中，所有的成员都是基本数据类型或数组类型。成员也可以又是一个结构，即构成了嵌套的结构。

```
struct date
{ int month;
  int day;
  int year;
  }
struct
{int num;
char name[20];
char sex;
struct date birthday;
float score;
}boy1,boy2;
```

首先定义一个结构 date，由 month（月）、day（日）、year（年）3 个成员组成。在定义并说明变量 boy1 和 boy2 时，其中的成员 birthday 被说明为 data 结构类型。成员名可与程序中其他变量同名，互不干扰。结构变量成员的表示方法在程序中使用结构变量时，往往不把它作为一个整体来使用。

11.2 结构的操作

在 C 语言中除了允许具有相同类型的结构变量相互赋值以外，一般对结构变量的使用，包括赋值、输入、输出、运算等都是通过结构变量的成员来实现的。

11.2.1 结构的引用和初始化

1. 结构的引用

表示结构变量成员的一般格式如下：

结构变量名.成员名

运算符"."是访问结构成员，其左操作数必须是结构变量名，右操作数是结构的成员名。根据结构成员的表示方法，如果成员本身又是一个结构则必须逐级找到最低级的成员才能使用。例如，boy1.birthday.month，即第一个人出生的月份成员，可以在程序中单独使用，与普通变量完全相同。

如果结构不包含指针类型成员和动态数据结构成员，类型相同的结构可赋值。例如，"student 1 = student 2;"是正确的赋值语句。其他情况只能访问结构成员。

例 11-1 给结构变量赋值并输出其值。

```
#include <stdio.h>
 int main()
{ struct student
```

```
    {int num;
    char *name;
    char sex;
    float score;
    }boy1,boy2;
boy1.num=101;
boy1.name="Peter";
printf("input sex and score\n");
scanf("%c%f",&boy1.sex,&boy1.score);
boy2=boy1;
printf("Number=%d\nName=%s\n",boy2.num,boy2.name);
printf("Sex=%c\nScore=%f\n",boy2.sex,boy2.score);
}
```

运行结果：

```
input sex and score
M95↙
Number=101
Name=Peter
Sex=M
Score=95.000000
```

本程序中用赋值语句给 num 和 name 两个成员赋值，name 是一个字符串指针变量。用函数 scanf( )动态地输入 sex 和 score 成员值，然后把 boy1 的所有成员的值整体赋予 boy2。最后分别输出 boy2 的各个成员值。本例表示了结构变量的赋值、输入和输出的方法。

2. 结构的初始化

如果结构变量是静态存储类或外部存储类，则初始化语句表达式应为常量表达式。如果变量是自动存储类或寄存器存储类，则初始化语句表达式允许为任意表达式。

例 11-2　静态结构变量初始化。

```
    int main()
{   static struct student   /*定义静态结构变量*/
    {
    int num;
    char *name;
    char sex;
    float score;
    }boy2,boy1={101,"Peter",'M',90.5};
    boy2=boy1;
}
```

例 11-2 是把 boy1、boy2 都定义为静态局部的结构变量，同样可以作初始化赋值。

11.2.2　结构数组

数组的元素也可以是结构类型的。因此可以构成结构型数组。结构数组的每一个元素都是具有相同结构类型的下标结构变量。在实际应用中，经常用结构数组来表示具有相同数据结构的一个群体。例如一个班的学生档案，一个车间职工的工资表等。

结构数组的定义方法和结构变量相似，只需说明它为数组类型即可。例如：

```
struct student
{ int num;
  char *name;
  char sex;
  float score;
}boy[6];
```

定义了一个结构数组 boy，共有 6 个元素，boy［0］～boy［5］。每个数组元素都具有 struct student 的结构形式。对外部结构数组或静态结构数组可以作初始化赋值。例如：

```
struct student
{ int num;
  char *name;
  char sex;
  float score;
}boy[6] = {{1001,"Rose","F",70},
           {1002,"Peter","M",90.5},
           {1003,"Tom","M",81},
           {1004,"Lisa","F",46.5},
           {1005,"Martin","M",53}
           {1006,"Robot","M",66}
          };
```

当对全部元素作初始化赋值时，也可以不给出数组长度。

例 11-3　计算学生的平均成绩和不及格的人数。

```
#include <stdio.h>
struct student
{    int num;
    char *name;
    char sex;
    float score;
} boy[6] = {{1001,"Rose","F",70},
            {1002,"Peter","M",90.5},
            {1003,"Tom","M",81},
            {1004,"Lisa","F",46.5},
            {1005,"Martin","M",53},
            {1006,"Robot","M",66}
           };
int main()
{  int i,c = 0;
   float ave,s = 0;
   for(i = 0;i < 6;i ++)
```

```
        {    s + = boy[i].score;
             if(boy[i].score < 60)   c + = 1;
        }
     printf("s = % f\n",s);
     ave = s/6;
     printf("average = % f\ncount = % d\n",ave,c);
}
```

运行结果：

```
s = 407.000000
average = 67.833333
count = 2
```

例 11 - 3 程序中定义了一个外部结构数组 boy，共有 6 个元素，并进行了初始化赋值。在函数 main( ) 中用 for 语句逐个累加各元素的 score 成员值存于 s 之中，如果 score 的值小于 60（不及格）则计数器 C 加 1，循环完毕后计算平均成绩，并输出全班总分、平均分和不及格人数。

11.2.3 结构指针变量

一个指针变量当用来指向一个结构变量时，称为结构指针变量。结构指针变量中的值是所指向的结构变量的首地址。通过结构指针即可访问该结构变量，这与数组指针和函数指针的情况是相同的。

结构指针变量说明的一般形式为：

struct 结构名 * 结构指针变量名;

例如，在例 11 - 1 中定义了 student 这个结构，如果要说明一个指向 student 的指针变量 p，可写为：

```
struct student *p;
```

当然也可在定义 student 结构的同时说明 p。与前面讨论的各类指针变量相同，结构指针变量也必须赋值后再使用。赋值是把结构变量的首地址赋予该指针变量，不能把结构名赋予该指针变量。如果 boy 是被说明为 student 类型的结构变量，则 p = &boy 是正确的，而 p = &student 是错误的。

结构名和结构变量是两个不同的概念，不能混淆。结构名只能表示一个结构形式，编译系统并不对它分配内存空间。只有当某变量被说明为这种类型的结构时，才对该变量分配存储空间。因此上面 & student 这种写法是错误的，不可能去取一个结构名的首地址。有了结构指针变量，就能更方便地访问结构变量的各个成员。访问的一般格式如下：

(* 结构指针变量).成员名或　结构指针变量— > 成员名

例如，(* p).num　或　p— > num。

应该注意（ * p）两侧的括号不可少，因为成员符"."的优先级高于" * "。如果去掉括号写作 * p. num 则等效于 * (p. num)，这样，意义就完全不对了。下面通过例子来说明结构指针变量的具体说明和使用方法。

例11-4 结构指针变量。

```
#include <stdio.h>
struct student
{   int num;
    char *name;
    char sex;
    float score;
    } boy1={1001,"Peter",'M',90.5},*p;
int main()
{ p=&boy1;
  printf("Number=%d\nName=%s\n",boy1.num,boy1.name);
  printf("Sex=%c\nScore=%f\n\n",boy1.sex,boy1.score);
  printf("Number=%d\nName=%s\n",(*p).num,(*p).name);
  printf("Sex=%c\nScore=%f\n\n",(*p).sex,(*p).score);
  printf("Number=%d\nName=%s\n",p—>num,p—>name);
  printf("Sex=%c\nScore=%f\n\n",p—>sex,p—>score);
}
```

运行结果：

```
Number=1001
Name=Peter
Sex=M
Score=90.500000
Number=1001
Name=Peter
Sex=M
Score=90.500000
Number=1001
Name=Peter
Sex=M
Score=90.500000
```

本程序定义了一个结构 student，定义了 student 类型结构变量 boy1 并作了初始化赋值，还定义了一个指向 student 类型结构的指针变量 p。在函数 main() 中，p 被赋予 boy1 的地址，因此 p 指向 boy1。然后在 printf 语句内用 3 种形式输出 boy1 的各个成员值。从运行结果可以看出：结构变量. 成员名、(*结构指针变量). 成员名、结构指针变量—>成员名，这 3 种用于表示结构成员的形式是完全等效的。

结构指针变量可以指向一个结构数组，这时结构指针变量的值是整个结构数组的首地址。结构指针变量也可指向结构数组的一个元素，这时结构指针变量的值是该结构数组元素的首地址。

设 q 为指向结构数组的指针变量，则 q 也指向该结构数组的 0 号元素，q+1 指向 1 号元素，q+i 则指向 i 号元素。这与普通数组的情况是一致的。

例 11-5　用指针变量输出结构数组。

```c
#include <stdio.h>
struct student
   { int num;
      char *name;
      char sex;
      float score;
} boy[6] = {{1001,"Rose","F",70},
            {1002,"Peter","M",90.5},
            {1003,"Tom","M",81},
            {1004,"Lisa","F",46.5},
            {1005,"Martin","M",53},
            {1006,"Robot","M",66}
           };
int main()
{ struct student *q;
  printf("No\tName\t\t\tSex\tScore\t\n");
  for(q = boy;q < boy + 6;q ++ )
  printf("%d\t%s\t\t%c\t%f\t\n",q—>num,q—>name,q—>sex,q—>score);
}
```

运行结果：

No	Name	Sex	Score
1001	Rose	F	70.000000
1002	Peter	M	90.500000
1003	Tom	M	81.000000
1004	Lisa	F	46.500000
1005	Martin	M	53.000000
1006	Robot	M	66.000000

在程序中，定义了 student 结构类型的外部数组 boy 并做了初始化赋值。在函数 main( ) 内定义 q 为指向 student 类型的指针。在循环语句 for 的表达式 1 中，q 被赋予 boy 的首地址，然后循环 6 次，输出 boy 数组中各成员值。应该注意的是，一个结构指针变量虽然可以用来访问结构变量或结构数组元素的成员，但是不能使它指向一个成员。也就是说，不允许取一个成员的地址来赋予它。

例如 "q = &boy[1].sex;" 是错误的，应该是 "q = boy;"（赋予数组首地址），或者是 "q = &boy[0];"（赋予 0 号元素首地址）。

11.3　结构的应用

在 C 语言标准中允许用结构变量作为函数参数进行整体传送。但是这种传送要将全部成员逐个传送，特别是成员为数组时将会使传送的时间和空间开销很大，严重地降低了程序的效率。因此最好的办法就是使用指针，即用指针变量作为函数参数进行传送。这时由实参传向形参的只是地址，从而减少了时间和空间的开销。

例 11-6 用结构指针变量作为函数参数编程，实现例 11-3，计算一组学生的平均成绩和不及格人数。

```
#include <stdio.h>
struct student
    { int num;
      char *name;
      char sex;
      float score;} boy[6] = { {1001,"Rose","F",70},
                               {1002,"Peter","M",90.5},
                               {1003,"Tom","M",81},
                               {1004,"Lisa","F",46.5},
                               {1005,"Martin","M",53},
                               {1006,"Robot","M",66}
                             };
int main()
{ struct student *q;
  void ave(struct student *q);
  q = boy;
  ave(q);
}
void ave(struct student *q)
{  int c = 0,i;
   float ave,s = 0;
   for(i = 0;i < 5;i ++,q ++)
     {  s + = q—>score;
        if(q—>score < 60)   c + = 1;
     }
   printf("s = % f \n",s);
   ave = s/5;
   printf("average = % f \ncount = % d \n",ave,c);
}
```

运行结果：

```
s = 407.000000
average = 67.833333
count = 2
```

本程序中定义了函数 ave()，其形参为结构指针变量 q。boy 被定义为外部结构数组，因此在整个源程序中有效。在函数 main() 中定义说明了结构指针变量 q，并把 boy 的首地址赋予它，使 q 指向 boy 数组。然后以 q 作为实参调用函数 ave()。在函数 ave() 中完成计算平均成绩和统计不及格人数的工作并输出结果。与例 11-3 程序相比，由于本程序全部采用指针变量作运算和处理，故速度更快，程序效率更高。

例 11-7 输入学生信息，统计总分后输出学生信息。

```c
#include <stdio.h>
struct data    /* 日期结构 */
{ int year;    /* 年 */
  int month;   /* 月 */
  int day;     /* 日 */
};
struct student /* 学生信息结构 */
{ char no[10];        /* 学号 */
  char name[8];       /* 姓名 */
  char sex[3];        /* 性别 */
  struct data birthday;  /* 出生日期 结构嵌套定义 */
  int score[4];       /* 3 门课的分数和总分 */
};
/* 统计总分 */
struct student stscore(struct student stud,int n);
int main()
{ struct student stud1 ={"s20140001","Mike","M",{1990,6,17},{80,76,63,0}};
  printf("student information:\n");
  printf("%s %s %s %4d %3d %3d %4d %4d %4d %4d\n",stud1.no,stud1.name,
      stud1.sex,
      stud1.birthday.year,stud1.birthday.month,stud1.birthday.day,
      stud1.score[0],stud1.score[1],stud1.score[2],stud1.score[3]);
  stud1 = stscore(stud1,3);
  printf("output student information:\n");
  printf("%s %s %s %4d %3d %3d %4d %4d %4d %4d\n",stud1.no,stud1.name,
      stud1.sex,
      stud1.birthday.year,stud1.birthday.month,stud1.birthday.day,
      stud1.score[0],stud1.score[1],
      stud1.score[2],stud1.score[3]);
}
/* 统计总分 */
struct student stscore(struct student stud,int n)
{  int i;
   for (i = 0;i < n;i ++)
     stud.score[3] += stud.score[i];
   return stud;
}
```

运行结果：

```
student information:
s20140001 Mike M 1990  6  17  80  76  63   0
output student information:
s20140001 Mike M 1990  6  17  80  76  63 219
```

结构变量的赋值就是给各成员赋值，可用输入语句或赋值语句来完成。

11.4 动态结构类型

在数组一单元中，曾介绍过数组的长度是预先定义好的，在整个程序中固定不变。C 语言中不允许动态数组类型。例如语句"int n; scanf("%d", &n); int a[n];"中用变量表示长度，想对数组的大小作动态说明，这是错误的。但是在实际的编程中，往往会发生这种情况，即所需的内存空间取决于实际输入的数据，而无法预先确定。对于这种问题，用数组的办法很难解决。

为了解决上述问题，C 语言提供了一些内存管理函数，这些内存管理函数可以按需要动态地分配内存空间，也可把不再使用的空间回收待用，为有效地利用内存资源提供了手段。内存管理函数包含在"stdlib.h"头文件中，有些编译系统包含在"malloc.h"头文件中。常用的内存管理函数有以下 3 个。

1. 分配内存空间函数 malloc( )

调用格式：(类型说明符 *) malloc（size）；

功能：在内存的动态存储区中分配一块长度为 size 字节的连续区域。

函数的返回值为该区域的首地址。"类型说明符"表示把该区域用于何种数据类型。（类型说明符 *）表示把返回值强制转换为该类型指针。size 是一个无符号数。例如：

```
p =(char *) malloc (10);
```

表示分配 10 个字节的内存空间，并强制转换为字符数组类型，函数的返回值为指向该字符数组的指针，把该指针赋予指针变量 p。

2. 分配内存空间函数 calloc( )

calloc 也用于分配内存空间。

调用格式：(类型说明符 *) calloc(n, size)；

功能：在内存动态存储区中分配 n 块长度为 size 字节的连续区域。

函数的返回值为该区域的首地址。（类型说明符 *）用于强制类型转换。函数 calloc( ) 与函数 malloc( ) 的区别仅在于一次可以分配 n 块区域。例如：

```
p =(struct student *) calloc(2,sizeof (struct student));
```

其中的 sizeof（struct student）是求 student 的结构长度。语句的功能是按 student 的长度分配两块连续区域，强制转换为 student 类型，并把其首地址赋予指针变量 p。

3. 释放内存空间函数 free( )

调用格式：free(void * p)；

功能：释放 p 所指向的一块内存空间，p 是一个任意类型的指针变量，它指向被释放区域的首地址。被释放区应是由函数 malloc( ) 或函数 calloc( ) 所分配的区域。

例 11-8 输入一个学生数据到分配区域。

```c
#include <stdio.h>
#include <stdlib.h>   /*或#include <malloc.h>*/
int main()
    { struct student
        { int num;
          char *name;
          char sex;
          float score;
        } *p;
    p=(struct student *)malloc(sizeof(struct student));
    p->num=1001
    p->name="Peter";
    p->sex='M';
    p->score=90.5;
    printf("Number=%d\nName=%s\n",p->num,p->name);
    printf("Sex=%c\nScore=%f\n",p->sex,p->score);
    free(p);
    }
```

运行结果：

```
Number=1001
Name=Peter
Sex=M
Score=90.500000
```

例 11-8 中，定义了结构 student 和 student 类型指针变量 p。然后分配一块 student 大内存区，并把首地址赋予 p，使 p 指向该区域。再以 p 为指向结构的指针变量对各成员赋值，并用 printf 输出各成员值。最后用函数 free() 释放 p 指向的内存空间。

整个程序包含了申请内存空间、使用内存空间、释放内存空间 3 个步骤，实现存储空间的动态分配。本例采用了动态分配方法为一个结构分配内存空间。每一次分配一块空间可用来存放一个学生的数据，可称为一个结点。有多少个学生就应该申请分配多少块内存空间，也就是说要建立多少个结点。当然用结构数组也可以完成上述工作，但如果预先不能准确把握学生人数，也就无法确定数组大小。而且当学生留级、退学之后也不能把该元素占用的空间从数组中释放出来。用动态存储的方法可以很好地解决这些问题。

使用动态分配时，每个结点之间可以是不连续的。结点之间的联系用指针实现。即在结点结构中定义一个成员项用来存放下一结点的首地址，用于存放地址的成员，常把它称为指针域。在第一个结点的指针域内存入第二个结点的首地址，在第二个结点的指针域内存放第三个结点的首地址，如此连下去直到最后一个结点。这样的连接方式，在数据结构中称为"链表"。链表中的每一个结点都是同一种结构类型。

例如，一个存放学生学号和成绩的结点应为以下结构：

```
struct student
  { int num;
    int score;
    struct student *next;  }
```

前两个成员项组成数据域，后一个成员项 next 构成指针域，它是一个指向 student 类型结构的指针变量。

例 11-9 建立链表、删除结点、插入结点的函数组织在一起，再建一个输出全部结点的函数，然后用函数 main( ) 调用它们。

```
#include <stdio.h>
#include <stdlib.h>     /*或#include <malloc.h> */
#define NULL 0
#define TYPE struct student
#define LEN sizeof(struct student)
struct student
    { int num;
      int age;
      struct student *next;  };
TYPE * create(int n)
{  struct student *head,*pf,*pb;
    int i;
    for(i=0;i<n;i++)
    { pb=(TYPE *)malloc(LEN);
       printf("input Number and Age\n");
       scanf("%d%d",&pb—>num,&pb—>age);
       if(i==0)   pf=head=pb;
           else    pf—>next=pb;
       pb—>next=NULL;
       pf=pb; }
  return(head);
  }
TYPE * delet(TYPE * head,int num)
{    TYPE *pf,*pb;
   if(head==NULL)
      { printf("\nempty list! \n");
        goto end;}
      pb=head;
      while (pb—>num!=num && pb—>next!=NULL)
         {pf=pb;pb=pb—>next;}
      if(pb—>num==num)
         { if(pb==head)   head=pb—>next;
           else pf—>next=pb—>next;
           printf("The node is deleted\n");
         }
```

```c
            else
                free(pb);
            printf("The node not been found! \n");
            end: return head;
        }
TYPE * insert(TYPE * head,TYPE * pi)
    {   TYPE *pb ,*pf;
       pb = head;
       if(head = = NULL)
            { head = pi;
                  pi—>next = NULL; }
       else {
          while((pi—>num > pb—>num)&&(pb—>next! = NULL))
             { pf = pb;
                 pb = pb—>next; }
       if(pi—>num < = pb—>num)
            { if(head = = pb)   head = pi;
                else pf—>next = pi;
                pi—>next = pb; }
         else
             { pb—>next = pi; pi—>next = NULL; }
         }
       return head;
       }
void print(TYPE * head)
{     printf("Number \t \tAge \n");
      while(head! = NULL)
            { printf("% d \t \t% d \n",head—>num,head—>age);
                head = head—>next; }
      }
  int main()
    {   TYPE * head,*pnum;
        int n,num;
        printf("input number of node: ");
        scanf("% d",&n);
        head = create(n);
        print(head);
        printf("Input the deleted number: ");
        scanf("% d",&num);
        head = delet(head,num);
        print(head);
        printf("Input the inserted number and age: ");
        pnum = (TYPE *)malloc(LEN);
        scanf("% d% d",&pnum—>num,&pnum—>age);
        head = insert(head,pnum);
        print(head);
        }
```

运行结果：

```
input number of node:2↙
input Number and Age
101 19↙
input Number and Age
102 20↙
Number          Age
101             19
102             20
Input the deleted number:102↙
The node is deleted
Number          Age
101             19
Input the inserted number and age:103 21↙
Number          Age
101             19
103             21
```

本例中，函数 print( ) 用于输出链表中各个结点数据的域值。函数的形参 head 的初值指向链表第一个结点。在 while 语句中，输出结点值后，head 值被改变，指向下一结点。若保留头指针 head，则应另设一个指针变量，把 head 值赋予它，再用它来替代 head。在函数 main( ) 中，n 为建立结点的数目，num 为待删结点的数据域值；head 为指向链表的头指针，pnum 为指向待插结点的指针。

函数 main( ) 中的意义是：输入所建链表的结点数；调用函数 create( ) 建立链表并把头指针返回给 head；调用函数 print( ) 输出链表；输入待删结点的学号；调用函数 delet( ) 删除一个结点；调用函数 print( ) 输出链表；调用函数 malloc( ) 分配一个结点的内存空间，并把其地址赋予 pnum；输入待插入结点的数据域值；调用函数 insert( ) 插入 pnum 所指的结点；再次调用函数 print( ) 输出链表。

从运行结果看，首先建立起 2 个结点的链表，并输出其值；再删 102 号结点，只剩下 101 号结点；又输入 103 号结点数据，插入后链表中的结点为 101，103。

11.5 联合

联合也是一种构造类型的数据结构，也称作联合体或共用体。在一个"联合"内可以定义多种不同的数据类型，一个被说明为"联合"类型的变量中，允许装入该"联合"所定义的任何一种数据。这在前面的各种数据类型中都是办不到的。例如，定义为整型的变量只能装入整型数据，定义为实型的变量只能赋予实型数据。

例如，学校的教师和学生填写以下表格内容：姓名、年龄、职业、单位，其中"职业"一项可分为"教师"和"学生"两类，"单位"一项学生应填入班级编号，教师应填入某系某教研室。班级可用整型量表示，教研室只能用字符类型。要求把这两种类型不同的数据都填入"单位"这个变量中，就必须把"单位"定义为包含整型和字符型数组这两种类型的"联合"，要么赋予整型值，要么赋予字符串，不能把两者同时赋予它。

11.5.1 联合定义

定义一个联合类型的一般格式为:

```
union 联合名
    {
        成员表;
    };
```

成员表中含有若干成员,成员的一般格式为:

类型说明符 成员名;

其中,成员名的命名应符合标识符的规定。例如:

```
union department
   { int class;
     char office[20];
   };
```

定义了一个名为 department 的联合类型,它含有两个成员,一个为整型,成员名为 class;另一个为字符数组,数组名为 office。联合定义之后,即可进行联合变量说明,被说明为 department 类型的变量,可以存放整型量 class 或存放字符数组 office。

联合变量的说明和结构变量的说明方式相同,也有 3 种形式。即先定义再说明、定义同时说明和直接说明。以 department 类型为例,说明如下:

```
union department
{ int class;
  char officae[20];
};
union department a,b;      /*说明 a,b 为 department 类型*/
```

或者可同时说明为:

```
union department
   { int class;
     char office[20]; }a,b;
```

经说明后的 a、b 变量均为 department 类型。a、b 变量的长度应等于 department 的成员中最长的长度,即等于 office 数组的长度,共 20 个字节。a、b 变量赋予整型值时,只使用了 2 个字节,而赋予字符数组时,可用 20 个字节。

11.5.2 联合变量赋值和引用

对联合变量的赋值、引用都只能是对变量的成员进行。联合变量的成员表示如下:

联合变量名.成员名;

例如,a 被说明为 department 类型的变量之后,可使用 a.class、a.office,不允许只用联合变量名作赋值或其他操作。还要再强调说明的是,一个联合变量,每次只能赋予一个成员值。换句话说，一个联合变量的值就是联合变员的某一个成员值。

例 11-10 设有一个教师与学生通用的表格，教师数据有姓名、年龄、职业、教研室 4 项。学生有姓名、年龄、职业、班级 4 项。编程输入人员数据，再以表格输出。

```c
int main()
  { struct
     { char name[30];
       int age;
       char job;
       union
        { int class;
          char office[20];
        } department;
     }body[2];
  int n,i;
  for(i=0;i<2;i++)
    { printf("input name,age,job and department \n");
      scanf("%s%d%c",body[i].name,&body[i].age,&body[i].job);
      if(body[i].job=='s')
        scanf("%d",&body[i].department.class);
      else
        scanf("%s",body[i].department.office);
    }
  printf("name\tage job class/office\n");
  for(i=0;i<2;i++)
   { if(body[i].job=='s')
     printf("%s\t%3d%3c%d\n",body[i].name,body[i].age,body[i].job,body[i].department.class);
     else
     printf("%s\t%3d%3c%s\n",body[i].name,body[i].age,body[i].job,body[i].department.office);
   }
}
```

本程序用一个结构数组 body 来存放人员数据，该结构共有 4 个成员。其中成员项 department 是一个联合类型，这个联合又由两个成员组成，一个为整型量 class，一个为字符数组 office。在程序的第一个 for 语句中，输入人员的各项数据，先输入结构的前 3 个成员 name、age 和 job，然后判别 job 成员项。

在用 scanf 语句输入时要注意，凡为数组类型的成员，无论是结构成员还是联合成员，在该项前不能再加"&" 运算符。例如程序第 14 行中 body[i].name 是一个数组类型，第 18 行中的 body[i].department.office 也是数组类型，因此在这两项之间不能加 "&" 运算符。

"联合"与"结构"有一些相似之处。但两者有本质上的不同。在结构中各成员有各自的内存空间，一个结构变量的总长度是各成员长度之和。而在"联合"中，各成员共享一段内存空间，一个联合变量的长度等于各成员中最长的长度。应该说明的是，这里所谓的共享不是指把多个成员同时装入一个联合变量内，而是指该联合变量可被赋予任一成员值，但每次只能赋一种值，赋入新值则删去旧值。联合类型必须经过定义之后，才能把变量说明为该联合类型。不能对联合变量初始化，但可以对结构变量初始化。不能把联合变量作为函数参数，但结构变量可以作为函数参数。

11.6 枚举类型

11.6.1 枚举类型的定义

枚举类型定义的一般格式如下：

enum 类型名{标识符表};

例如，定义一个颜色枚举类型：enum COLOR{red,orange,yellow,green,blue,purple};

其中，enum 是保留字；red、orange、yellow、green、blue、purple 是 COLOR 的值常量，即 COLOR 只能有 red、orange、yellow、green、blue、purple 六个值。

枚举类型的值是常量，必须是标识符。枚举类型是有序类型，即 red 为 0，orange 为 1，yellow 为 2，green 为 3，blue 为 4，purple 为 5 等，是枚举类型常量的值。

```
enum CHARACTER{'A','B','C','D'};      /* 错误 非标识符 */
enum INT{1,2,3,4,5};      /* 错误 非标识符 */
```

枚举类型常量也可以重新定义，例如：enum COLOR{red,orange = 6,yellow,green,blue,purple}；COLOR 的值，即 red 为 0，orange 为 6，yellow 为 7，green 为 8，blue 为 9，purple 为 10。

枚举变量定义的一般格式如下：

enum 类型名 变量表;

例如，定义颜色枚举类型变量：enum COLOR c1，c2;

11.6.2 枚举类型赋值和使用

1）枚举型变量可赋枚举值常量，但不能赋序号。例如：

```
enum COLOR{ red,orange,yellow,green,blue,purple };
enum COLOR c1,c2,c3 = blue;
c1 = red;   c2 = green;
c1 = 0;     c2 = 3;            /* 错误 */
c1 = (enum COLOR)0;     /* 正确 */
c2 = (enum COLOR)3;     /* 正确 */
```

2）枚举型可进行比较。例如（参数同上）：

c1 == c2,值为 0；c2 > c1,值为 1；c2! = c1,值为 1。

3）枚举型数据不能直接输入、输出，需编一段程序实现。

① 枚举型数据输入：

```
printf("输入颜色代码(0,1,2,3,4,5):");
scanf("%d",&code);
switch (code)
    { case 0:c1 = red;break;
      case 1:c1 = orange;break;
      case 2:c1 = yellow;break;
      case 3:c1 = green;break;
      case 4:c1 = blue;break;
      case 5:c1 = purple;break;
      default:printf("输入颜色代码错误！\n");exit(1); }
```

② 枚举型数据输出：

```
switch (c1)
    { case red:printf("red\n");break;
      case orange:printf("orange\n");break;
      case yellow:printf("yellow\n");break;
      case green:printf("green \n");break;
      case blue:printf("blue\n");break;
      case purple:printf("purple \n");break;
    }
```

例 11 - 11 用枚举数组输出颜色。

```
#include <stdio.h>
int main()
  { enum COLOR{ red,orange,yellow,green,blue,purple};/* 颜色枚举类型 */
    enum COLOR c[6] = {(enum COLOR)0,(enum COLOR)1,(enum COLOR)2,
    (enum COLOR)3,(enum COLOR)4,(enum COLOR)5};    /* 颜色数组 */
    int i;
    printf("输出颜色:\n");
    for (i = 0;i < 6;i ++ )
        switch (c[i])
           { case red:printf("red\n");break;
             case orange:printf("orange\n");break;
             case yellow:printf("yellow\n");break;
             case green:printf("green\n");break;
             case blue:printf("blue\n");break;
             case purple:printf("purple\n");break; }
  }
```

程序运行结果：

```
输出颜色:
red
orange
yellow
green
blue
purple
```

例 11-12 某餐厅用西瓜、桃子、草莓、香蕉、菠萝、苹果 6 种水果制作水果拼盘，要求每个拼盘中有 4 种不同的水果，编写程序计算水果拼盘个数并列出其组合方式。

```
#include <stdio.h>
enum fruits{watermelon,peach,strawberry,banana,pineapple,apple};
int main()
{ char fts[][20] = {"西瓜","桃子","草莓","香蕉","菠萝","苹果"};
  int x, y, z, p;
  int k = 0;
  for(x = watermelon; x < = apple; x ++ )
    for(y = x + 1; y < = apple; y ++ )
      for(z = y + 1; z < = apple; z ++ )
        for(p = z + 1; p < = apple; p ++ )  printf("% d:% s % s % s % s\n", ++ k, fts[x], fts[y], fts[z], fts[p]);
  printf("可以制作出% d 种水果拼盘。",k);
  return 0;  }
```

运行结果：

1:西瓜 桃子 草莓 香蕉
2:西瓜 桃子 草莓 菠萝
3:西瓜 桃子 草莓 苹果
4:西瓜 桃子 香蕉 菠萝
5:西瓜 桃子 香蕉 苹果
6:西瓜 桃子 菠萝 苹果
7:西瓜 草莓 香蕉 菠萝
8:西瓜 草莓 香蕉 苹果
9:西瓜 草莓 菠萝 苹果
10:西瓜 香蕉 菠萝 苹果
11:桃子 草莓 香蕉 菠萝
12:桃子 草莓 香蕉 苹果
13:桃子 草莓 菠萝 苹果
14:桃子 香蕉 菠萝 苹果
15:草莓 香蕉 菠萝 苹果
可以制作出 15 种水果拼盘。

11.7 使用 typedef

结构类型定义也可应用关键字 typedef 声明定义一个结构类型别名，其一般格式如下：

typedef 类型 类型别名;

类型别名不是一个新类型，仅仅是已有类型的一个别名。例如：

```
typedef struct ymd          /* 日期结构 */
   { int year;              /* 年 */
     int month;             /* 月 */
     int day;               /* 日 */
   }DATE;          /* 日期结构类型别名 */
typedef struct pupil    /* 学生信息结构 */
     { char no[10];         /* 学号 */
```

```
        char name[9];           /* 姓名 */
        char sex[3];            /* 性别 */
        DATE birthday;          /* 出生日期 结构嵌套定义 */
        int score[4];           /* 3门课的分数和总分 */
    } STUDENT;                  /* 学生信息结构类型别名 */
```

结构类型定义，还有两种不常用的格式：

格式一：
  struct 结构名
  { 成员名表
  }变量名表；

格式二：
  struct
  {成员名表
  }变量名表；

注意，结构类型名不是变量名，不分配内存空间，仅仅是为结构类型变量名分配内存空间的一个样板。

本单元小结

结构和联合是构造类型的数据，是用户自定义的数据类型。结构和联合有很多的相似之处，它们都由成员组成。成员可以具有不同的数据类型，成员的表示方法相同，都可以使用 3 种方式作变量说明。在结构变量中，各成员都占有自己的内存空间，它们是同时存在的。一个结构变量的总长度等于所有成员长度之和。在联合中，所有成员不能同时占用它的内存空间，它们不能同时存在。联合变量的长度等于最长的成员的长度。

"."是成员运算符，可用它表示成员项，成员还可用"—>"运算符来表示。结构变量可以作为函数参数，函数也可返回指向结构的指针变量。而联合变量不能作为函数参数，函数也不能返回指向联合的指针变量，但可以使用指向联合变量的指针，也可使用联合数组。结构定义允许嵌套，结构中也可用联合作为成员，形成结构和联合的嵌套。

枚举类型是一种基本数据类型。枚举元素是常量，而不是变量。枚举类型变量通常由赋值语句赋值，而不由动态输入赋值。类型定义 typedef 向用户提供了一种定义结构类型别名的方法。

习题与实训

一、习题

1. 若程序中已经声明了一个结构类型以及结构变量，则访问该结构变量成员的形式是_____。
2. 结构类型的每个成员的数据类型可以是基本数据类型，也可以是_____类型。
3. 若有结构声明"struct person {int num; char name [15];} p;"，则能给结构变量 p 的成员 num 赋值的语句为"scanf ("%d", _____)"。
4. 若有结构与变量声明"struct stru {int n;} str, *p = &str;"，则通过结构指针变量 p 访问结构成员 n 的形式有 (*p).n 和_____。
5. 使用函数 sizeof( ) 计算结构 struct List 的长度的表达式是_____。
6. 若有定义"enum ani {mouse, cat, dog, rabbit = 0, sheep, cow = 6, tiger};"，则执行语句"printf("%d", cat + sheep + cow);"后，输出的结果是_____。

7. 定义枚举变量的关键字是_____。
8. 若已有定义"enum ABC{A, B, C};",则执行语句"printf("%d\n", A+1);"后,输出的结果是_____。
9. 定义一个结构变量时,系统分配给它的内存是( )。
   A. 各成员所需内存总和　　　　　　　B. 成员中所占内存最多的容量
   C. 结构中第一个成员所占内存的容量　　D. 结构中最后一个成员所占内存的容量
10. 在 C 语言中,下列属于构造类型的是( )。
    A. 整型　　　　B. 实型　　　　C. 指针类型　　　　D. 结构类型
11. 在 C 语言中,结构类型变量在程序执行期间( )。
    A. 所有成员一直驻留在内存中　　B. 只有一个成员驻留在内存中
    C. 部分成员驻留在内存中　　　　D. 没有成员驻留在内存中
12. 对于声明"struct mn{int a; float b;} data[2], *p;",若有 p = data,则下面对 data[0] 中成员 a 的引用中错误的是( )。
    A. data[0]—>a　　B. data—>a　　C. p—>a　　　　D. (*p).a
13. 已有定义"struct student{int num; char name[10];}s={110,"Tom"}, *p=&s;",则下列语句中错误的是( )。
    A. printf("%d", s.num);　　　　　B. printf("%d", (&s)—>num);
    C. printf("%d", &s—>num);　　　　D. printf("%d", p—>num);
14. 若已经定义了结构 struct List,在下面语句中,定义结构指针 p 的正确选项是( )。
    A. List *p;　　B. struct *p;　　C. struct List *p;　　D. static List *p;
15. 下面是关于结构类型与变量的定义语句,错误的是( )。
    A. struct test{int a; int b; int c;}; struct test y;
    B. struct test{int a; int b; int c;} struct test y;
    C. struct test{int a; int b; int c;} y;
    D. struct{int a; int b; int c;} y;
16. 有以下说明和定义语句:
    struct student{ int age; char num[8];};
    struct student stu[3]={{20,"200401"},{21,"200402"},{19,"200403"}};
    struct student *p=stu;

    以下选项中引用结构变量成员的表达式错误的是( )。
    A. (p++)—>num　　B. p—>num　　C. (*p).num　　D. stu[3].age
17. 下面关于 typedef 的叙述错误的是( )。
    A. 用 typedef 可以增加新类型
    B. 用 typedef 可以为各种类型说明一个新名,但不能为一个变量说明一个新名
    C. 用 typedef 为类型说明一个新名,通常可增加程序的可读性
    D. typedef 只是将已存在的类型用一个新的名字来代表
18. 下面关于联合类型的叙述正确的是( )。
    A. 可以给联合类型变量直接赋值
    B. 一个联合类型变量中可以同时存入其所有成员
    C. 一个联合类型变量中不能同时存入其所有成员
    D. 联合类型定义中不能同时出现结构类型的成员

二、实训

（一）实训目的

1. 了解并掌握结构类型、结构变量和结构数组的定义和使用。
2. 了解链表的概念，对链表进行简单操作。
3. 了解联合的概念与使用。
4. 了解枚举类型、枚举变量的概念和用法。

（二）实训内容

1. 阅读程序题，输出结果。

（1）
```c
#include <stdio.h>
struct Stt
  { char ch1,ch2;
    int n; long m;
    float x; double y;
    int a[10]; };
main()
{ struct Stt a;
  printf("输出 1:%u\n",sizeof(struct Stt));
  printf("输出 2:%d\n",sizeof(a)); }
```

（2）
```c
#include <stdio.h>
struct group
{ int *p;
  char a[5];
    double z; };
main()
{ int n1=10,n2=20,n3=30;
  struct group x[3]={{&n1,"ABCD",10.75},{&n2,"abcd",20.75},{&n3,"xxxx",30.75}};
  struct group *xp=x;
  printf("输出 1:%d\n",*x[0].p);
  printf("输出 2:%d\n",*xp->p);
  printf("输出 3:%f\n",(*xp).z);
  printf("输出 4:%f\n",++xp->z);
  printf("输出 5:%s\n",(++xp)->a); }
```

2. 编写程序。

（1）输入若干个学生的学号、姓名、成绩，输出学生的成绩等级和不及格人数。等级设置为：0~59 为 E，60~69 为 D，70~79 为 C，80~89 为 B，90~100 为 A。要求使用结构指针作为参数进行传递。

（2）某餐厅用黄瓜、樱桃萝卜、西红柿、甘蓝、彩椒 5 种蔬菜制作蔬菜沙拉，要求每个沙拉拼盘中恰有 3 种不同蔬菜，计算出蔬菜沙拉的个数并列出其组合方式。

（3）统计候选人选票。设有 3 个候选人，每次输入 1 个得票的候选人的名字，要求最后输出 3 个候选人的得票结果。

单元 12 文件

文件是程序设计中的一个重要的概念。所谓"文件"一般指存储在外部介质上数据的集合。存储在内存储器的信息集合，一般称为表，例如数组。存储在外部介质上的信息集合称为文件，例如磁盘文件。

数据以文件的形式存放在外部介质（如磁盘）上，操作系统是以文件为单位对数据进行管理的，也就是说，如果想找存在于外部介质上的数据，必须先按文件名找到所制定的文件，再从该文件中读取数据。要向外部介质上存储数据也必须先建立一个文件（以文件名标识），才能向它输出数据。本单元讨论磁盘数据文件的基本概念和文件处理的主要库函数。

12.1 文件概述

所谓文件是指一组相关数据的有序集合。这个数据集有一个名称，叫作文件名。实际上在前面的各单元中已经多次使用了文件，例如源程序文件、目标文件、可执行文件、库文件（头文件）等。文件通常是驻留在外部介质（如磁盘等）上的，在使用时才调入内存中来。从不同的角度可对文件作不同的分类。从用户的角度看，文件可分为普通文件和设备文件两种。

普通文件是指驻留在磁盘或其他外部介质上的一个有序数据集，可以是源文件、目标文件、可执行程序；也可以是一组待处理的原始数据，或者是一组输出的结果。对于源文件、目标文件、可执行程序可以称作程序文件，对输入/输出数据可称作数据文件。

设备文件是指与主机相联的各种外部设备，如显示器、打印机、键盘等。在操作系统中，把外部设备也看作一个个文件来进行管理，把它们的输入、输出等同于对磁盘文件的读和写。通常把显示器定义为标准输出文件，一般情况下在屏幕上显示有关信息就是向标准输出文件输出。例如前面经常使用的函数 printf( )、putchar( ) 就是这类输出。键盘通常是被指定标准的输入文件，从键盘上输入就意味着从标准输入文件上输入数据。函数 scanf( )、getchar( ) 就属于这类输入。文件（file）是存储在外部介质上的信息集合。磁盘既可作为输入设备，也可作为输出设备，因此，有磁盘输入文件和磁盘输出文件。终端键盘是标准输入文件，显示器是标准输出文件。

在 C 语言中，无论是 ASCII 码文件还是二进制文件，都是按顺序构成的比特序列，将比特序列以字节为单位划分为字符流（ASCII 码文件）或字节流（二进制流），这样的文件又被称为流式文件或流文件。从本质上说，ASCII 码文件和二进制文件之间没有区别，所有文件在外存储器上都只有一种存储方式（比特），ASCII 码文件只是二进制文件的一个特例。

例如，整数 1025 在这两种文件中的存储形式是不同的，如图 12-1 所示。

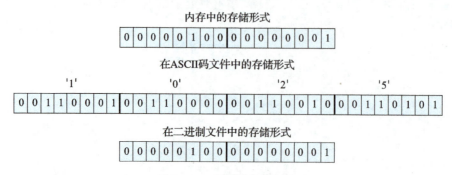

图 12-1　文件的存储形式

二进制文件的存储形式与数据在内存中的存储形式相同，读写是位复制，不需要转换，传输效率高，节省外存空间。ASCII 码文件是以字符形式存储，读写需要转换，传输效率低，占用外存空间较大。这两种文件都是常用的文件。文件被区分为 ASCII 码文件和二进制文件，但打开文件时并不会对文件格式做检查，因而 ASCII 码文件和二进制文件都可以以 ASCII 码文件或二进制文件方式打开。

写文件是从内存向磁盘输出数据。首先将内存中的数据送到文件缓冲区，待文件缓冲区满，写入磁盘。读文件是从磁盘读出数据存入内存。首先从磁盘读出一批数据送到文件缓冲区，然后从文件缓冲区取出数据存入内存。

文件处理必须包含 3 个基本过程：打开文件，读或写，关闭文件。如图 12-2 所示。

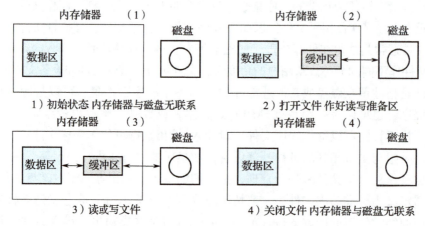

图 12-2　打开文件，读或写，关闭文件

12.2　文件类型指针

在 C 语言中，用一个指针变量指向一个文件，这个指针称为文件指针。通过文件指针就可对它所指的文件进行各种操作。

文件缓冲区是一种结构类型,在库头文件 stdio.h 中定义:

```
typedef struct
{   short           level;
    unsigned        flags;
    char            fd;
    unsigned char   hold;
    short           bsize;
    unsigned char   *buffer;
    unsigned char   *curp;
    unsigned        istemp;
    short           token;
}FILE;
```

使用文件必须包含库头文件 stdio.h,且要先定义。

文件定义的一般格式:

FILE 文件指针;

其中,FILE 是文件缓冲区的类型名,文件指针是指向文件缓冲区的指针。

例如:FILE *fp;

文件缓冲区是一片内存空间,存放着处理文件的有关信息,fp 指向这片内存空间。文件处理全由库函数实现。

FILE 是由系统定义的一个结构,该结构中含有文件名、文件状态和文件当前位置等信息,在编写源程序时不必关心 FILE 结构的细节。

例如:FILE *fp;表示 fp 是指向 FILE 结构的指针变量,通过 fp 即可找存放某个文件信息的结构变量,然后按结构变量提供的信息找到该文件,实施对文件的操作。习惯上也把 fp 称为指向一个文件的指针。文件在进行读写操作之前要先打开,使用完毕要关闭。所谓打开文件,实际上是建立文件的各种有关信息,并使文件指针指向该文件,以便进行其他操作。关闭文件则断开指针与文件之间的联系,也就禁止对该文件再进行操作。

在 C 语言中,文件操作都是由库函数来完成的。本单元将介绍主要的文件操作函数。

12.3 文件打开与关闭

12.3.1 文件打开(函数 fopen())

利用函数 fopen()来打开一个文件。它的一般调用格式:

fopen(文件说明符,模式);

其中,文件说明符指定打开的文件名,可以包含盘符、路径、文件名,是字符串。模式指定打开的文件读写方式,是字符串,必须小写。模式可选参数如下:

1) 文本文件(默认参数 t 可以不写):r(只读); r+(读写); w(只写); w+(读写); a(追加,写); a+(追加,读写)。

2) 二进制文件(参数 b 表示二进制):rb(只读); rb+(读写); wb(只写); wb+(读

写); ab(追加, 写); ab+(追加, 读写)。

选择读写模式, 打开文件时, 当前文件指针指向文件开始。选择追加模式, 打开文件时, 当前文件指针指向文件末尾。要特别注意, 打开已存在文件, 如果错选 w 模式或 wb 模式, 文件中的数据全部丢失。

对于文件使用方式, 还有以下几点说明:

1) 文件使用方式由 r、w、a、t、b、+ 这 6 个字符拼成, 各字符的含义如下: r (read), 读; w (write), 写; a (append), 追加; t (text), 文本文件, 可省略不写; b (banary), 二进制文件; +, 读和写。

2) 凡用 r 模式打开一个文件时, 该文件必须已经存在, 且只能从该文件读出。

3) 用 w 模式打开的文件只能向该文件写入。若打开的文件不存在, 则以指定的文件名建立该文件, 若打开的文件已经存在, 则将该文件删去, 重建一个新文件。

4) 若要向一个已存在的文件追加新的信息, 只能用 a 模式打开文件。但此时该文件必须是存在的, 否则将会出错。

5) 在打开一个文件时, 如果出错, fopen 函数将返回一个空指针值 NULL。在程序中可以用这一信息来判别是否完成打开文件的工作, 并作相应的处理。

常用以下程序段打开文件:

```
if((fp=fopen("c:\\c language1","rb"))==NULL)
{   printf("\nerror on open c:\\c language1 file!");
    getch();
    exit(1);   }
```

这段程序的意义是如果返回的指针为空, 表示不能打开 C 盘根目录下的 hzk16 文件, 则给出提示信息 "error on open c:\c language1file!", 下一行 getch 函数的功能是从键盘输入一个字符, 但不在屏幕上显示。在这里, 该行的作用是等待, 只有当用户从键盘按任一键时, 程序才继续执行, 因此用户可利用这个等待时间阅读出错提示。按键后执行 "exit(1)" 语句退出程序。

6) 把一个文本文件读入内存时, 要将 ASCII 码转换成二进制码, 而把文件以文本方式写入磁盘时, 也要把二进制码转换成 ASCII 码, 因此文本文件的读写要花费较多的转换时间。对二进制文件的读写不存在这种转换。

7) 标准输入文件 (键盘), 标准输出文件 (显示器), 标准出错输出 (出错信息) 是由系统打开的, 可直接使用。

12.3.2 文件关闭 (函数 fclose())

关闭文件需调用库函数 fclose()。它的一般调用格式:

fclose (文件指针);

例如: fclose(fp);

文件一旦使用完毕, 应用关闭文件函数把文件关闭, 以避免文件的数据丢失等错误。正常完成关闭文件操作时, 函数 fclose() 返回值为 0。如果返回非零值则表示有错误发生。

12.4 文件读写

文件的读写是最常用的文件操作。在 C 语言中提供了多种文件读写的函数:
1) 字符读写函数: fgetc( )和 fputc( )。
2) 字符串读写函数: fgets( )和 fputs( )。
3) 数据块读写函数: freed( )和 fwrite( )。
4) 格式化读写函数: fscanf( )和 fprinf( )。
使用以上函数都要求包含头文件 stdio. h。

12.4.1 字符读写函数

字符读写函数是以字符(字节)为单位的读写函数。每次可从文件读出或向文件写入一个字符。

1. 读字符函数 fgetc( )

函数 fgetc( )的功能是从指定的文件中读一个字符,函数调用的格式如下:

字符变量 = fgetc(文件指针);

例如:"ch = fgetc(fp);",其意义是从打开的文件 fp 中读取一个字符并送入 ch 中。
对于函数 fgetc( )的使用,有以下几点说明:
1) 在函数 fgetc( )调用中,读取的文件必须是以读或读写方式打开的。
2) 读取字符的结果也可以不向字符变量赋值,例如 "fgetc(fp);",但是读出的字符不能保存。
3) 在文件内部有一个位置指针,用来指向文件的当前读写字节。在文件打开时,该指针总是指向文件的第一个字节。使用函数 fgetc( )后,该位置指针将向后移动一个字节。因此可连续多次使用函数 fgetc( ),读取多个字符。应注意文件指针和文件内部的位置指针不是一回事。文件指针是指向整个文件的,需在程序中定义说明,只要不重新赋值,文件指针的值是不变的。文件内部的位置指针用来指示文件内部的当前读写位置,每读写一次,该指针均向后移动,它不需要在程序中定义说明,而是由系统自动设置的。

例 12-1 从文件中逐个读取字符,在屏幕上输出。

```
#include <stdio.h>
 int main()
 {    FILE *fp1;
    char ch;
    if((fp1 = fopen("game1.c","rt")) = = NULL)
    { printf("Cannot open file strike any key exit!");
        getch();
        exit(1);}
    ch = fgetc(fp1);
    while (ch! = EOF)
    {    putchar(ch);
        ch = fgetc(fp1);
    }
    fclose(fp1);
 }
```

本程序定义了文件指针 fp1，以读文本文件方式打开文件"game1.c"，并使 fp1 指向该文件。如果打开文件出错，则给出提示并退出程序。程序第 9 行先读出一个字符，然后进入循环，只要读出的字符不是文件结束标志（每个文件末有一结束标志 EOF）就把该字符显示在屏幕上，再读入下一字符。每读一次，文件内部的位置指针向后移动一个字符，文件结束时，该指针指向 EOF。执行本程序将显示整个文件。

2. 写字符函数 fputc( )

函数 fputc( ) 的功能是把一个字符写入指定的文件中，函数调用的格式如下：

fputc（字符量，文件指针）；

其中，待写入的字符量可以是字符常量或变量。

例如，"fputc('a', fp);"，其意义是把字符 a 写入 fp 所指向的文件中。

对于函数 fputc( ) 的使用，也要说明几点：

1) 被写入的文件可以用写、读写、追加方式打开，用写或读写方式打开一个已存在的文件时将清除原有的文件内容，写入字符从文件首开始。如需保留原有文件内容，希望写入的字符从文件末开始存放，必须以追加方式打开文件。被写入的文件若不存在，则创建该文件。

2) 每写入一个字符，文件内部位置指针向后移动一个字节。

3) 函数 fputc( ) 有一个返回值，如果写入成功则返回写入的字符，否则返回一个 EOF。可用此函数来判断写入是否成功。

例 12-2 从键盘输入一行字符，写入一个文件，再把该文件内容读出显示在屏幕上。

```
#include <stdio.h>
int main()
{FILE *fp;
char ch2;
if((fp=fopen("string1","wt+"))==NULL)
    {printf("Cannot open file strike any key exit!");
    getch();
    exit(1);}
printf("input a string:\n");
ch2=getchar();
while(ch2!='\n')
    {fputc(ch2,fp);
    ch2=getchar();}
rewind(fp);
ch2=fgetc(fp);
while(ch2!=EOF)
    {putchar(ch2);
    ch2=fgetc(fp);}
printf("\n");
fclose(fp); }
```

程序中第 5 行以读写文本文件方式打开文件 string1。程序第 10 行从键盘读入一个字符后进入循环，当读入字符不为回车符时，则把该字符写入文件之中，然后继续从键盘读入下一字符。每输入一个字符，文件内部位置指针向后移动一个字节。写入完毕，该指针已指向文件末。如果要把文件从头读出，需要把指针移向文件头，程序第 14 行函数 rewind( )用于把 fp 所指文件的内部位置指针移到文件头。第 15 至 19 行用于读出文件中的一行内容。

12.4.2 字符串读写函数

1. 读字符串函数 fgets( )

函数 fgets( )的功能是从指定的文件中读一个字符串到字符数组中，函数调用的格式如下：

fgets（字符数组名，n，文件指针）；

其中的 n 是一个正整数，表示从文件中读出的字符串不超过 n－1 个字符。在读入的最后一个字符后加上串结束标志 '\0'。

例如，"fgets(str, n, fp);"，其意义是从 fp 所指的文件中读出 n－1 个字符送入字符数组 str 中。

例 12-3　从 game2.c 文件中读出一个含 20 个字符的字符串。

```
#include <stdio.h>
int main()
{FILE *fp;
char str[21];
if((fp=fopen("game2.c","rt"))==NULL)
{printf("Cannot open file strike any key exit!");
getch();
exit(1);
}
fgets(str,21,fp);
printf("%s",str);
fclose(fp);
}
```

本例定义了一个字符数组 str 共 21 个字节，在以只读文本文件方式打开文件 game2.c 后，从中读出 20 个字符送入 str 数组，在数组最后一个单元内将加上 '\0'，然后在屏幕上显示输出 str 数组。

对函数 fgets( )有两点说明：

1）在读出 n－1 个字符之前，如果遇到了换行符或 EOF，则读出结束。

2）函数 fgets( )也有返回值，其返回值是字符数组的首地址。

2. 写字符串函数 fputs( )

函数 fputs( )的功能是向指定的文件写入一个字符串。其调用格式如下：

fputs（字符串，文件指针）；

其中，字符串可以是字符串常量，也可以是字符数组名，或指针变量。

例如，"fputs("abcd", fp);"，其意义是把字符串 "abcd" 写入 fp 所指的文件之中。

例12-4 在例12-2中建立的文件string1中追加一个字符串。

```c
#include <stdio.h>
int main()
{FILE *fp;
char ch,st[30];
if((fp=fopen("string1","at+"))==NULL)
    {printf("Cannot open file strike any key exit!");
    getch();
    exit(1);}
printf("input a string:\n");
scanf("%s",st);
fputs(st,fp);
rewind(fp);
ch=fgetc(fp);
while(ch!=EOF)
    {putchar(ch);
        ch=fgetc(fp);}
printf("\n");
fclose(fp);
}
```

例12-4要求在string1文件末加写字符串,因此在程序第5行以追加读写文本文件的方式打开文件string1。然后输入字符串,并用函数fputs( )把该串写入文件string1。在程序12行用函数rewind( )把文件内部位置指针移到文件首。再进入循环逐个显示当前文件中的全部内容。

12.4.3 数据块读写函数

C语言还提供了用于整块数据的读写函数。可用来读写一组数据,例如一个数组元素、一个结构变量的值等。

读数据块函数调用的一般格式如下:fread(buffer,size,count,fp);

写数据块函数调用的一般格式如下:fwrite(buffer,size,count,fp);

其中,buffer是一个指针,在函数fread( )中,它表示存放输入数据的首地址。在函数fwrite( )中,它表示存放输出数据的首地址。size表示数据块的字节数。count表示要读写的数据块块数。fp表示文件指针。

例如,"fread(fa,4,5,fp);",其意义是从fp所指的文件中,每次读4个字节(一个实数)送入实数组fa中,连续读5次,即读5个实数到fa中。

例12-5 从键盘输入两个学生数据,写入一个文件中,再读出这两个学生的数据显示在屏幕上。

```c
#include <stdio.h>
struct student2
    {char name[20];
    int num;
```

```
        int age;
        char addr[30];
        }boy1[2],boy2[2],*p1,*p2;
int main()
{FILE *fp;
char ch;
int i;
p1=boy1;
p2=boy2;
if((fp=fopen("stu_list","wb+"))==NULL)
        {printf("Cannot open file strike any key exit!");
        getch();
        exit(1);}
printf("\ninput data\n");
for(i=0;i<2;i++,p1++)
scanf("%s%d%d%s",p1—>name,&p1—>num,&p1—>age,p1—>addr);
p1=boy1;
fwrite(p1,sizeof(struct student2),2,fp);
rewind(fp);
fread(p2,sizeof(struct student2),2,fp);
printf("\n\nname\tnumber age addr\n");
for(i=0;i<2;i++,p2++)
printf("%s\t%5d%7d%s\n",p2—>name,p2—>num,p2—>age,p2—>addr);
fclose(fp);
}
```

程序定义了一个结构 student2，说明了两个结构数组 boy1 和 boy2 以及两个结构指针变量 p1 和 p2。p1 指向 boy1，p2 指向 boy2。程序第 14 行以读写方式打开二进制文件"stu_list"，输入两个学生的数据之后，写入该文件中，然后把文件内部位置指针移到文件首，读出两个学生的数据后，在屏幕上显示。

12.4.4 格式化读写函数

函数 fscanf()、函数 fprintf()与前面使用的函数 scanf()和 printf()的功能相似，都是格式化读写函数。两者的区别在于函数 fscanf()和函数 fprintf()的读写对象不是键盘和显示器，而是磁盘文件。

这两个函数的调用格式如下：

```
fscanf(文件指针,格式字符串,输入表列);
fprintf(文件指针,格式字符串,输出表列);
```

例如："fscanf(fp,"%d%s",&i,s);"和"fprintf(fp,"%d%c",j,ch);"。

例 12-6 用函数 fscanf()和函数 fprintf()实现格式化读写。

```
#include <stdio.h>
struct student2
  { char name[20];
    int num;
```

```c
        int age;
        char addr[30];
        }boy1[2],boy2[2],*p1,*p2;
int main()
{   FILE *fp;
    char ch;
    int i;
    p1 = boy1;
    p2 = boy2;
    if((fp = fopen("stu_list","wb + ")) = = NULL)
    {   printf("Cannot open file strike any key exit!");
        getch();
        exit(1);
    }
printf("\ninput data\n");
for(i = 0;i < 2;i ++ ,p1 ++ )
scanf("% s% d% d% s",p1—>name,&p1—>num,&p1—>age,p1—>addr);
p1 = boy1;
for(i = 0;i < 2;i ++ , p1 ++ )
fprintf(fp,"% s % d % d % s\n",p1—>name,p1—>num,p1—>age,p1—>addr);
rewind(fp);
for(i = 0;i < 2;i ++ , p2 ++ )
fscanf(fp,"% s % d % d % s\n",p2—>name,&p2—>num,&p2—>age,p2—>addr);
printf("\n\nname\tnumber age addr\n");
p2 = boy2;
for(i = 0;i < 2;i ++ ,p2 ++ )
printf("% s\t% 5d % 7d % s\n",p2—>name,p2—>num, p2—>age,p2—>addr);
fclose(fp);
}
```

与例 12 - 5 相比，本程序中函数 fscanf( ) 和函数 fprintf( ) 每次只能读写一个结构数组元素，因此采用了循环语句来读写全部数组元素。还要注意指针变量 p1、p2，由于循环改变了它们的值，因此在程序的第 22 行和第 29 行分别对它们重新赋予了数组的首地址。

12.5 文件定位

前面介绍的对文件的读写方式都是顺序读写，即读写文件只能从头开始，顺序读写各个数据。但在实际问题中常要求只读写文件中某一指定的部分，为了解决这个问题可移动文件内部的位置指针到需要读写的位置，再进行读写，这种读写称为随机读写。实现随机读写的关键是要按要求移动位置指针，这称为文件的定位。文件定位移动文件内部位置指针的函数主要有两个，即函数 rewind( ) 和函数 fseek( )。

12.5.1 函数 rewind()

函数 rewind( ) 前面已多次使用过，其调用格式如下：

rewind（文件指针）；

它的功能是把文件内部的位置指针移到文件首，没有返回值。

例 12-7 有一个磁盘文件，先将它的内容显示在屏幕上，然后把它复制到另一个文件上。

```
#include <stdio.h>
 int main()
{
FILE *p1,*p2;
p1=fopen("*file1.c","r");
p2=fopen("*file2.c","w");
while(!feof(p1))putchar(getc(p1));
rewind(p1);
while(!feof(p1))putc(getc(p1),p2);
fclose(p1);fclose(p2);
}
```

当将文件的内容显示在屏幕上后，文件 file1.c 的位置指针已经指到文件尾，文件结束检测函数 feof( ) 的值为 1，执行函数 rewind( )，使文件的位置指针重新定位于文件开始，并使函数 feof( ) 的值为 0。

12.5.2 函数 fseek()

函数 fseek( ) 用于移动文件内部位置指针，其调用格式如下：

fseek（文件指针，位移量，起始点）；

其中，"文件指针"指向被移动的文件，"位移量"表示移动的字节数，要求位移量是 long 型数据，以便在文件长度大于 64KB 时不会出错。当用常量表示位移量时，要求加后缀"L"。"起始点"表示从何处开始计算位移量，规定的起始点有 3 种：文件首、当前位置和文件末尾，具体如下：

起始点	表示符号	数字表示
文件首	SEEK—SET	0
当前位置	SEEK—CUR	1
文件末尾	SEEK—END	2

例如，"fseek(fp,100L,0);"，其意义是把位置指针移到离文件首 100 个字节处。还要说明的是函数 fseek( ) 一般用于二进制文件。在文本文件中由于要进行转换，故往往计算的位置会出现错误。

文件的随机读写是指在移动位置指针之后，即可用前面介绍的任一种读写函数进行读写。由于一般是读写一个数据块，因此常用函数 fread( ) 和函数 fwrite( )。下面用例题来说明文件的随机读写。

例 12-8 在学生文件 stu_list 中读出第二个学生的数据。

```
#include <stdio.h>
struct student2
    {
    char name[20];
    int num;
```

```
        int age;
        char addr[30];
    }boy3,*p3;
int main()
{
FILE *fp;
char ch;
int i=1;
p3=&boy3;
if((fp=fopen("stu_list","rb"))==NULL)
    {
    printf("Cannot open file strike any key exit!");
    getch();
    exit(1);
    }
rewind(fp);
fseek(fp,i*sizeof(struct student2),0);
fread(p3,sizeof(struct student2),1,fp);
printf("\n\nname\tnumber age addr\n");
printf("%s\t%5d%7d%s\n",p3—>name,p3—>num,p3—>age,p3—>addr);
}
```

文件 stu_list 已由例 12-5 的程序建立，本程序用随机读出的方法读出第二个学生的数据。程序中定义 boy3 为 student2 类型变量，p3 为指向 boy3 的指针。以读二进制文件方式打开文件，程序第 23 行移动文件位置指针。其中，i 值为 1，表示从文件头开始，移动一个 student2 类型的长度，再读出的数据即为第二个学生的数据。

本单元小结

文件是程序设计中的一个重要的概念。数据是以文件的形式存放在外部介质（如磁盘）中的。如果想找到存在外部介质中的数据，必须先按文件名找到所指定的文件，再从该文件中读取数据。要向外部介质中存储数据也必须先建立一个文件（以文件名标识），才能向它输出数据。

C 语言文件按编码方式分为二进制文件和 ASCII 编码文件，C 语言把文件当作一个"流"，按字节进行处理；C 语言中，用文件指针标识文件，当一个文件被打开时，可取得该文件指针；文件在读写之前必须打开，读写结束后必须关闭。

文件可按只读、只写、读写、追加 4 种操作方式打开，同时还必须指定文件的类型是二进制文件还是文本文件。文件可以字节、字符串、数据块为单位读写，也可按指定的格式进行读写。文件内部的位置指针可指示当前的读写位置，移动该指针可以对文件实现随机读写。

习题与实训

一、习题

1. "FILE * fp；"的作用是定义一个文件指针，其中的 FILE 是在_____头文件中定义的。
2. 若需要打开 E 盘上 data 子目录下已经存在的名为 abc.txt 的文本文件，先读出文件中的数据，再追加写入新数据，则正确的函数调用语句是"fp = fopen（"e：\\ data \\ abc.txt"，_____）；"。
3. 在文件中，以符号常量 EOF 作为文本文件（字符流文件）的结束标记，EOF 代表的值是_____。
4. 按照数据的存储形式，文件可以分为_____和_____。
5. 设有非空文本数据文件 file.txt，要求能读出文件中的全部数据，并在文件原有数据之后添加新数据，则应用"FILE * fp = fopen（"file.txt"，_____）；"打开该文件。
6. 在用函数 fopen（）打开一个已经存在的数据文件 abc 时，若要求既可以读出 abc 文件中原来的内容，也可以用新的数据覆盖文件原来的数据，则调用函数 fopen（）时，使用的存取方式参数应当是_____。
7. 程序中已使用预处理命令"#include ＜ stdio.h ＞"，为使语句"fp = fopen（"asc.txt"，"r"）；"能正常执行，在该语句之前必须定义_____。
8. 在调用函数"fopen（"e：\\b.dat"，"r"）"时，若 E 盘根目录下不存在文件 b.dat，则函数的返回值是_____。
9. 语句"printf（"%d，%d"，NULL，EOF）；"的输出结果是_____。
10. 文件随机定位函数是_____，文件头定位函数是_____。
11. C 语言中可以处理的文件类型有（　　）。
    A. 文本文件和二进制文件　　　　B. 文本文件和数据文件
    C. 数据文件和二进制文件　　　　D. 以上三个都不对
12. C 语言的存取方式中，文件（　　）。
    A. 只能顺序存取　　　　　　　　B. 只能随机存取
    C. 可以顺序存取，也可以随机存取　D. 只能从文件的开头存取
13. 如果要用函数 fopen（）打开一个新的二进制文件，该文件要既能读也能写，则文件打开方式应为（　　）。
    A. "wb +"　　　　B. "ab +"　　　　C. "rb +"　　　　D. "ab"
14. 若要求 D 盘根目录下的文本文件 my.txt 被程序打开后，文件中原有的内容均被删除，程序新写入此文件内容可以在文件不关闭情况下被再次读出，则调用函数 fopen（）时的形式为"fopen（"d：\\ my.txt"，"_____"）"。
    A. w　　　　　　　B. w +　　　　　C. a +　　　　　D. r
15. 已知 E 盘根目录下有文本文件"data.txt"且程序中已有定义"FILE * fp；"，若程序需要先从"data.txt"文件中读出数据，修改后再写入"data.txt"文件中，则调用函数 fopen（）的正确形式是（　　）。
    A. fp = fopen（"e：\\data.txt"，"rw"）；　　B. fp = fopen（"e：\\data.txt"，"w +"）；

C. fp = fopen("e:\\data.txt","r+");   D. fp = fopen("e:\\data.txt","r");

16. 已知 D 盘根目录下的一个数据文件 data.dat 中存储了 50 个 int 型数据,若需要修改该文件中已经存在的部分数据的值,只能调用一次函数 fopen(),已有定义语句"FILE *fp;",则函数 fopen()的正确调用形式是(   )。

    A. fp = fopen("d:\\data.dat","r+");   B. fp = fopen("d:\\data.dat","w+");
    C. fp = fopen("d:\\data.dat","a+");   D. fp = fopen("d:\\data.dat","w");

17. 对文件进行操作时,写文件的含义是(   )。

    A. 将内存中的信息写入磁盘   B. 将磁盘中的信息读到内存
    C. 将主机中的信息写入磁盘   D. 将磁盘中的信息读到主机

18. 已知有定义及语句"FILE *fp; int m=36; fp=fopen("out.dat","w");",如果需要将变量 m 的值以文本形式保存到一个磁盘文件 out.dat 中,则下面函数调用形式中正确的是(   )。

    A. fprintf("%d",m);   B. fprintf(fp,"%d",m);
    C. fprintf("%d",m,fp);   D. fprintf("out.dat","%d",m);

19. 在默认情况下,标准 C 的编译系统中预定义的标准输出流 stdout 直接连接的设备是(   )。

    A. 软盘   B. 硬盘   C. 键盘   D. 显示器

20. 如果要打开 E 盘上 user 文件夹下名为 abc.txt 的文本文件进行读写操作,则下面符合此要求的函数调用是(   )。

    A. fopen("e:\user\abc.txt","r")   B. fopen ("e:\\user\\abc.txt","r+")
    C. fopen ("e:\user\abc.txt","rb")   D. fopen ("e:\user\abc.txt","w")

二、实训

(一) 实训目的

1. 了解文件以及缓冲文件系统,文件指针的概念。
2. 理解并使用文件打开、关闭、读写文件的操作函数。
3. 了解用缓冲文件系统对文件进行访问。

(二) 实训内容

1. 用户输入一个字符串,然后把该字符串中的小写字母转换为大写字母,输出到文件 text.txt 中形成文本文件,从该文件中读出字符串并输出到屏幕。
2. 实现将用户从键盘上输入的若干行文字存储到磁盘文件 text.txt 中。
3. 接收用户从键盘上输入的多个学生信息,学生的信息包括姓名和 3 门课程的成绩,然后将这些信息保存到磁盘文件。
4. 将文件 number1.txt 中的字符'0',替换为字符'a',将替换后的结果写入文件的一个程序。
5. 编写一个程序将文件 number1.txt 和文件 number2.txt 的内容合并到文件 number3.txt。

单元 13

案例基础算法与综合案例设计

通过本单元的基础算法介绍和综合案例设计，读者可以进一步熟悉 C 语言程序的开发环境，熟悉程序调试的技巧。

C 语言是为系统开发而设计的。C 语言的典型应用是在系统开发领域，而不是在数据处理领域。本单元精选的案例是生活中的一个常见问题，适合读者的认知水平，可以训练设计实用程序所需要的基本技巧。

13.1 链表

线性表是程序设计中经常用到的一种数据结构，它是由一组数据元素构成的有限序列。线性链表是线性表的一种实现方法，其数据元素之间的顺序关系是通过指针来实现的。线性链表的特点是用一组任意的存储单元存储线性表的数据元素。数据元素的映像用一个结点来表示。结点的一个域表示元素本身，另一个域指示其后继的指针，用来表示线性表数据元素的逻辑关系。第 1 个结点是头结点，不存储任何数据，最后的结点是尾结点，其后继指针为空指针，链表头指针 head 指向头结点，如图 13－1 所示。

图 13－1 线性链表

链表结点可用结构来描述，定义在头文件 list.h 中，如下所示：

```
/* list.h */
#include <stdio.h>
#include <stdlib.h>
typedef char DATA;/* 定义结点数据域的类型 */
struct linked_list{
    DATA d;/* 数据域 */
    struct linked_list *next;/* 后继指针域 */
};
typedef struct linked_list ELEMENT;
typedef ELEMENT *LINK;
```

1. 链表初始化

首先,要对链表进行初始化,构造一个空链表。如图 13-2 所示,该链表为只有 1 个头结点的链表。

链表初始化函数为 init_list(),定义在文件 list.c 中,其代码如下:

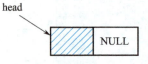

图 13-2 空链表

```
LINK init_list()
{   LINK head;
    head = (LINK)malloc(sizeof(ELEMENT));
    head—>next = NULL;  /* 将后继指针域置空 */
    return head;
}
```

在函数 init_list() 中,首先调用函数 malloc(),分配一个结点作为链表的头结点。由于函数 malloc() 的返回值为 void * 类型,因此要进行强制类型转换,把它转换为 LINK 类型,即 struct linked_list * 类型,才能赋给头指针 head。然后,将头结点的 next 赋值为 NULL,形成链尾结点。这样就构成了空链表,最后将头指针返回。

2. 链表长度

链表长度的计算是从头结点开始,沿着 next 指针一直遍历到链尾结点,在遍历过程中对结点计数,其代码如下:

```
int count_list(LINK head)
{    int cnt = 0;
    head = head—>next; /* head 指向第一个结点 */
    while(head! = NULL){ /* 当 head 没有越过链尾时,对经过的结点计数 */
        cnt ++;
        head = head—>next; /* head 指向下一个结点 */
    }
    return cnt;
}
```

在计算链表的长度时,不计头结点,所以 head = head—> next,使 head 指向链表中的第一个结点。当 head 没有到达链尾时,在 while 循环中对结点进行计数。当链表的长度为 0 时,头结点的 next 指针为空,不会进入 while 循环,cnt = 0。

3. 插入结点

把一个结点插入链表的操作分为两种,一种是在指定结点之前插入,一种是在链尾插入。在指定结点之前插入的过程如图 13-3 所示,在链尾插入的过程如图 13-4 所示。

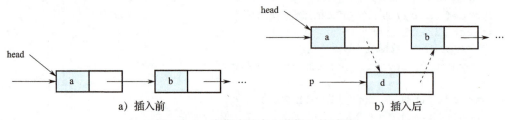

图 13-3 在指定结点之前插入的过程

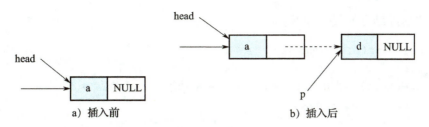

图 13-4 在链尾插入的过程

在指定结点前插入的代码如下：

```
void insert_list(LINK head, int i, DATA d)
{   LINK p;
    int j = 0;
    while( head! = NULL && j < i -1 ){  /* 寻找第 i -1 个结点 */
        head = head—>next;  j ++;
    }
    if( head = = NULL ‖ j > i -1 )
        printf("插入的位置不合理\n");
    else    /* 将结点插入到第 i -1 个结点之后 */
    {   p = (LINK)malloc(sizeof(ELEMENT));
        p—>d = d;
        p—>next = head—>next;
        head—>next = p;   }
}
```

在链尾插入的代码如下：

```
void insert_list_t(LINK head, DATA d)
{   LINK p;
    while( head—>next! = NULL) head = head—>next; /* 寻找链尾 */
    p = (LINK)malloc(sizeof(ELEMENT));
    p—>d = d;
    p—>next = NULL;
    head—>next = p;
}
```

4. 删除结点

在链表中删除一个结点的过程如图 13-5 所示。

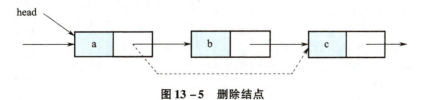

图 13-5 删除结点

在链表中删除结点的代码如下:

```c
void del_list(LINK head, int i)
{   int j = 0;
    while(head! = NULL && j < i-1){   /* 寻找第 i-1 个结点 */
        head = head—> next;
        j ++;
    }
    if(head—> next = = NULL || j > i-1)
        printf("删除的位置不合理\n");
    else{
        LINK p = head—> next;
        head—> next = head—> next—> next;
        free(p);
    }
}
```

5. 获取第 i 个数据元素的值

链表是一个非随机存取的存储结构,要获取第 i 个元素的值,必须从头结点开始沿着链找到第 i 个结点,DATA 域就是要寻找的值。代码如下:

```c
DATA * get_list(LINK head, int i)
{
    int j = 1;
    head = head—> next;
    while( head! = NULL && j < i )          /* 寻找第 i 个结点 */
    {
        head = head—> next;
        j ++;
    }
    if( head! = NULL && j = = i ) return &head—> d;
    else return NULL;
}
```

6. 用字符串创建链表

利用字符串创建链表,字符串中的每个字符作为链表中的一个结点,函数返回创建的链表的头指针。代码如下:

```c
LINK create_list(char * s)
{
    LINK head = init_list();
    while( * s) insert_list_t(head, * s ++);
    return head;
}
```

该函数首先调用函数 init_list( ) 建立一个空链表,然后调用函数 insert_list_t( ) 把字符串 s 中的字符按顺序插入链尾,最后返回链表头指针。

7. 释放链表

链表使用完以后,应该释放链表空间,代码如下:

```
void free_list(LINK head)
{
    LINK p;
    while(head! =NULL){
        p=head;
        head=head—>next;
        free(p);
    }
}
```

13.2 队列

队列是一种先进先出的数据结构,具有队头和队尾。插入发生在队列的尾部,删除发生在队列的头部。用链表实现的队列结构如图 13-6 所示。

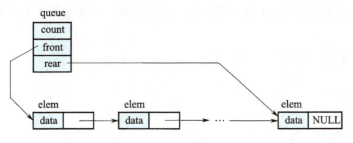

图 13-6 链表队列的实现

在队列 queue 中,有队列的头指针 front、尾指针 rear,队列长度为 count。队列存储在一个线性链表中。队列定义的头文件 queue.h 如下:

```
#include <stdio.h>
#include <stdlib.h>
typedef int data; /* 队列元素的数据域 */
struct elem{ /* 队列元素类型 */
    data d;
    struct elem * next;
};
typedef struct elem elem;
struct queue{
    int count;/* 队列长度 */
    elem * front;/* 队列头指针 */
    elem * rear;/* 队列尾指针 */
};
typedef struct queue queue;
```

```
extern void iniqueue(queue *q);
extern int empty(queue * q);
extern void enqueue(queue *q, data d);
extern data dlqueue(queue * q);
extern data gethead(queue * q);
extern void clear(queue *q);
extern int current_size(queue *q);
```

1. 队列初始化

队列的初始化代码如下：

```
void iniqueue(queue *q)
{    q—>count=0;
     q—>front=NULL;
     q—>rear=NULL;
}
```

初始化队列时，只是简单地把 queue 成员清零。因此要求实参是一个从未使用的队列，否则会造成内存泄漏。

2. 空队列检查

函数 empty() 是一个查询类函数，用于检查队列是否为空。如果队列为空则返回值为真，否则返回值为假。它直接检查 queue 结构中的 count 成员，根据它是否为零来判断队列是否为空，代码如下：

```
int empty(queue * q)
{
    return q—>count= =0;
}
```

3. 入队列和出队列操作

在队列中有两种基本操作，一个是入队列操作，一个是出队列操作。入队列操作函数 enqueue() 有两个参数，分别是队列指针和入队列的数据。首先分配一个队列元素 elem，数据域为入队列的参数，由于要把它插入到链表的末尾，所以 next 指针域为 NULL。然后把它插入队列的尾部，即链表的尾部。函数 enqueue() 的代码如下：

```
void enqueue(queue *q, data d)
{   elem *p;
    p=(elem *)malloc(sizeof(elem));
    p—>d=d;
    p—>next=NULL;
    if(! empty(q)){
        q—>rear—>next=p;
        q—>rear=p;
    }
     else
        q—>front=q—>rear=p;
    q—>count++;
}
```

下面是出队列操作函数 dlqueue( ) 的代码。在调用该操作之前，应使用函数 empty( ) 检查是否是空队列。如果对空队列执行出队列操作，将返回错误的结果。该操作删除队头元素，并返回队头元素数据域的值。

```
data dlqueue(queue *q)
{
    data d;
    elem *p;
    if(empty(q)) return 0;
    d = q—>front—>d;
    p = q—>front;
    q—>front = q—>front—>next;
    q—>count--;
    free(p);
    return d;
};
```

4. 读队列头

函数 gethead( ) 的功能与函数 dlqueue( ) 相似。它只是返回队头元素数据域的值，但不删除队头元素，对整个队列不产生任何影响。代码如下：

```
data gethead(queue * q)
{   if(empty(q)) return 0;
    return q—>front—>d;
};
```

5. 其他函数

函数 clear( ) 用于清除整个队列，释放占用的内存空间。代码如下：

```
void clear(queue *q)
{    elem *p;
    while(q—>front! =NULL){
        p = q—>front;
        q—>front = q—>front—>next;
        free(p);
    }
    q—>count =0;  q—>rear =NULL;
}
```

下面的代码是函数 current_size( ) 的实现过程，该函数返回队列中元素的个数。

```
int current_size(queue * q)
{
    return q→count;
}
```

13.3 栈

栈是限定仅在表的一端进行插入或删除操作的线性表。插入或删除端称为栈顶，另一端称为栈底。假设栈中元素按 a_1，a_2，…，a_n 的次序进栈，退栈的第一个元素应为栈顶元素 a_n。因此栈又称为后进先出的线性表。

栈的典型操作包括 push（入栈）、pop（出栈）、top（取栈顶元素）、empty（判断是否为空）、full（判断是否已满）和 reset（重置）。push 操作把一个值放在栈上。pop 操作从栈顶提取并删除一个值。top 操作返回栈顶元素的值。empty 操作测试栈是否为空。full 操作测试栈是否已满。reset 操作对栈进行清除。栈的实现可以用数组，也可以使用链表。下面使用数组实现栈结构。栈的类型定义如下：

```
/* stack.h */
#define MAX_LEN     1000
#define EMPTY       -1
#define FULL        (MAX_LEN-1)
typedef struct stack{
    char s[MAX_LEN];
    int  top;
} stack;
```

在上述的描述中可以看到，栈是用一个一维数组 s[ ] 存储的，栈顶是 top。常用的 6 个操作如下：

```
void reset(stack *stk)              /* 栈初始化 */
{
    stk—>top = EMPTY;
}
void push(char c, stack *stk)       /* 入栈 */
{
    stk—>top ++ ;
    stk—>s[stk—>top] = c;
}
char pop(stack *stk)                /* 出栈 */
{
    return stk—>s[stk—>top -- ];
}
char top(const stack *stk)          /* 读栈顶元素 */
{
    return stk—>s[stk—>top];
}
int empty(const stack *stk)         /* 检查栈是否为空 */
{
    return stk—>top = = EMPTY;
}
int full(const stack *stk)          /* 检查栈是否满 */
{
    return stk—>top = = FULL;
}
```

下面是一个测试程序。

```c
#include <stdio.h>
#include "stack.h"
int main()
{
    char ss[] = "abcdefg0123456789";
    stack stk;
    int i;
    reset(&stk);
    printf("%s\n",ss);
    for(i=0;ss[i]!='\0';i++)
        if(!full(&stk)) push(ss[i],&stk);
    while(!empty(&stk))
        putchar(pop(&stk));
    putchar('\n');
}
```

上面的测试程序中首先调用函数 reset() 初始化栈 stk，然后利用循环将字符串"abcdefg0123456789"中的字符按顺序压入栈中，最后从栈顶取出压入的字符，并输出到控制台上，程序运行结果如下：

```
abcdefg0123456789
9876543210gfedcba
```

第 1 行输出是原始的字符串，也是入栈的顺序。第 2 行输出是从栈中输出的字符串。可以看到出栈的顺序和入栈的顺序相反。

13.4 存储管理

存储管理是操作系统中常用的算法，C 语言的函数 malloc() 和函数 free() 就使用了该算法。下面以线性链表为例说明内存管理的过程。

内存在分配和释放的过程中会形成大小不一的自由空间块，即可用空间。在内存管理中使用链表跟踪每个块，如图 13-7 所示。

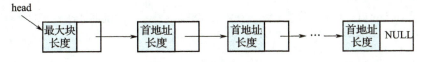

图 13-7　内存管理链表

指针 head 指向内存管理链表，链中的第一个结点是头结点，存放链表中最大内存块的长度。链表的实现代码如下：

```c
typedef struct node
{
    int address,size;
    struct node * next;
```

```
}MCB;
MCB *head;
int maxblocknum;
```

其中，maxblocknum 为链中最大内存块的个数。下面分别介绍相关的函数。

函数 init( ) 对内存管理链表进行初始化，分配头结点和第一个可用内存块结点。可用内存大小为 size，链中只有 1 个可用内存块。代码如下：

```
void init(MCB * *head, int size)
{
    MCB *p;
    *head = (struct node * )malloc(sizeof(MCB));/* 分配链表的头结点 */
    p = (struct node * )malloc(sizeof(MCB));/* 分配第1个可用空间结点 */
    (*head)—>size = size;/* 最大可用块的长度 */
    (*head)—>address = 0;
    (*head)—>next = p;
    maxblocknum = 1;/* 最大可用块的个数为1 */
    p—>size = size;
    p—>address = 0;
    p—>next = NULL;
}
```

其中，head 是链表指针，指向头结点。头结点的 size 域是初始内存空间长度。p 为指向第一个内存块的指针，内存块的长度为形参 size，起始地址为 0。

函数 print( ) 为内存块的输出函数，该函数把 head 指向的链表中的元素逐个输出到控制台。代码如下：

```
void print(MCB *head)
{
    MCB *before;
    int index;
    before = head—>next;
    index = 1;
    if(head—>next = = NULL)
        printf("没有可分配空间！\n");
    else
    {
        printf(" *****序号*********起始地址*****结束地址*****长度*********\n");
        while(before! = NULL)
        {
            printf(" ------------------------------------------------------- \n");
            printf("    % -13d% -13d% -13d% -13d\n",
                index ++ ,before—>address, before—>address + before—>size -1,
                    before—>size);
            printf(" ------------------------------------------------------- \n");
            before = before—>next;
        }
    }
}
```

在使用内存时，首先要分配内存，使用完之后要将分配的内存回收。回收之前，要检查被回收内存块的有效性，不能与可用内存块中的任何一个在空间上有重叠之处。这个检查由函数 backcheck()来完成。该函数从链表的头结点开始进行扫描，检查要回收的内存 back1 块与当前结点 before 是否重叠。根据条件（back1—>address < before—>address）&&（back1—>address + back1—>size > before—>address）检查 back1 的尾部是否与当前结点的首部重叠。根据条件（back1—>address >= before—>address）&&（back1—>address < before—>address + before—>size）检查 back1 的首部是否与当前结点的尾部重叠。backcheck()函数的代码如下：

```
int backcheck(MCB *head,MCB *back1)
{
    MCB *before;
    int check =1;
    if(back1—>address <0 || back1—>size <0)
      check =0;/*地址和大小不能为负*/
    before =head—>next;
    while((before! =NULL)&&check)/*地址不能和空闲区表中结点出现重叠*/
      if(((back1—>address <before—>address)
        &&(back1—>address +back1—>size >before—>address))
        ||((back1—>address >= before—>address)
        &&(back1—>address <before—>address +before—>size)))
        check =0;
      else
        before =before—>next;
    if(check ==0)
      printf("Error input!! \n");
    return check;   /*返回检查结果*/
}
```

内存分配的策略有两种：一种是首先适应策略，另一种是最佳适应策略。适应策略是在分配内存时，沿着链表从前向后遍历，从第一个遇到的长度大于或等于要分配空间的结点开始分配所需的空间，并减少结点的空间长度。最佳适应策略是在链表中找到一个最合适的结点，在该结点上分配所需的空间，并把剩余空间插入链表的适当位置。这两种策略的关键在内存回收过程，首先适应策略的回收是把回收空间按地址顺序插入链表中，并合并相邻空间。最佳适应策略的回收是先遍历链表，合并相邻空间，然后把新的空间按照空间的大小顺序插入链表中。从以上过程可以看出，两种策略的区别是：首先适应策略的链表中的结点是按照地址排序的，最佳适应策略的链表中的结点是按照结点的空间从小到大排序的。

13.5 进程调度

进程管理是分时操作系统的核心算法。进程共有 3 个状态：就绪、运行和等待。如果进程已具备执行条件，但是因为处理机已由其他进程占用，暂时不能执行而等待分配处理机，称此种进程处于就绪状态。当一个进程已分配到处理机，它的程序正由处理机执行时，称此进程处于执行状态。进程因等待某一事件（如等待某一输入或输出操作完成）而暂时不能运行的状态称为等待状态。当进程由于时间片到期而被内核中断时，直接进入就绪状态。

以下给出的进程调度模拟程序只模拟了两个状态的转换，即运行状态和就绪状态。每个进程由一个进程控制块代表，设置了 3 个队列：就绪队列、运行队列和完成队列。程序首先创建一个就绪队列 ready，并插入 N 个用户进程，调度方式分为优先数法调度和轮转法调度。系统运行后调度程序根据用户选择的调度方法对进程进行调度，进程结束后进入完成队列 finish，如图 13 - 8 所示。

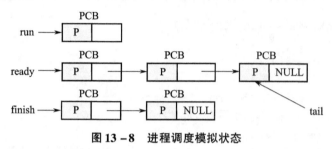

图 13 - 8　进程调度模拟状态

PCB 的定义如下所示：

```
typedef struct node
  { char name[10];      /*进程标识符*/
    int prio;           /*进程优先数*/
    int round;          /*进程时间轮转时间片*/
    int cputime;        /*进程占用 CPU 时间*/
    int needtime;       /*进程到完成还要的时间*/
    int count;          /*计数器*/
    char state;         /*进程的状态*/
    struct node *next;  /*链指针*/
  }PCB;
```

该结构用于优先数法和轮转法两种策略。优先数法利用 prio 进行调度，轮转法利用 round 和 count 进行调度。全局变量的定义如下：

```
PCB *finish,*ready,*tail,*run;
int N;
```

finish、ready 和 run 分别为完成队列、就绪队列和运行队列的指针，tail 为就绪队列的队尾指针，用于轮转法。在运行队列中某一时刻只有一个结点或没有结点。N 为用户建立的进程的数量。进程状态的输出函数实现如下：

```
/*标题输出函数*/
void prt1(char a)
{
    if(toupper(a) = ='P') /*优先数法*/
        printf("  name  cputime  needtime  priority  state\n");
    else/*轮转法的输出*/
        printf("  name  cputime  needtime count"
            "round   state\n");
}
```

```c
/*进程 PCB 输出*/
void prt2(char a,PCB *q)
{
    if(toupper(a) = ='P')  /*优先数法的输出*/
        printf(" % -10s% -10d% -10d% -10d % c\n",q—>name,
            q—>cputime,q—>needtime,q—>prio,q—>state);
    else/*轮转法的输出*/
        printf(" % -10s% -10d% -10d% -10d% -10d % -c\n",q—>name,
            q—>cputime,q—>needtime,q—>count,q—>round,q—>state);
}
/*输出函数*/
void prt(char algo)
{
    PCB *p;
    prt1(algo);   /*输出标题*/
    if(run! =NULL) /*如果运行指针不空*/
        prt2(algo,run);  /*输出当前正在运行的 PCB*/
    p=ready;  /*输出就绪队列 PCB*/
    while(p! =NULL)
    {
        prt2(algo,p);
        p=p—>next;
    }
    p=finish;   /*输出完成队列的 PCB*/
    while(p! =NULL)
    {
        prt2(algo,p);
        p=p—>next;
    }
    _getch();   /*按任意键继续*/
}
```

函数 prt1()输出表头，当参数 a 等于"P"时，输出优先数法表头，当参数不为"P"时，输出轮转法表头。函数 prt2()输出一个 PCB 块的内容，当使用优先数法时，输出 PCB 块中的 name、cputime、needtime、prio 和 state。当使用轮转法时，输出 PCB 块中的 name、cputime、needtime、count、round 和 state。函数 prt()调用函数 prt1()和函数 prt2()依次输出 run 队列、ready 队列和 finish 队列的 PCB 块。

优先数法的各队列初始化过程如下：

```c
/*优先数创建初始 PCB 信息*/
void create1(char alg)
{
    PCB *p;
    int i,time;
    char na[10];
    ready=NULL; /*就绪队列头指针*/
```

```c
            finish=NULL; /*完成队列头指针*/
            run=NULL; /*运行队列指针*/
            /*输入进程标识和所需时间创建PCB*/
            printf("输入进程标识和所需时间\n");
            for(i=1;i<=N;i++)
            {
                p=(PCB *)malloc(sizeof(PCB));
                scanf("%s",na);
                scanf("%d",&time);
                strcpy(p->name,na);
                p->cputime=0;
                p->needtime=time;
                p->state='w';
                p->prio=50-time;
                if(ready!=NULL) /*就绪队列不空,调用插入函数插入*/
                    insert1(p);
                else
                { p->next=ready; /*创建就绪队列的第一个PCB*/
                    ready=p;
                }
            }
            printf("                    优先数法输出结果\n");
            printf("***********************************************************\n");
            prt(alg);   /*输出进程PCB信息*/
            run=ready; /*将就绪队列的第一个进程投入运行*/
            ready=ready->next;
            run->state='R';
        }
```

首先,函数 create1() 把 ready、run 和 finish 3 个队列初始化为空队列,然后从键盘输入 N 个进程的名称和运行所需的时间赋给相应的 PCB,并调用函数 insert1() 把这些 PCB 插入到 ready 队列中,所有进程的 cputime 设置为 0,state 设置为 "w" 状态(就绪状态),优先级 prio 设置为 50-time,prio 值越大,优先级就越高。最后从就绪队列中摘下一个结点插入运行队列中,并把其状态设置为 "R" 状态(运行状态)。

函数 insert1() 是优先数法的插入函数,它把一个 PCB 进程控制块插入 ready 队列中。ready 队列中的 PCB 结点是按照优先数 prio 从大到小排序的,插入 PCB 块时,应从前向后搜索 ready 队列,找到正确的插入位置,把 PCB 块插入队列中,代码如下:

```c
    /*优先数的插入算法*/
    void insert1(PCB *q)
    { PCB *p1,*s,*r;
        int b;
        s=q;   /*待插入的PCB指针*/
        p1=ready; /*就绪队列头指针*/
        r=p1; /*r作为p1的前驱指针*/
        b=1;
```

```
        while((p1! =NULL)&&b)    /*根据优先数确定插入位置*/
            if(p1—>prio > =s—>prio)
            { r =p1;
                p1 =p1—>next;
            }
            else
                b =0;
    if(r! =p1)   /*如果条件成立说明插入在r与p1之间*/
    { r—>next =s;
        s—>next =p1;
    }
    else
    { s—>next =p1;    /*否则插入在就绪队列的头*/
        ready =s;
    }
}
```

函数 priority( )是优先数调度算法函数,在执行时不断检查运行队列,只要不空就循环执行调度算法,每循环一次就是一个时间片。调度过程是:把当前运行进程的 cputime 加一,needtime 减一,prio 减 3。一个进程在处理机中运行的时间越长,其优先级就越低。如果 needtime 减为 0,则把它的状态 state 设为 "F",并插入 finish 队列,然后调用函数 firstin( ) 从 ready 队列头摘取一个进程的 PCB 插入 run 队列中。如果 prio 小于队列中的进程,则中断当前进程的运行,插入 ready 队列中,再调用函数 firstin( )重新调度一个高优先级的进程。优先数调度算法的实现代码如下:

```
/*优先数调度算法*/
void priority(char alg)
{
    while(run! =NULL)  /*当运行队列不空时,有进程正在运行*/
    {
        run—>cputime =run—>cputime +1;
        run—>needtime =run—>needtime -1;
        run—>prio =run—>prio -3;  /*每运行一次 prio 减 3*/
        if(run—>needtime = =0)   /*如果所需时间为 0 则将其插入完成队列*/
        { run—>next =finish;
            finish =run;
            run—>state ='F';   /*置状态为完成态*/
            run =NULL;    /*运行队列头指针为空*/
            if(ready! =NULL)  /*如果就绪队列不空*/
                firstin();  /*将就绪队列的第一个进程投入运行*/
        }
        else
        /*如果没有运行完同时优先数不是最大,则将其变为就绪态插入就绪队列*/
            if((ready! =NULL)&&(run—>prio <ready—>prio))
```

```
            {    run—>state ='W';
                 insert1(run);
                 firstin();  /*将就绪队列的第一个进程投入运行*/
            }
        prt(alg);  /*输出进程PCB信息*/
    }
}
```

函数 firstin( ) 把 ready 队列头部的结点插入到 run 队列中，并把其状态置为"R"，实现代码如下：

```
/*将就绪队列中的第一个进程投入运行*/
void firstin()
{
    run = ready;  /*就绪队列头指针赋值给运行头指针*/
    run—>state ='R';  /*进程状态变为运行态*/
    ready = ready—>next;  /*就绪对列头指针后移到下一进程*/
}
```

轮转法的各队列初始化过程如下：

```
/*轮转法创建进程PCB*/
void create2(char alg)
{
    PCB *p;
    int i,time;
    char na[10];
    ready = NULL;
    finish = NULL;
    run = NULL;
    printf("输入轮转进程标识和所需时间\n");
    for(i =1;i< =N;i ++)
    {
        p =(PCB * )malloc(sizeof(PCB));
        scanf("% s",na);
        scanf("% d",&time);
        strcpy(p—>name,na);
        p—>cputime = 0;
        p—>needtime = time;
        p—>count = 0;  /*计数器*/
        p—>state ='w';
        p—>round = 2;   /*时间片*/
        if(ready! = NULL)
            insert2(p);
        else
        {
```

```
            p—>next = ready;
            ready = p;
            tail = p;
        }
    }
    printf("                    轮转法输出结果\n");
    printf("*****************************"
           "*****************************\n");
    prt(alg);/*输出进程 PCB 信息*/
    run = ready;    /*将就绪队列的第一个进程投入运行*/
    ready = ready—>next;
    run—>state ='R';
}
```

首先，函数 create2( ) 把 ready、run 和 finish 三个队列初始化为空队列，然后从键盘输入 N 个进程的名称和运行所需的时间赋给相应的 PCB，并调用函数 insert2( ) 把这些 PCB 插入 ready 队列中，所有进程的 cputime 设置为 0，count 设置为 0，state 设置为 "w" 状态（就绪状态），round 设置为 2，即每个进程分配 2 个时间片。最后从就绪队列中摘下一个结点插入运行队列中，并把其状态值设为 "R" 状态（运行状态）。

函数 insert2( ) 是轮转法的插入函数，它把一个 PCB 进程控制块插入 ready 队列的队尾。代码的实现如下：

```
/*轮转法插入函数*/
void insert2(PCB *p2)
{
    tail—>next = p2；    /*将新的 PCB 插入当前就绪队列的队尾*/
    tail = p2；
    p2—>next = NULL；
}
```

函数 roundrun( ) 是轮转法调度算法函数，在执行时不断检查运行队列，只要不空就循环执行调度算法，每循环一次就是一个时间片。调度过程是：把当前运行进程的 cputime 加一，needtime 减一，count 加一。如果 needtime 减为 0，则把它的状态 state 设为 "F"，并插入 finish 队列，然后调用函数 firstin( ) 从 ready 队列头摘取一个进程的 PCB 插入 run 队列中。如果 count 等于 round，即时间片用完，则中断当前进程的运行，调用函数 insert2( ) 插入 ready 队列的队尾，再调用函数 firstin( ) 重新调度一个进程。轮转法调度算法的实现代码如下：

```
/*时间片轮转法*/
void roundrun(char alg)
{
    while(run! =NULL)
    {
      run—>cputime = run—>cputime +1；
      run—>needtime = run—>needtime -1；
```

```
            run—>count = run—>count +1;
            if(run—>needtime = =0)/*运行完将其变为完成态,插入完成队列*/
            {
                run—>next = finish;
                finish = run;
                run—>state ='F';
                run = NULL;
                if(ready! = NULL)
                    firstin(); /*就绪对列不空,将第一个进程投入运行*/
            }
            else
                if(run—>count = =run—>round)    /*如果时间片等于round*/
                {
                    run—>count =0;   /*计数器置0*/
                    if(ready! = NULL) /*如果就绪队列不空*/
                    {
                        run—>state ='W';/*将进程插入就绪队列中等待轮转*/
                        insert2(run);
                        firstin(); /*将就绪队列的第一个进程投入运行*/
                    }
                }
        prt(alg); /*输出进程信息*/
    }
}
```

进程调度系统的测试程序如下:

```
#include <stdio.h>
#include <stdlib.h>
#include <string.h>
#include <conio.h>
int main()
{
    char algo;  /*算法标记*/
    printf("选择算法:P/R(优先数法/轮转法)\n");
    scanf("%c",&algo); /*输入字符确定算法*/
    printf("输入进程数\n");
    scanf("%d",&N); /*输入进程数*/
    if(algo = ='P'|| algo = ='p')
    {
        create1(algo); /*优先数法*/
        priority(algo);
    }
```

```
        else
          if(algo = ='R'|| algo = ='r')
          {
              create2(algo);  /*轮转法*/
              roundrun(algo);
          }
}
```

该程序从键盘读取用户的调度策略和测试进程的数量。如果是优先数法，则调用函数 create1( ) 和函数 priority( )。如果是轮转法，则调用函数 create2( ) 和函数 roundrun( )。程序输出的结果如下所示。

优先数法的运行结果：

选择算法:P/R(优先数法/轮转法)
p ↙
输入进程数
2 ↙
输入进程标识和所需时间
p1 2 ↙
p2 3 ↙

优先数法输出结果

****

name	cputime	needtime	priority	state
p1	0	2	48	W
p2	0	3	47	W
name	cputime	needtime	priority	state
p2	0	3	47	R
p1	1	1	45	W
name	cputime	needtime	priority	state
p1	1	1	45	R
p2	1	2	44	W
name	cputime	needtime	priority	state
p2	1	2	44	R
p1	2	0	42	F
name	cputime	needtime	priority	state
p2	2	1	41	R
p1	2	0	42	F
name	cputime	needtime	priority	state
p2	3	0	38	F
p1	2	0	42	F

轮转法的运行结果：

选择算法：P/R(优先数法/轮转法)
r ↙
输入进程数
2 ↙
输入轮转进程标识和所需时间
p1 2 ↙
p2 3 ↙

轮转法输出结果
****

name	cputime	needtime	count	round	state
p1	0	2	0	2	w
p2	0	3	0	2	w
name	cputime	needtime	count	round	state
p1	1	1	1	2	R
p2	0	3	0	2	w
name	cputime	needtime	count	round	state
p2	0	3	0	2	R
p1	2	0	2	2	F
name	cputime	needtime	count	round	state
p2	1	2	1	2	R
p1	2	0	2	2	F
name	cputime	needtime	count	round	state
p2	2	1	0	2	R
p1	2	0	2	2	F
name	cputime	needtime	count	round	state
p2	3	0	1	2	F
p1	2	0	2	2	F

13.6 表达式求值

表达式求值是程序设计语言编译中的一个最基本问题。它的实现是栈应用的一个典型例子。表达式的普通记法被称为中缀法，即操作数分别放在操作符的两边。操作数放在操作符前面的表示方法，称为前缀表达式或波兰表达式；操作数放在操作符后面的表示方法，称为后缀表达式或逆波兰表达式。栈求值中最常用的是波兰记法，例如，7, 4, + 相当于 7+4。在波兰记法中，从左向右，遇到操作符便立即执行。因此，25, 7, 4, *, + 相当于 25+(7*4)。

波兰表达式可以通过使用两个栈的算法进行求值。栈包括波兰表达式栈以及用于存储中间值的求值栈。下面是一种对波兰表达式进行求值的双栈算法，其中所有的操作符都是双目操作符：

1）如果波兰表达栈为空，则求值过程终止。求值栈顶的值即是答案。
2）如果波兰表达栈不为空，则从这个栈中弹出一个元素到 d。
3）如果 d 是个值，则把 d 压入求值栈中。

4）如果 d 是个操作符，则对求值栈执行两次弹出操作，第一个弹出值保存到 d2，第二个弹出值保存到 d1。以 d1 和 d2 为操作数并以 d 为操作符，对表达式进行求值，并把结果压入求值栈中。然后回到步骤 1）。

算数表达式由操作数和操作符组成。在对算数表达式求值时，要先把它转换成波兰式。操作符有"+""-""*""/""（""）"和"#"，其中"#"为表达式的分界符，用于标识表达式的开始和结束。任意两个相继出现的操作符 θ_1 和 θ_2 之间的优先关系至多是下面 3 种关系之一：

$\theta_1 < \theta_2$　θ_1 的优先权低于 θ_2
$\theta_1 = \theta_2$　θ_1 的优先权等于 θ_2
$\theta_1 > \theta_2$　θ_1 的优先权高于 θ_2

表 13-1 定义了操作符之间的优先关系。

表 13-1　操作符的优先关系

θ_1	θ_2						
	+	-	*	/	(	)	#
+	>	>	<	<	<	>	>
-	>	>	<	<	<	>	>
*	>	>	>	>	<	>	>
/	>	>	>	>	<	>	>
(	<	<	<	<	<	=	
)	>	>	>	>		>	>
#	<	<	<	<	<		=

算数表达式求值程序首先要实现两个栈，操作符栈 stkoptr 用于生成波兰表达式，操作数栈 stkopnd 用于对波兰表达式求值。代码如下：

```
#define maxsize 100
 typedef struct
   {
      char op[maxsize];
      int top;
   }optr;
 typedef struct
   {
      int num[maxsize];
      int top;
   }opnd;
optr stkoptr;   /* 操作符栈 */
opnd stkopnd;   /* 操作数栈 */
optr initoptr() /* 初始化操作符栈 */
   {
    optr s;
```

```c
        s.top = -1;
        return s;
    }
opnd initopnd()  /* 初始化操作数栈 */
    {
        opnd s;
        s.top = -1;
        return s;
    }
void pushoptr(char c)  /* 操作符入栈,c 为入栈的操作符 */
    {
        if(stkoptr.top >= maxsize) printf("运算符栈满");
        else stkoptr.op[++stkoptr.top] = c;
    }
char popoptr()          /* 操作符出栈操作 */
    {
        char c = '\0';
        if(stkoptr.top < 0) printf("运算符栈为空");
        else c = stkoptr.op[stkoptr.top--];
        return c;
    }
char gettopoptr()    /* 获取操作符栈顶元素,但不出栈 */
    {
        return stkoptr.op[stkoptr.top];
    }
void pushopnd(int x) /* 操作数入栈操作 */
    {
        if(stkopnd.top >= maxsize) printf("操作数栈满");
        else stkopnd.num[++stkopnd.top] = x;
    }
int popopnd()           /* 操作数出栈操作 */
    {
        int x = 0;
        if(stkopnd.top < 0) printf("操作数栈为空");
        else x = stkopnd.num[stkopnd.top--];
        return x;
    }
int precede(char s)
    {
        switch(s){
        case '+':
        case '-':
        return 1; break;
        case '*':
        case '/':
        return 2; break;
        }
    }
```

在操作符优先级的计算程序中,函数 precede( ) 的返回值是 1 和 2,代表操作符的优先级别。波兰表达式的求值结果在操作数栈中,最后出栈输出。

13.7 综合案例设计 1——迷宫问题

走迷宫是实验心理学中一个古典问题。根据给定的迷宫图,计算机探索前进方向,找出一条从入口到出口的路径。用计算机解迷宫路径的程序,就是仿照人走迷宫而设计的,也是对盲人走路的一个机械模仿。

假设迷宫是一个矩形,把它分成许多小方格,有的小方格设为墙,就成为一个迷宫。走迷宫就是从一个小方格沿上、右上、右、右下、下、左下、左和左上 8 个方向走到邻近的方格,不能穿墙。设迷宫的入口是在左上角的方格,而出口是右下角的方格。在计算机中,迷宫可用一个二维的数组来表示。若某小方格是墙,则相应数组元素为 1,否则为 0,表示可走的路。

走迷宫的基本思想是:在当前位置上,从上方开始,沿顺时针方向依次向 8 个方向探测前进路径,向探测到的通路方向前进一步,如此循环,直到迷宫的"出口",或判断后宣布这是一个不存在通路的死迷宫。

在程序中先定义了下面的 3 个常量。

```
#define MAX_ROW    9
#define MAX_COL    6
#define MAX_STEPS (MAX_ROW*MAX_COL)
```

其中,MAX_ROW 是迷宫的行数,MAX_COL 是迷宫的列数,MAX_STEPS 是行走的最大步数。迷宫的定义如下:

```
int maze[MAX_ROW][MAX_COL];
```

在迷宫中行走时,如果在某个路径上走不通了,要沿着走过的路径回退,再从新的方向上试探。回退栈的定义如下:

```
typedef struct{
    short int row;
    short int col;
    short int dir;
}element;
element stack[MAX_STEPS];
int top = -1;
```

其中,stack 是回退栈,top 是栈顶。栈元素 element 中的 row 和 col 是前一步的坐标,dir 是下一个试探方向。在程序中用一个数组标识走过的路径。在探索时,走过的路径就不能再走了。该数组定义如下:

```
int mark[MAX_ROW][MAX_COL];
```

在计算下一步的坐标时,用一个增量数组来帮助计算。原理如图 13-9 所示。
增量数组的定义如下:

```
typedef struct{
    short int vert;
    short int horiz;
}offsets;
offsets move[8] = {{-1,0},{-1,1},{0,1},{1,1},{1,0},{1,-1},{0,-1},{-1,-1}};
```

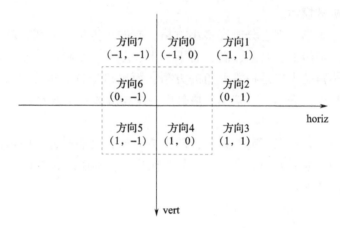

图 13-9　增量数组原理

入栈和出栈的实现如下:

```
void add(int *top,element a) /*入栈函数*/
{
    stack[++*top] = a;
}
element mdelete(int *top) /*出栈函数*/
{
    return stack[(*top)--];
}
```

走迷宫的算法要求迷宫的外墙为 1,探索步骤为:

1) 将起点设为 (1,1),方向为右,并把该点入回退栈。
2) 从栈中弹出一个回退点。
3) 计算下一步坐标。
4) 如果下一步的坐标是出口则找到通路,转第 7 步。
5) 如果下一步是没有走过的通路,则把当前坐标和下一个方向入回退栈,并把下一步作为当前步,方向为上。否则,计算下一个探索方向。
6) 如果 8 个方向没有探索完,转第 3 步。否则,如果回退栈不空,转第 2 步。
如果回退栈空,则没有通路,算法结束。
7) 输出路径。

该算法实现如下:

```c
void path(void) /* 搜索出口 */
{
    int i, row, col, next_row, next_col, dir, found=0;
    element position;
    mark[1][1]=1; /* 将(1,1)设为已走过路径 */
    /* 设定第一步从(1,1)开始,行走方向为右 */
    top=0;
    stack[0].row=1;
    stack[0].col=1;
    stack[0].dir=1;
    /* 如果没有回退到起始点,且没有找到出口则循环 */
    while ( top > -1 && ! found )
    {
        position=mdelete(&top); /* 从回退栈中弹出下一回退点 */
        row=position.row;
        col=position.col;
        dir=position.dir;
        /*
          在顺时针试探中,如果还没有试探完最后一个方向,即"左上"方向,
          则继续试探,直到试探完最后一个方向,或找到出口
        */
        while ( dir<8 && ! found )
        {
          next_row=row + move[dir].horiz; /* 设置下一步的坐标 */
          next_col=col + move[dir].vert;
          if ( next_row = = EXIT_ROW && next_col = = EXIT_COL )
              found=1; /* 找到出口 */
          else if ( ! maze[next_row][next_col]
                    && ! mark[next_row][next_col] )
          {
              mark[next_row][next_col]=1; /* 将下一步标识为已试探 */
              position.row=row; position.col=col;
              position.dir = ++dir;  /* 设置下一个试探方向,并入回退栈 */
              add(&top, position);
              /* 在下一步上开始新的试探 */
              row=next_row; col=next_col; dir=0;
          }
          else ++dir;
        }
    }
    if ( found = =1 )
    {
            printf ("The path is:\n");
            printf ("row   col\n");
            printf("\n");
```

```c
        for ( i = 0; i < = top; i ++ )
        {
            printf ("%2d%5d", stack[i].row, stack[i].col);
            printf("\n");
        }
        printf ("%2d%5d\n",row,col);
        printf ("%2d%5d\n",EXIT_ROW,EXIT_COL);
    }
    else printf ("The maze does not have a path\n");
}
```

迷宫算法的测试程序如下:

```c
int main()
{
    int i,j;
    init();
    printf("The maze is:");
    for(i = 0;i < MAX_ROW;i ++ )
    {
        printf("\n");
        for(j = 0;j < MAX_COL;j ++ )
            printf("%d",maze[i][j]);
    }
    printf("\n");
    path();
    return 0;
}
void init()
{
    /*
        迷宫:0 为通路,1 为墙,最外围必须是1,
            入口是(1,1),出口是(MAX_ROW - 2,MAX_COL - 2)
    */
    int a[MAX_ROW][MAX_COL] =
    {
        {1,1,1,1,1,1},
        {1,0,0,0,0,1},
        {1,0,1,1,1,1},
        {1,1,0,0,1,1},
        {1,1,0,0,0,1},
        {1,0,1,1,1,1},
        {1,0,0,1,1,1},
        {1,1,1,0,0,1},
        {1,1,1,1,1,1}
    };
```

```
    int i,j;
    for(i=0;i<MAX_ROW;i++)  /* 初始化迷宫 */
      for(j=0;j<MAX_COL;j++)
        maze[i][j]=a[i][j];
}
```

运行结果：

```
The maze is:
111111
100001
101111
110011
110001
101111
100111
111001
111111
The path is:
row   col
1     1
1     2
2     1
3     2
3     3
4     4
4     3
4     2
5     1
6     2
7     3
7     4
```

13.8 综合案例设计 2——贪吃蛇游戏

贪吃蛇游戏是一个非常经典的游戏，最早出现在 MS-DOS 系统中，后来出现在 Windows 系统中和网络中，手机中也带有该游戏。在游戏中，贪吃蛇按用户所按的方向键拆行，蛇头吃到各种食物后蛇身变长，如果贪吃蛇碰上墙壁或者自身的话，游戏结束。该游戏趣味性强，实现起来也非常简单。现结合 Turbo C 学习贪吃蛇游戏的实现。

1. 图形模式

Turbo C 可以把 DOS 初始化成图形模式。对于标准 VGA 显示系统，图形模式的屏幕分辨率为 640×480 像素，颜色数为 16 位。初始化函数如下：

```
void far initgraph(int far * graphdriver, int far * graphmode, char far * parhtodriver);
```

该函数的用法如下：

```
int gd = DETECT,gm;
initgraph(&gd,&gm,"d:\\tc");
```

其中，gd 的值为 DETECT，是由系统自动检测和选择图形模式。gm 返回系统选择的最高分辨率。第 3 个参数 "d:\\tc" 是系统搜索驱动程序文件的路径。函数 cleardevice( ) 用于清屏，原形如下：

```
void far cleardevice(void);
```

退出图形模式时，使用函数 closegraph( )。

2. 常用的图形界面函数

函数 setcolor( ) 用于设置画线的颜色，原形如下：

```
void far setcolor( int color );
```

其中，参数 color 取值为 0~15。

函数 setfillstyle( ) 用于设置图形的填充模式，原形如下：

```
void far setfillstyle( int pattern, int color );
```

其中，pattern 为填充方式，color 为填充的颜色。

函数 setlinestyle( ) 用于设置当前画线的宽度和类型，原形如下：

```
void far setlinestyle( int linestyle, unsigned upattern, int thickness);
```

函数 bar( ) 用于画一个二维条形图，并用当前的填充模式填充，原形如下：

```
void far bar( int left, int top, int right, int bottom ) ;
```

函数 rectangle( ) 用于在屏幕上画一个矩形，原形如下：

```
void far rectangle( int left, int top, int right, int bottom );
```

函数 settextstyle( ) 用于设置图形输出的文本属性，原形如下：

```
void far settextstyle( int font, int direction, int charsize );
```

其中，font 为字体，direction 为文本的方向，0 为水平方向，1 为垂直方向，charsize 为输出文字的放大倍数。

函数 outtextxy( ) 用于在屏幕指定位置显示文字，原形如下：

```
void far outtextxy( int x, int y, char * textstring);
```

该函数在坐标（x，y）处显示字符串 textstring。

3. 游戏的实现

全局变量的定义如下:

```c
#define N 200
#include <graphics.h>
#include <stdlib.h>
#include <dos.h>
#define LEFT    0x4b00
#define RIGHT   0x4d00
#define DOWN    0x5000
#define UP      0x4800
#define ESC     0x011b
int score = 0;          /*得分*/
int gamespeed = 50      /*游戏速度自己调整*/
struct Food
{
    int x;/*食物的横坐标*/
    int y;/*食物的纵坐标*/
    int yes;/*判断是否要出现食物的变量*/
}food;/*食物的结构*/
struct Snake
{
    int x[N];
    int y[N];
    int node;/*蛇的节数*/
    int direction;/*蛇移动方向*/
    int life;/* 蛇的生命,0 活着,1 死亡*/
}snake;
```

该段代码定义了游戏的得分 score。游戏的执行速度由变量 gamespeed 控制，该变量的值是两步之间延时的毫秒数。food 是游戏中随机出现的食物，snake 是贪吃蛇，贪吃蛇由多个节构成，每个节的坐标存放在数组 x[N] 和 y[N] 中。direction 是蛇的运动方向，1 为右，2 为左，3 为上，4 为下。life 是蛇的生命状态，0 代表蛇是活的，1 代表蛇死亡，蛇撞到墙或自己，就死亡了。

函数 Init() 是一段图形界面初始化的程序。首先调用函数 initgraph() 初始化图形显示卡，进入图形模式，驱动程序由系统自动检测，搜索路径是"c:\tc"，在实现该程序时应根据 Turbo C 的实际安装路径来填写该参数。然后调用函数 cleardevice() 清屏。代码如下:

```c
void Init(void)
{   int gd = DETECT,gm;
    initgraph(&gd,&gm,"c:\\tc");
    cleardevice();
}
```

在进入图形模式后，调用函数 DrawK() 在屏幕的四周绘制围墙，范围是左上角为 (50, 40)，右下角为 (610, 460)。代码如下:

```
void DrawK(void)
{
    int i;
    setcolor(11);
    setlinestyle(SOLID_LINE,0,THICK_WIDTH);/*设置线型*/
    for(i=50;i<=600;i+=10)/*画围墙*/
    {
        rectangle(i,40,i+10,49); /*上边*/
        rectangle(i,451,i+10,460);/*下边*/
    }
    for(i=40;i<=450;i+=10)
    {
        rectangle(50,i,59,i+10); /*左边*/
        rectangle(601,i,610,i+10);/*右边*/
    }
}
```

在上述程序中，首先调用函数 setcolor( ) 将画线颜色设置为亮青色，再调用函数 setlinestyle( ) 将线型设置为实线，线宽为 3 个像素。接下来绘制围墙，围墙是由 10×10 的小矩形构成。

以上的过程做完之后就可以开始游戏了。函数 GamePlay( ) 是游戏的主过程。先将蛇初始化为两节，方向向右，蛇头的位置是（110，100）。调用函数 PrScore( )（该函数在后面介绍）显示游戏分数。然后进入游戏循环。在循环中，调用函数 kbhit( ) 检查是否有一个有效的键按下。如果是，该函数返回非零整数，否则返回 0。如果当前没有一个有效的键被按下，程序将产生一个食物，放在一个随机位置上。然后蛇按照 direction 所指示的方向运动一节的距离，如果蛇撞到自己或撞到墙壁，则死亡，游戏结束。如果蛇头的位置与食物相同，蛇则吃掉食物，并在蛇尾长出一节。如果有一个有效的键被按下，则调用函数 bioskey( ) 读键盘，该函数返回一个整数，高 8 位是键的扫描码，低 8 位是键的 ASCII 码。如果是 <ESC> 键，则程序结束。如果是方向键，则重新设置 direction 方向。程序的代码如下：

```
void GamePlay(void)
{
int i,key;
randomize();/*随机数发生器*/
food.yes=1;/*1 表示需要出现新食物,0 表示已经存在食物*/
snake.life=0;/*活着*/
snake.direction=1;/*方向往右*/
snake.x[0]=110;snake.y[0]=100;/*蛇头*/
snake.x[1]=100;snake.y[1]=100;
snake.node=2;/*节数*/
PrScore();/*输出得分*/
while(1)/*可以重复玩游戏,按 <ESC> 键结束*/
{
    while(!kbhit())/*在没有按键的情况下,蛇自己移动身体*/
```

```
    {
        if(food.yes = =1)/*需要出现新食物*/
        {
          food.x = rand()%400 +60;
          food.y = rand()%350 +60;
          while(food.x%10! =0)
          /*食物随机出现后必须让食物能够在整格内,这样才可以让蛇吃到*/
            food.x ++;
          while(food.y%10! =0)
            food.y ++;
          food.yes =0;/*画面上有食物了*/
        }
        if(food.yes = =0)/*画面上有食物了就要显示*/
        {
          setcolor(GREEN);
          rectangle(food.x,food.y,food.x +10,food.y -10);
        }
        for(i = snake.node -1;i >0;i -- )
        /*蛇的每个环节往前移动,也就是贪吃蛇的关键算法*/
        {
          snake.x[i] = snake.x[i -1];
          snake.y[i] = snake.y[i -1];
        }
        /*1、2、3、4 表示右,左,上,下四个方向,通过这个判断来移动蛇头*/
        switch(snake.direction)
        {
        case 1: snake.x[0] + =10;break;
        case 2: snake.x[0] - =10;break;
        case 3: snake.y[0] - =10;break;
        case 4: snake.y[0] + =10;break;
        }
        for(i =3;i < snake.node;i ++ )
        /*从蛇的第四节开始判断是否撞到自己了,因为蛇头为两节,
          第三节不能拐过来*/
        {
          if(snake.x[i] = = snake.x[0]&&snake.y[i] = = snake.y[0])
          {
            GameOver();/*显示失败*/
            snake.life =1;
            break;
          }
        }
        if(snake.x[0] <55 || snake.x[0] >595 || snake.y[0] <55 || snake.y[0] >
455)/*蛇是否撞到墙壁*/
        {
```

```c
            GameOver();/*本次游戏结束*/
            snake.life=1;/*蛇死*/
        }
        if(snake.life= =1)
        /*以上两种判断以后,如果蛇死就跳出内循环,重新开始*/
            break;
        if(snake.x[0]= =food.x&&snake.y[0]= =food.y)/*吃到食物以后*/
        {
            setcolor(0);/*把画面上的食物东西去掉*/
            rectangle(food.x,food.y,food.x+10,food.y-10);
            snake.x[snake.node]=-20;snake.y[snake.node]=-20;
            /*新的一节先放在看不见的位置,下次循环就取前一节的位置*/
            snake.node++;/*蛇的身体长一节*/
            food.yes=1;/*画面上需要出现新的食物*/
            score+=10;
            PrScore();/*输出新得分*/
        }
        setcolor(4);/*画出蛇*/
        for(i=0;i<snake.node;i++)
            rectangle(snake.x[i],snake.y[i],snake.x[i]+10,snake.y[i]-10);
        delay(gamespeed);
        setcolor(0);/*用黑色去除蛇的最后一节*/
        rectangle(snake.x[snake.node-1],snake.y[snake.node-1],
        snake.x[snake.node-1]+10,snake.y[snake.node-1]-10);
    }  /*endwhile(!kbhit)*/
    if(snake.life= =1)/*如果蛇死就跳出循环*/
        break;
    key=bioskey(0);/*接收按键*/
    if(key= =ESC)/*按<ESC>键退出*/
        break;
    else if(key= =UP&&snake.direction!=4)
    /*判断是否往相反的方向移动*/
        snake.direction=3;
    else if(key= =RIGHT&&snake.direction!=2)
        snake.direction=1;
    else if(key= =LEFT&&snake.direction!=1)
        snake.direction=2;
    else if(key= =DOWN&&snake.direction!=3)
        snake.direction=4;
}/*endwhile(1)*/
}
```

游戏分数显示函数 PrScore( ) 的代码如下:

```
void PrScore(void)
{
    char str[10];
    setfillstyle(SOLID_FILL,YELLOW);
    bar(50,15,220,35);
    setcolor(6);
    settextstyle(0,0,2);
    sprintf(str,"score:% d",score);
    outtextxy(55,20,str);
}
```

该函数调用函数 setfillstyle() 设置图形填充模式为单色填充, 填充色为黄色。再调用函数 bar() 绘制一个黄色实心矩形。调用函数 setcolor() 将绘图颜色设为棕色。最后调用函数 outtextxy() 在 (55, 20) 位置上显示分数。

函数 GameOver() 显示游戏结束画面。首先清屏, 显示分数。然后将颜色设为红色, 文字显示方式为 4 倍放大。最后在屏幕中央显示 "GAME OVER"。代码如下:

```
void GameOver(void)
{   cleardevice();
    PrScore();
    setcolor(RED);
    settextstyle(0,0,4);
    outtextxy(200,200,"GAME OVER");
    getch();
}
```

函数 Close() 用于在游戏结束后退出图形模式, 返回文本模式。代码如下:

```
void Close(void)
{   getch();
    closegraph();
}
```

游戏程序的主函数如下:

```
int main()
{   Init();      /*图形驱动*/
    DrawK();     /*开始画面*/
    GamePlay();  /*玩游戏具体过程*/
    Close();     /*图形结束*/
}
```

主函数非常简单, 依次调用函数 Init()、DrawK()、GamePlay() 和 Close()。

贪吃蛇游戏的执行画面如图 13-10 所示。

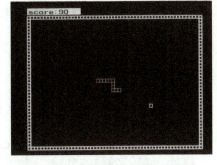

图 13-10 贪吃蛇游戏的执行画面

13.9 综合案例设计 3——黑白棋游戏

黑白棋是一个经典游戏。棋盘是一个 8×8 的方格。开始时在棋盘正中有 2 白 2 黑 4 个棋子交叉放置。落子的方法是把自己颜色的棋子放在棋盘的空格上, 当自己放下的棋子在横、竖、斜8个方向内有一个自己的棋子,则被夹在中间的全部会成为自己的棋子,并且,只有在可以翻转棋子的地方才可以落子。如果棋盘上没有地方可以落子,则由对手连下。当棋盘下满时或一方的棋子数为零时棋局结束,棋子多的一方获胜。

1. 全局变量的定义

全局变量的定义如下:

```
#include "graphics.h"        /* 图形系统头文件 */
#define LEFT:0x4b00          /* 光标左键值 */
#define RIGHT:0x4d00         /* 光标右键值 */
#define DOWN:0x5000          /* 光标下键值 */
#define UP:0x4800            /* 光标上键值 */
#define ESC:0x011b           /* <ESC>键值 */
#define ENTER:0x1c0d         /* <Enter>键值 */
int   a[8][8]={0};           /* 存放棋子的数组 */
int   key;                   /* 按键值 */
int   score1,score2;         /* 两个人的分数 */
char  playone[3],playtwo[3]; /* 存放以字符串形式表示的两个人的得分 */
```

2. 棋盘初始化函数

函数 DrawInit( ) 用来初始化棋盘。设置屏幕背景为蓝色,然后绘制 8×8 的棋盘,在棋盘中间放置两黑两白,共 4 枚棋子。然后统计双方的初始得分,准备开始游戏。代码实现如下:

```
void DrawInit()/*画棋盘*/
{
    int i,j;
    score1=score2=0;/*棋手一开始得分都为*/
    setbkcolor(BLUE);
    for(i=100;i<=420;i+=40)
    {
        line(100,i,420,i);/*画水平线*/
        line(i,100,i,420); /*画垂直线*/
    }
    setcolor(0);/*取消圆周围的一圈东西*/
    setfillstyle(SOLID_FILL,15);/*白色实体填充模式*/
    fillellipse(500,200,15,15);/*在显示得分的位置画棋*/
    setfillstyle(SOLID_FILL,8);/*黑色实体填充模式*/
    fillellipse(500,300,15,15);
    a[3][3]=a[4][4]=1;/*初始两个黑棋*/
    a[3][4]=a[4][3]=2;/*初始两个白棋*/
    setfillstyle(SOLID_FILL,WHITE);
    fillellipse(120+3*40,120+3*40,15,15);
    fillellipse(120+4*40,120+4*40,15,15);
    setfillstyle(SOLID_FILL,8);
    fillellipse(120+3*40,120+4*40,15,15);
    fillellipse(120+4*40,120+3*40,15,15);
    score1=score2=2;/*有棋后改变分数*/
    DoScore();/*统计开始分数*/
}
```

3. 主要功能函数

下面先介绍一些基本函数。函数 SetPlayColor( )用于设置棋子的颜色，玩家 1 为白色，玩家 2 为黑色。代码实现如下：

```c
void SetPlayColor(int t)/*设置棋子颜色*/
{
    if(t%2==1)
        setfillstyle(SOLID_FILL,15);/*白色*/
    else
        setfillstyle(SOLID_FILL,8);/*黑色*/
}
```

函数 MoveColor( )是用来在移动棋子后，恢复原来棋盘格的状态。参数 x 和 y 是棋子的坐标。代码如下：

```c
void MoveColor(int x,int y)
{
    if(y<100)/*如果是从起点出发就恢复蓝色*/
        setfillstyle(SOLID_FILL,BLUE);
    else/*其他情况,如果是棋手1就恢复白色棋子,是棋手2就恢复黑色棋子,否则恢复蓝色棋盘*/
        switch(a[(x-120)/40][(y-120)/40])
        {
            case 1:
                setfillstyle(SOLID_FILL,15);break; /*白色*/
            case 2:
                setfillstyle(SOLID_FILL,8);break; /*黑色*/
            default:
                setfillstyle(SOLID_FILL,BLUE); /*蓝色*/
        }
}
```

函数 DoScore( )统计分数，通过扫描棋盘格，统计黑白的数量，记录在 score1 和 score2 变量中。代码如下：

```c
void DoScore()
{   int i,j;
    score1=score2=0;/*重新开始计分数*/
    for(i=0;i<8;i++)
        for(j=0;j<8;j++)
            if(a[i][j]==1)/*分别统计两个人的分数*/
                score1++;
            else if(a[i][j]==2)
                score2++;
}
```

函数 PrintScore( )在屏幕的右侧输出 playnum 的分数。代码如下：

```
void PrintScore(int playnum)/*输出成绩*/
{  if(playnum = =1)/*清除以前的成绩*/
   {  setfillstyle(SOLID_FILL,BLUE);
      bar(550,100,640,400);
   }
   setcolor(RED); /* 设置输出文本颜色为红色 */
   settextstyle(0,0,4);/*设置文本输出样式,放大 4 倍*/
   if(playnum = =1)/*判断输出哪个棋手的分,在不同的位置输出*/
   {  sprintf(playone,"% d",score1);
      outtextxy(550,200,playone);
   }
   else
   {  sprintf(playtwo,"% d",score2);
      outtextxy(550,300,playtwo);
   }
   setcolor(0);
}
```

用函数 playWin( )输出最后的胜利者。代码如下：

```
void playWin()/*输出最后的胜利者结果*/
{  settextstyle(0,0,4);
   setcolor(12);
   if(score2 > score1)/*开始判断最后的结果*/
      outtextxy(100,50,"black win!");
   else
      if(score2 < score1)
         outtextxy(100,50,"white win!");
      else
         outtextxy(60,50,"you all win!");
}
```

函数 QpChange( )用于判断当一个棋子落到（x，y）后，是否有对方的棋子被改变。函数沿着上、下、左、右、左上、左下、右上和右下 8 个方向检查是否有对方的棋子夹在中间。如果有，则改变对方棋子的颜色，并返回 1。如果没有，则说明这是一个无效的位置，函数返回 0。代码如下：

```
int QpChange(int x,int y,int t)/*判断棋盘的变化*/
{  int i,j,k,kk,ii,jj,yes;
   yes = 0;
   i = (x - 120)/40; /*计算数组元素的行下标*/
   j = (y - 120)/40; /*计算数组元素的列下标*/
   SetPlayColor(t);/*设置棋子变化的颜色*/
   /*开始往 8 个方向判断变化*/
   if(j < 6)/*往右边*/
```

```c
        {   for(k=j+1;k<8;k++)
                if(a[i][k]==a[i][j]||a[i][k]==0)/*遇到自己的棋子或空格结束*/
                    break;
            if(a[i][k]!=0&&k<8) /* 改变右侧对方棋子的颜色 */
            {   for(kk=j+1;kk<k&&k<8;kk++)/*判断右边*/
                {
                    a[i][kk]=a[i][j];/*改变棋子颜色*/
                    fillellipse(120+i*40,120+kk*40,15,15);
                }
                if(kk!=j+1) /*条件成立则有棋子改变过颜色*/
                    yes=1;
            }
        }
        if(j>1)/*判断左边*/
        {   for(k=j-1;k>=0;k--)
                if(a[i][k]==a[i][j]||!a[i][k])
                    break;
            if(a[i][k]!=0&&k>=0)
            {
                for(kk=j-1;kk>k&&k>=0;kk--)
                {   a[i][kk]=a[i][j];
                    fillellipse(120+i*40,120+kk*40,15,15);
                }
                if(kk!=j-1)
                    yes=1;
            }
        }
        if(i<6)/*判断下边*/
        {   for(k=i+1;k<8;k++)
                if(a[k][j]==a[i][j]||!a[k][j])
                    break;
            if(a[k][j]!=0&&k<8)
            {   for(kk=i+1;kk<k&&k<8;kk++)
                {   a[kk][j]=a[i][j];
                    fillellipse(120+kk*40,120+j*40,15,15);
                }
                if(kk!=i+1)
                    yes=1;
            }
        }
        if(i>1)/*判断上边*/
        {   for(k=i-1;k>=0;k--)
                if(a[k][j]==a[i][j]||!a[k][j])
                    break;
            if(a[k][j]!=0&&k>=0)
```

```
            { for(kk = i -1;kk > k&&k > =0;kk -- )
                { a[kk][j] = a[i][j];
                  fillellipse(120 + kk*40,120 + j*40,15,15);
                }
                if(kk! = i -1)
                    yes =1;
            }
        }
        if(i >1&&j <6)/*右上*/
        { for(k = i -1,kk = j +1;k > =0&&kk <8;k -- ,kk ++ )
                if(a[k][kk] = =a[i][j]||! a[k][kk])
                    break;
            if(a[k][kk]&&k > =0&&kk <8)
            { for(ii = i -1,jj = j +1;ii >k&&k > =0;ii -- ,jj ++ )
                { a[ii][jj] = a[i][j];
                  fillellipse(120 + ii*40,120 + jj*40,15,15);
                }
                if(ii! = i -1)
                    yes =1;
            }
        }
        if(i <6&&j >1)/*左下*/
        { for(k = i +1,kk = j -1;k <8&&kk > =0;k ++ ,kk -- )
                if(a[k][kk] = =a[i][j]||! a[k][kk])
                    break;
            if(a[k][kk]! =0&&k <8&&kk > =0)
            {for(ii = i +1,jj = j -1;ii <k&&k <8;ii ++ ,jj -- )
                { a[ii][jj] = a[i][j];
                  fillellipse(120 + ii*40,120 + jj*40,15,15);
                }
                if(ii! = i +1)
                    yes =1;
            }
        }
        if(i >1&&j >1)/*左上*/
        {for(k = i -1,kk = j -1;k > =0&&kk > =0;k -- ,kk -- )
                if(a[k][kk] = =a[i][j]||! a[k][kk])
                    break;
            if(a[k][kk]! =0&&k > =0&&kk > =0)
            {for(ii = i -1,jj = j -1;ii >k&&k > =0;ii -- ,jj -- )
                { a[ii][jj] = a[i][j];
                  fillellipse(120 + ii*40,120 + jj*40,15,15);
                }
                if(ii! = i -1)
                    yes =1;
            }
        }
```

```
        if(i<6&&j<6)/* 右下 */
        { for(k=i+1,kk=j+1;kk<8&&kk<8;k++,kk++)
                if(a[k][kk]==a[i][j]||!a[k][kk])
                    break;
            if(a[k][kk]!=0&&kk<8&&k<8)
            { for(ii=i+1,jj=j+1;ii<k&&k<8;ii++,jj++)
                {  a[ii][jj]=a[i][j];
                    fillellipse(120+ii*40,120+jj*40,15,15);
                }
                if(ii!=i+1)
                    yes=1;
            }
        }
    }
    return yes;/* 返回是否改变过棋子颜色的标记 */
}
```

下面的函数 playtoplay( ) 是游戏中的主要函数，它实现了人人对战的过程。首先通过函数 bioskey( ) 读键盘，如果按键是 <Enter> 键，则检查当前位置是否有棋子，如果有棋子，则当前落子无效。如果没有棋子，则在当前位置落子。然后调用函数 QpChange( ) 检查是否是一个有效的落子。如果有效，重新统计双方的分数，并轮换到对方走棋。如果无效，则重新走棋。如果无处落子，则轮换到对方走棋。如果按键是方向键，则在相应方向上移动棋子。最后，当棋盘下满棋子或一方的分数为零，则对战结束，调用函数 playWin( ) 显示获胜方。函数 playtoplay( ) 的实现过程如下：

```
void playtoplay()/* 人人对战 */
{  int x,y,t=1,i,j,cc=0;
    while(1)/* 换棋手走棋 */
    { x=120,y=80;/* 每次棋子一开始出来的坐标,x 为行坐标,y 为列坐标 */
        while(1) /* 具体一个棋手走棋的过程 */
        { PrintScore(1);/* 输出棋手的成绩 */
            PrintScore(2);/* 输出棋手的成绩 */
            SetPlayColor(t);/* t 变量用来判断棋手所执棋子的颜色 */
            fillellipse(x,y,15,15);
            key=bioskey(0);/* 接收按键 */
            if(key==ESC)/* 跳出游戏 */
                break;
            else
            if(key==ENTER)/* 如果按键确定就可以跳出循环 */
            { if(y!=80&&a[(x-120)/40][(y-120)/40]!=1
                &&a[(x-120)/40][(y-120)/40]!=2)/* 如果落子位置没有棋子 */
                { if(t%2==1)/* 如果是棋手 1 移动 */
                        a[(x-120)/40][(y-120)/40]=1;
                    else/* 否则棋手 2 移动 */
                        a[(x-120)/40][(y-120)/40]=2;
```

```c
            if(!QpChange(x,y,t))/*落子后判断棋盘的变化*/
            { /* 这是一个无效的落子位置 */
                a[(x-120)/40][(y-120)/40]=0;/*恢复空格状态*/
                cC++;/*开始统计尝试次数*/
                if(cc>=64-score1-score2)/*如果尝试超过空格数则停步,换对方走棋*/
                {   MoveColor(x,y);
                    fillellipse(x,y,15,15);
                    break;
                }
                else
                    continue;/*如果按键无效,重新走棋*/
            }
            DoScore();/*分数的改变*/
            break;/*棋盘变化了,则轮对方走棋*/
        }
        else/*已经有棋子就继续按键*/
            continue;
    }
    /*4个方向按键的判断*/
    else if(key==LEFT&&x>120)/*左方向键*/
    { MoveColor(x,y);
      fillellipse(x,y,15,15);
      SetPlayColor(t);
      x-=40;
      fillellipse(x,y,15,15);
    }
    else if(key==RIGHT&&x<400&&y>80)/*右方向键*/
    { MoveColor(x,y);
      fillellipse(x,y,15,15);
      SetPlayColor(t);
      x+=40;
      fillellipse(x,y,15,15);
    }
    else if(key==UP&&y>120)/*上方向键*/
    { MoveColor(x,y);
      fillellipse(x,y,15,15);
      SetPlayColor(t);
      y-=40;
      fillellipse(x,y,15,15);
    }
    else if(key==DOWN&&y<400)/*下方向键*/
    { MoveColor(x,y);
      fillellipse(x,y,15,15);
      SetPlayColor(t);
      y+=40;
      fillellipse(x,y,15,15);
    }
}
```

```
        if(key = = ESC)/*结束游戏*/
           break;
        if((score1 + score2) = = 64 || score1 = = 0 || score2 = = 0)
           /*格子已经占满或一方棋子为 0 判断胜负*/
        {  playWin();/*输出最后结果*/
           break;
        }
        t = t% 2 +1; /*一方走后,改变棋子颜色即轮对方走*/
        cc = 0;   /*计数值恢复为 0*/
    } /*endwhile*/
}
```

该游戏的主函数如下:

```
int main()
{   int gd = DETECT,gr;
    initgraph(&gd,&gr,"c:\\tc"); /*初始化图形系统*/
    DrawInit();                    /*画棋盘*/
    playtoplay();                  /*人人对战*/
    getch();
    closegraph();                  /*关闭图形系统*/
}
```

黑白棋游戏的显示画面如图 13–11 所示。

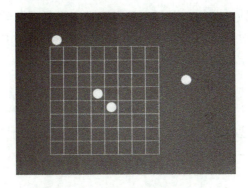

图 13–11 黑白棋游戏的显示画面

本单元小结

本单元介绍了几个实训案例程序,不仅包括常用数据结构的综合练习,如链表、队列、堆栈等,还包括一些趣味游戏程序,如迷宫问题、贪吃蛇游戏、黑白棋游戏等。书中给出了这些实训案例程序的基本原理,必要的解释说明,以及完整的程序代码。

通过分析和运行这些案例程序,激发学生的学习兴趣,使学生在体验编程带来的快乐的同时,加深对结构化程序设计基本思想的理解和对 C 语言程序设计方法的掌握。

习题与实训

一、习题

1. 一个队列的入队序列是 a、b、c、d、e，则队列的输出序列是（   ）。
   A. a, b, c, e, d   B. c, d, e, b, a
   C. a, b, c, d, e   D. d, e, a, c, b
2. 设栈的输入序列是 1，2，3，4，则（   ）不可能是其出栈序列。
   A. 1, 2, 4, 3   B. 2, 1, 3, 4
   C. 1, 4, 3, 2   D. 4, 3, 1, 2
3. 栈和队列的共同点是（   ）。
   A. 都是先进后出   B. 都是先进先出
   C. 只允许在端点处插入和删除元素   D. 没有共同点
4. 线性表若采用链式存储结构时，要求内存中可用存储单元的地址（   ）。
   A. 必须是连续的   B. 部分地址必须是连续的
   C. 一定是不连续的   D. 连续或不连续都可以

二、实训

（一）实训目的

1. 掌握链表、队列、栈的应用，通过实训内容进一步巩固所学知识加深理解。
2. 指导和促使学生通过一些经典算法和趣味游戏的编写，对 C 语言相关技术内容进行拓展和深入，增强自学能力、软件开发能力等综合能力。

（二）实训内容

1. 修改线性链表的算法，实现一个双向链表。
2. 利用数组实现一个线性表。
3. 使用静态数组实现一个循环队列。
4. 用链实现栈结构。
5. 用一个一维字符数组作为存储空间，在其上实现内存管理的算法。
6. 修改表达式求值算法，增加两个一元运算符 "+" 和 "-"。
7. 改进迷宫算法：1）只能在上、下、左、右 4 个方向行走；2）出口可以设在围墙的任何位置。
8. 在进程调度算法中增加等待状态的处理，并模拟死锁的情况。
9. 修改贪吃蛇游戏，增加演示模式，贪吃蛇自动吃食物。
10. 继续修改贪吃蛇游戏，在出现食物和蛇吃到食物时发出声音。
11. 修改黑白棋游戏，实现人机对战。

参考文献

[1] 周屹,李萍. C语言程序设计与实训[M]. 2版. 北京:机械工业出版社,2016.
[2] KERNIGHAN B W,RITCHIE D M. C程序设计语言[M]. 2版. 徐宝文,李志,译. 北京:机械工业出版社,2004.
[3] 谭浩强. C程序设计[M]. 5版. 北京:清华大学出版社,2017.